电路与电子技术实验

朱金刚　王效灵 等 编著

浙江工商大学出版社
ZHEJIANG GONGSHANG UNIVERSITY PRESS

图书在版编目(CIP)数据

电路与电子技术实验 / 朱金刚等编著. — 杭州：
浙江工商大学出版社，2012.12(2024.1重印)
ISBN 978-7-81140-652-8

Ⅰ．①电… Ⅱ．①朱… Ⅲ．①电路－实验－高等学校
－教材②电子技术－实验－高等学校－教材 Ⅳ.
①TM13－33②TN－33

中国版本图书馆 CIP 数据核字(2012)第 281201 号

电路与电子技术实验

朱金刚　王效灵　等编著

责任编辑	吴岳婷
责任校对	周敏燕
封面设计	王妤驰
责任印制	包建辉
出版发行	浙江工商大学出版社
	(杭州市教工路 198 号　邮政编码 310012)
	(E-mail:zjgsupress@163.com)
	(网址:http://www.zjgsupress.com)
	电话:0571－88904980,88831806(传真)
排　　版	杭州朝曦图文设计有限公司
印　　刷	广东虎彩云印刷有限公司绍兴分公司
开　　本	787mm×1092mm　1/16
印　　张	17.25
字　　数	442 千字
版 印 次	2012 年 12 月第 1 版　2024 年 1 月第 4 次印刷
书　　号	ISBN 978-7-81140-652-8
定　　价	40.00 元

前　言

电子科学技术发展日新月异,尤其是集成电路的设计与应用,其更新速度更是快到让人目不暇接。与此相对应,电路理论和电子电路设计技术也发生了巨大的变化,电子技术基础课程的教学内容也必须随之调整。一方面社会对于工科学生的专业修养提出了更高的要求,专业修养与创新能力成为社会的必然选择,另一方面可编程器件的广泛应用,改变了常规意义上人们对于电子技术的理解模式,软件仿真代替了传统方式下的电路调试,同时软件仿真为产品的更快上市争取了宝贵的时间。

为了适应电子科学技术的飞速发展,满足社会对于工科学生必备的工程师素养的要求,编写本书时,突出了工程实践技能的培养,在保留必须的实验内容的同时,增加了设计性、综合性实验的比例。另外,能实现一定电路功能的开放性实验也是本书的一大亮点,学生可以将更多的课外时间花费在开放性实验上。从内容上看,基础性实验的比例已不足40%,以工程训练实践为主的实验内容大大增加,实现了由点到面、由简单到复杂、从单元到综合的实验教学知识结构。本书的最后一章 Multisim 与电子线路仿真,充分利用了先进的计算机仿真技术,实现了软件仿真与硬件电路设计的完美结合。

本书体现了我校在电子技术教学过程中近十年的实验教学实践经验,有意识地淡化电路理论、模拟电路、数字电路之间的界限,删除过时的实验内容,突出实践特色,具体内容安排如下。

第一章集成与非门参数测试实验用于加强学生对于 TTL 逻辑器件的外部特征参数的理解;CMOS 门电路及其应用实验除了让学生理解 CMOS 器件的外部特征参数之外,还提供了两个有用的实际电路;常规的单管放大器、差动放大器、运算放大器等实验内容侧重于基础知识的巩固,而功率放大器实验中电路板设计等内容,则要求学生从实战的角度出发,实际设计和制作功率放大器,提高了学生的专业兴趣和自我表现欲;各种性能指标测量实验则大大加强了学生驾驭电子仪器的能力。

第二章描述了可编程逻辑器件的结构特征及其编译器 winCUPL,通过 12 个逻辑设计实验,力求使学生有能力独立实现组合逻辑与时序逻辑的所有设计,而不依附于任何中小规模逻辑器件。集成运算放大器的综合应用和跟踪式 A/D 转换实验则明显具有综合性实验的特点。

第三章通过 6 个相互独立的实验内容,使学生了解简单电子电路的设计方法,体会电子元器件从单个个体到综合连接之后功能的变化,领略电子设计的无穷魅力。

第四章讲述了 Multisim 仿真软件提供的各种测试仪器、分析方法以及独特的电路定制功能,让学生体会到在绞尽脑汁、茫然无助之外,还有如此的工具软件来帮助人们摆脱电子设计的烦恼。

参加本书编写工作的有朱金刚、王效灵、王光庆、陈宁宁、余长宏等。朱金刚任本书主编，负责全书的整体编排、统稿与定稿工作。

本书编写过程中，参考了 Internet 上许多优秀的电子技术设计文献。浙江工商大学信息与电子工程学院副院长陈小余教授于百忙之中耐心、细致地审阅了全部书稿，提出了许多宝贵的修改意见，在此谨致以衷心的感谢。

本书的出版感谢 2012 年浙江省优势专业"电子信息工程"项目资助，还得益于浙江工商大学电子信息工程省级重点专业建设项目、浙江省高校实验室工作研究项目和浙江工商大学高等教育研究课题的经费资助。

本书的编写是对多年教学经验的总结和凝练，虽然我们尽了最大的努力，但由于编者水平有限，本书难免有错误和不完善之处，殷切希望各位读者提出宝贵意见或批评指正。

作　者

2012 年 6 月

目　　录

第一章 电路与电子技术验证性实验

实验 1-1 常用电子仪器的使用

1 实验目的

(1) 学习电子电路实验中常用的电子仪器——示波器、信号发生器、交流毫伏表、数字万用表等仪器的主要技术指标、性能及正确的使用方法.

(2) 掌握用 DS5062 双踪示波器观察正弦信号波形和读取波形参数的方法.

2 实验原理

电压信号参数的表示方法.

2.1 峰值

任意一个周期性交变电压 $u(t)$ 在所观察的时间段或一个周期内,其电压所能达到的最大值,称为该交流电压的峰值,记为 $\hat{U}$,如图 1-1-1 所示. 当不加注明时,$u(t)$ 包括了直流成分 U_0 在内. 一般情况下,正峰值 $\hat{U}_+$ 与负峰值 $\hat{U}_-$ 不相等. 当不存在直流分量 U_0 时,峰值就是振幅值($\hat{U}$ 即为 U_m).

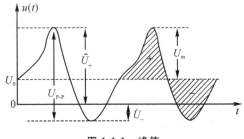

图 1-1-1 峰值

波形最大值与最小值之间的差值称为峰—峰值,用 $U_{P\text{-}P}$ 表示.

2.2 平均值

平均值的定义有如下几种.

2.2.1 交流电压平均值

$$\overline{U} = \frac{1}{T}\int_0^T u(t)\,\mathrm{d}t$$

式中：T 是交流电压的周期.

当 $u(t)$ 中含有直流分量 U_0 时,$\overline{U}=U_0$;当 $u(t)$ 中不含直流分量时,$\overline{U}=0$.

2.2.2 全波平均值

交流电压的绝对值在一个周期内的平均值,称为全波平均值,即：

$$\overline{U} = \frac{1}{T}\int_0^T |u(t)|\,\mathrm{d}t$$

全波平均值的意义可以用图 1-1-2(a) 来说明.

2.2.3 半波平均值

交流电压正半周或负半周在一个周期内的平均值称为半波平均值.用符号 $\overline{U}_{+\frac{1}{2}}$ 或 $\overline{U}_{-\frac{1}{2}}$ 表示,半波平均值的意义可以用图 1-1-2(b)和(c)来说明.

对于纯粹的交流电压,全波平均值与半波平均值的关系为:

$$\overline{U}=2\overline{U}_{+\frac{1}{2}}=2\overline{U}_{-\frac{1}{2}}$$

通常,在未作特别说明时,平均值指的是全波平均值.

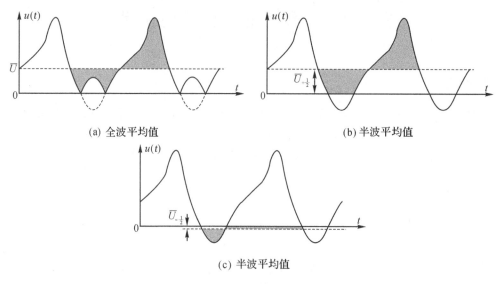

(a) 全波平均值　　　　　　　　　　(b) 半波平均值

(c) 半波平均值

图 1-1-2　平均值

2.3 有效值

交流电压的有效值(Root Mean Square)是指交流电压在一个周期内通过某纯电阻负载所产生的热量与一个直流电压在同一周期内、同一负载上产生的热量相等时该直流电压的数值.

设:交流电压为 $u(t)$,周期为 T;直流电压为 U;负载为 R.根据定义,有:

$$P = \frac{U^2}{R} = \frac{1}{T}\int_0^T \frac{u^2(t)}{R}\mathrm{d}t$$

消去 R 可得:

$$U^2 = \frac{1}{T}\int_0^T u^2(t)\mathrm{d}t$$

两边开平方,得:

$$U = \sqrt{\frac{1}{T}\int_0^T u^2(t)\mathrm{d}t}$$

在数学上,有效值一词与均方根值是同义语.

通常有效值用符号 U_{RMS},U_{rms},U_{TRMS},U_{trms} 表示.

有效值的应用很普遍,当表示交流信号的大小时,通常是以其有效值来表示的.各类交流电压表的示值几乎都是按正弦波有效值来刻度的.

2.4 波形因数

交流电压的波形因数 K_F 为其有效值与平均值之比,即:

$$K_F = \frac{U_{\mathrm{RMS}}}{\overline{U}}$$

2.5 波峰因数

交流电压的波峰因数 K_P 为其峰值与有效值之比,即:

$$K_P = \frac{\hat{U}}{U_{\mathrm{RMS}}}$$

常见的几种交流电压的参数及其相互关系如表 1-1-1 所示。

表 1-1-1 几种交流电压的参数及相互关系

序号	名称	波 形	峰值 $\hat{U}$	有效值 U_{RMS}	平均值 $\overline{U}$	波形因数 $K_F = \dfrac{U_{\mathrm{RMS}}}{\overline{U}}$	波峰因数 $K_P = \dfrac{\hat{U}}{U_{\mathrm{RMS}}}$
1	正弦波		A	$\dfrac{A}{\sqrt{2}}$	$\dfrac{2}{\pi}A$	$\dfrac{\pi}{2\sqrt{2}}$	$\sqrt{2}$
2	半波整流后的正弦波		A	$\dfrac{A}{2}$	$\dfrac{A}{\pi}$	$\dfrac{\pi}{2}$	2
3	全波整流后的正弦波		A	$\dfrac{A}{\sqrt{2}}$	$\dfrac{2}{\pi}A$	$\dfrac{\pi}{2\sqrt{2}}$	$\sqrt{2}$
4	三角波		A	$\dfrac{A}{\sqrt{3}}$	$\dfrac{A}{2}$	$\dfrac{2}{\sqrt{3}}$	$\sqrt{3}$
5	方波		A	A	A	1	1

3 实验内容

3.1 示波器(DS5062C)操作练习

3.1.1 练习一:测量简单信号

观测示波器的校准信号,迅速显示和测量信号的频率和峰—峰值.

(1)欲迅速显示该信号,请按如下步骤操作.

① 根据所使用探头的类型设置相应的"探头衰减系数"(10×或1×).

② 将通道1的探头连接到电路被测点.

③ 按下 $\boxed{\mathrm{AUTO}}$(自动设置)按钮.

示波器将自动设置使波形显示达到最佳.在此基础上,您可以进一步调节垂直、水平档位,直至波形的显示符合您的要求.

(2)进行自动测量.

示波器可对大多数显示信号进行自动测量.欲测量信号频率和峰—峰值,请按如下步骤操作.

① 测量峰—峰值.

按下 $\boxed{\text{MEASURE}}$ 按钮以显示自动测量菜单.

按下 1 号菜单操作键以选择信源CH1.

按下 2 号菜单操作键选择测量类型:电压测量.

按下 2 号菜单操作键选择测量参数:峰—峰值.

此时,您可以在屏幕左下角发现峰—峰值的显示.

② 测量频率.

按下 3 号菜单操作键选择测量类型:时间测量.

按下 2 号菜单操作键选择测量参数:频率.

此时,您可以在屏幕下方发现频率的显示.

注意:测量结果在屏幕上的显示会因为被测信号的变化而改变.

③ 读取校准信号周期,记入表 1-1-2 中.

表 1-1-2　校准信号的参数

项　目	标称值	实测值
幅　度	3.0 $V_{\text{P-P}}$	
频　率	1 kHz	

④ 记录波形.

3.1.2　练习二:减少信号上的随机噪声

如果被测试的信号上叠加了随机噪声,您可以通过调整本示波器的设置,滤除或减小噪声,避免其在测量中对本体信号的干扰(见图 1-1-3).

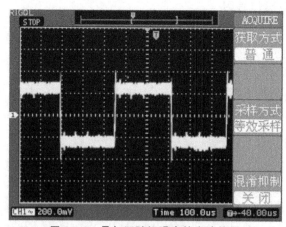

图 1-1-3　叠加了随机噪声的方波信号

操作步骤如下:

（1）如前例设置探头和 CH1 通道的衰减系数．

（2）连接信号使波形在示波器上稳定地显示，操作参见前例，调整水平时基和垂直挡位．

（3）通过设置触发耦合滤除噪声．

① 按下触发（TRIGGER）控制区域 MENU 按钮，显示触发设置菜单．

② 按 5 号菜单操作键选择低频抑制或高频抑制．

低频抑制是设定一高通滤波器，可滤除 8 kHz 以下的低频信号分量，允许高频信号分量通过．高频抑制是设定一低通滤波器，可滤除 150 kHz 以上的高频信号分量（如 FM 广播信号），允许低频信号分量通过．通过设置低频抑制或高频抑制可以分别抑制低频或高频噪声，以得到稳定的触发．

如果被测信号上叠加了随机噪声，导致波形过粗，可以应用平均采样方式去除随机噪声的显示，使波形变细，便于观察和测量．取平均值后随机噪声被减小而信号的细节更易观察．

③ 具体的操作是：按面板 MENU 区域的 ACQUIRE 按钮，显示采样设置菜单．按 2 号菜单操作键设置获取方式为平均状态，然后按 3 号菜单操作键调整平均次数，依次由 2 至 256 以 2 倍数步进，直至波形的显示满足观察和测试要求（见图 1-1-4）．

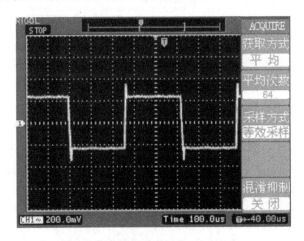

图 1-1-4 滤除噪声后的方波信号

注意：使用平均采样方式会使波形显示更新速度变慢，这是正常现象．

3.2 EE1411C 操作练习

主函数输出

以主函数输出口 作为信号输出端．

EE1411C 函数发生器输出的交流信号理论上应该是纯交流信号，没有直流分量．实际上大多数函数发生器输出的信号中或多或少地存在直流成分，在一些要求较高的实验中（差动放大器实验），信号中的直流成分会严重影响实验的结果．因此在做实验时，应对输入信号的特性引起高度重视．

EE1411C 函数发生器有一个直流偏移调节功能（DC OFFSET），用来调节输出波形中的直流分量．

（1）用示波器的一路输入探头连接函数发生器的输出（主函数输出）．

（2）函数发生器输出波形选择"正弦波"，输出频率选择 1 kHz．

（3）示波器的耦合选择开关处于"地"（GND）位置，调节垂直位移旋钮（POSITION）使光迹处于屏幕中间位置．

（4）示波器的耦合选择开关处于"直流"（DC）位置，调节函数发生器输出波形的幅度，使之幅度占据屏幕的 2/3 左右．

（5）仔细观察波形上、下幅度是否相等（对称）．

（6）若波形不对称，按一下 $\boxed{偏置开关}$ 按键，调节函数发生器 $\underset{\text{数字输入}}{\bigcirc}$ 旋钮，使屏幕上的波形上、下幅度相等．

3.3 万用表的使用

发光二极管在电子电路中常用作电路工作状态指示灯．常用的发光二极管有 $\phi 3,\phi 5$ 两种，其极限功耗为 $50\sim100$ mW，极限工作电流为 $20\sim50$ mA．在一般使用中，正向工作电流取 $(1/5\sim1/2)$ 极限工作电流，如 $5\sim10$ mA．发光二极管的反向耐压较低，一般为 $5\sim6$ V，正向工作电压与发光管的材料有关，一般为 $1.5\sim2.5$ V，但由碳化硅制成的蓝色发光二极管的正向工作电压为 $3\sim4$ V（见图 1-1-5）．

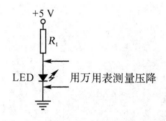

图 1-1-5　万用表测量 LED 电压示意图

由于发光二极管在工作时其正向压降基本保持不变，所以使用中应在其电流回路中串入一限流电阻，防止流过发光二极管的电流过大而烧毁．

按图 1-1-5 所示电路连接电路，按表 1-1-3 进行实验．

表 1-1-3　万用表实验数据记录

发光二极管颜色	限流电阻 $R_1/\text{k}\Omega$	发光二极管压降/V	发光二极管工作电流/mA	发光二极管亮度		
				微亮	亮	很亮
红色	10					
	1					
	0.1					
绿色	10					
	1					
	0.1					
蓝色	10					
	1					
	0.1					

你认为发光二极管合适的工作电流是多少?

红色＿＿＿mA,绿色＿＿＿＿mA,蓝色＿＿＿＿mA.

3.4 观测信号源输出信号的波形及电参数

令信号源依次输出正弦波、方波和三角波,频率分别为 1 kHz,10 kHz,100 kHz,有效值均为 1 V(交流毫伏表测量值).

改变示波器扫描速度开关及 Y 轴灵敏度开关位置,测量信号源输出电压频率及峰－峰值,记入表 1-1-4 中,并记录相应的波形.

表 1-1-4 实验数据记录

信号种类	信号频率/kHz	实 测 值					记录一组波形
		示波器读数周期/ms	示波器读数频率/Hz	毫伏表读数 V_{RMS}	万用表读数 V_{RMS}	示波器读数峰－峰值 V_{p-p}	
正弦波	1			1			
	10			1			
	100			1			
方波	1			1			
	10			1			
	100			1			
三角波	1			1			
	10			1			
	100			1			

观察实验数据,找出各种波形峰－峰值与有效值之间的关系.

4 实验注意事项

(1) 在模拟电子电路实验中经常使用的电子仪器有示波器、信号发生器、交流毫伏表及数字频率计等.它们和万用表一起可以完成对模拟电子电路的静态和动态工作情况的测试.

(2) 实验中要对各种电子仪器进行综合使用,可按照信号流向,以连线简捷、调节顺手、观察与读数方便等原则进行合理布局.

(3) 接线时应注意:

① 为防止外界干扰,各仪器的公共接地端应连接在一起,称共地;

② 信号源和交流毫伏表的引线通常用屏蔽线或专用电缆线,示波器接线使用专用电缆

线,直流电源的接线用普通导线.

5 实验仪器

(1) EE1411 函数发生器

(2) DS5062 双踪示波器

(3) DF1932 交流毫伏表

(4) VC8045-Ⅱ数字万用表

实验 1-2 电路元件伏—安特性曲线测绘

1 实验目的

(1) 加深对电路元件伏—安特性概念的理解.

(2) 了解测量电路元件伏—安特性的方法,掌握非线性元件伏—安特性曲线的测量方法.

(3) 初步了解实验设计的一般过程,学会绘制伏—安特性曲线.

2 实验原理

在电路中,电路元件的特性一般用该元件上的电压 U 与通过该元件的电流 I 之间的函数关系 $U=f(I)$ 来表示.这种函数关系称为该元件的伏—安特性,有时也称为外部特性.通常以电压为横坐标,电流为纵坐标作出元件的电压—电流关系曲线,称为该元件的伏—安特性曲线.

2.1 线性元件的伏—安特性

如果元件的伏—安特性曲线是一条直线,说明通过元件的电流与元件两端的电压成正比,则称该元件为线性元件(如碳膜电阻);线性元件的伏—安特性符合欧姆定律,在 U-I 平面上是一条通过原点的直线.该直线的斜率与元件上电压、电流的大小和方向无关.如图 1-2-1 所示.

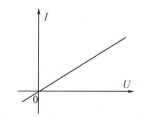

图 1-2-1 线性电阻的伏—安曲线

2.2 非线性元件的伏—安特性

非线性元件的伏—安特性曲线不服从欧姆定律,在 U-I 平面上是一条曲线.这种伏—安特性曲线不是直线的元件,称为非线性元件.

当给晶体二极管加上正向偏置电压,则有正向电流流过二极管,电流的大小随正向偏置电压的增大而增大.开始时电流随电压变化较慢,当正向偏压增到接近二极管的导通电压(锗二极管为 $0.2\sim0.3$ V,硅二极管为 $0.6\sim0.7$ V)时,电流明显变化.在导通后,轻微的偏置电压变化,就会引起电流的急剧变化,如图 1-2-2 所示.当对晶体二极管加上反向偏置电压时,仅有很小的电流(微安级)流过二极管,说明二极管具有单向导电性能.

对于稳压二极管而言,情况就有些不同.当给稳压二极管加上正向偏置电压,则有正向电流流过二极管,电流的大小随正向偏置电压的增大而增大(与二极管的反应相同).当给稳压二极管加上反向偏置电压时,开始时仅有很小的电流(微安级)流过二极管,当反向偏置电压增加到一定程度时,流过二极管的电流会突然增加,二极管两端的电压会稳定在一个固定值上(实际上随着流过二极管电流的变化会有微小的波动),如图 1-2-3 所示.说明稳压二极管反接时具有稳压性能,所以称之为稳压二极管.

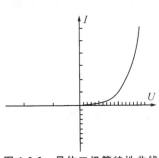

图 1-2-2 晶体二极管特性曲线   图 1-2-3 稳压二极管特性曲线

2.3 电压源的伏—安特性

理想电压源的内阻 $r_0=0$,其输出电压与输出电流的大小无关,它的外特性曲线如图 1-2-4(a)中实线 a.实际的电压源可以用一个理想电压源和一个内阻 r_0 相串联的电路符号来表示,如图 1-2-4(b)所示,它的外特性曲线如图 1-2-4(a)中虚线 b.当电压源输出短路时,输出电流最大,$I_s=\dfrac{U_s}{r_0}$.

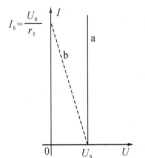 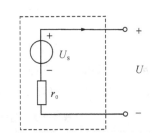

图 1-2-4(a) 电压源的外特性曲线   图 1-2-4(b) 实际电压源模型

2.4 电流源的伏—安特性

理想电流源的内阻 $r_0=\infty$,其输出电流与端电压的大小无关,它的外特性曲线如图 1-2-5(a)中实线 a.实际的电流源可用一个理想电流源和一个电阻 r_0 相并联的电路符号来表示,如图 1-2-5(b)所示,它的外特性曲线如图 1-2-5(a)中虚线 b.当电流源开路输出时,输出电压最大,$U_0=I_s\times r_0$.

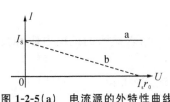 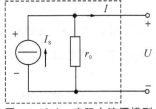

图 1-2-5(a) 电流源的外特性曲线   图 1-2-5(b) 实际电流源模型

2.5 电路元件的伏—安特性曲线的测量方法:描点法

电路元件的伏—安特性曲线是电子元件性能特征的外在表现形式,反映了作用于器件上的电压与电流之间的对应关系,对于我们设计电子电路是很有帮助的.对于一个未知特性的电子器件,只要在器件上加上不同的电压,就可以测出基于这个电压下的流过器件的电流值,当这样的测量点足够多时,我们就可以在 $U\text{-}I$ 坐标系中确定每一组测量值所对应的位置(坐标点),将这些点用线连接起来,就得到了这个器件的伏—安特性曲线.这是一种最繁琐、最原始的器件特性测量方法:描点法.

3 实验内容

3.1 测量二极管的伏—安特性曲线

用万用表的欧姆挡判定二极管极性并记下万用表显示的正向电阻和反向电阻(见表 1-2-1).

表 1-2-1 测量二极管的正、反向电阻

参数名称	正向电阻/Ω	反向电阻/Ω
测量值		

按图 1-2-6 连接电路.

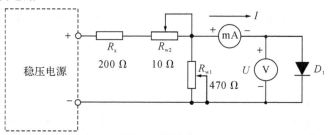

图 1-2-6 测量二极管的伏—安特性曲线

调节稳压电源的输出电压值,同时调节多圈电位器 R_{w1}、R_{w2} 使电压表的示数符合表 1-2-2 的要求,测量此时电流表的示数并记录于表 1-2-2 中.

表 1-2-2 晶体二极管的伏—安特性测量数据

电压表/mV	100	200	300	400	420	440	460	480	500	520	540	560
电流表/mA												
电压表/mV	580	600	620	640	660	680	700	720	740	760	780	800
电流表/mA												

根据表 1-2-2 所示的数据,在图 1-2-7 所示的方格图上描绘所测晶体二极管的伏—安特性曲线.

3.2 测量稳压二极管的伏—安特性曲线

用万用表的欧姆档判定稳压二极管的极性并记下万用表显示的正向电阻和反向电阻(见表 1-2-3).

表 1-2-3 测量稳压二极管的正、反向电阻

参数名称	正向电阻/Ω	反向电阻/Ω
测量值		

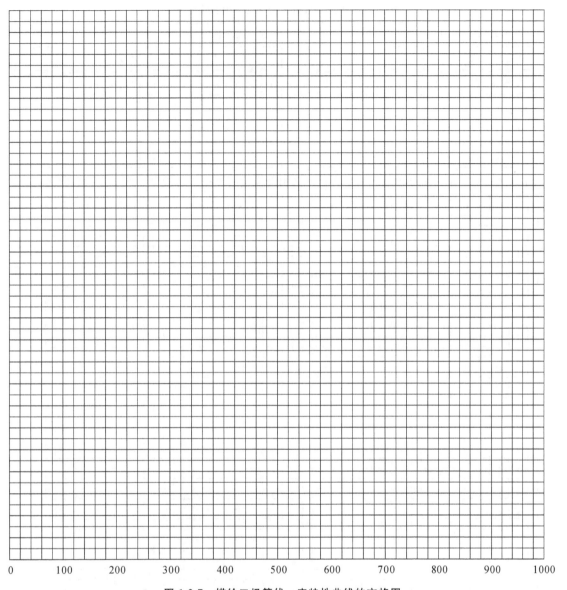

0　　　100　　　200　　　300　　　400　　　500　　　600　　　700　　　800　　　900　　　1000

图 1-2-7　描绘二极管伏一安特性曲线的方格图

按图 1-2-8 连接电路.

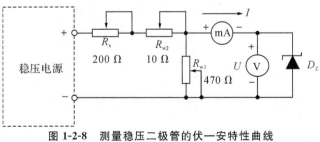

图 1-2-8　测量稳压二极管的伏一安特性曲线

调节稳压电源的输出电压值,同时调节多圈电位器 R_{w1}、R_{w2} 使电压表的示数符合表 1-2-4 的要求,测量此时电流表的示数并记录于表 1-2-4 中.

表 1-2-4   稳压二极管的伏—安特性测量数据

电压表/V	1	2	3	4	5	6	6.01	6.02	6.03	6.04	6.05	6.06
电流表/mA												
电压表/V	6.07	6.08	6.09	6.10	6.11	6.12	6.13	6.14	6.15	6.16	6.17	6.18
电流表/mA												
电压表/V	6.19	6.20	6.21	6.22	6.23	6.24	6.25	6.26	6.27	6.28	6.29	6.30
电流表/mA												

根据表 1-2-4 所示数据,在图 1-2-9 所示方格图上描绘所测稳压二极管的伏—安特性曲线.

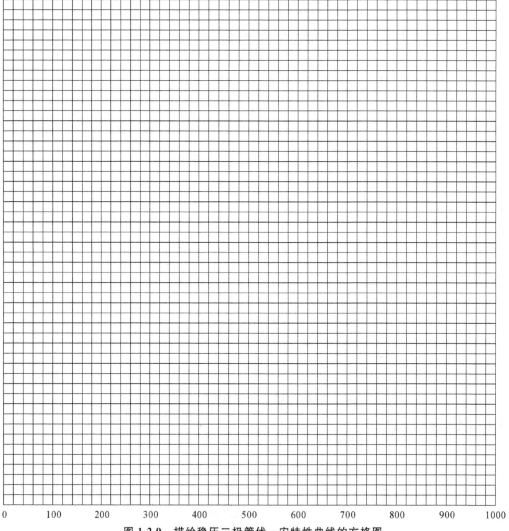

图 1-2-9   描绘稳压二极管伏—安特性曲线的方格图

4   实验仪器与器材

(1) 电子技术综合实验台   (2) 稳压电源

(3) 数显直流电流表   (4) 数显直流电压表

(5) 470 Ω、10 Ω 多圈精密可调电阻   (6) 二极管 1N4007

（7）稳压二极管 BXZ6.2V

5 实验报告

（1）实验原理描述.

（2）画出实验接线图,写出实验的简要过程.

（3）记录与实验有关数据,简要分析影响实验测量结果的因素.

（4）伏—安特性曲线的描绘.总结实验过程中所遇到的问题和实验得失.

附录 1-2 常用电子元器件

任何一个复杂的电路都是由一个个电子元器件"搭"起来的,电子设计的过程就是将不同特性的电子元器件组成一个具有一定功能的电子电路的过程;在电路中所包含的参数是很多的,虽然理论上分析某个电路可以完成某个功能,但是实际上往往未必如愿,一方面元器件本身存在着离散性(即性能上存在着差异),另一方面实验的方法也是多种多样的,比如元器件的放置位置、引线的走向、布线的方法都会对实验的结果产生影响.因此正确认识电子元器件的性能和特点是十分重要的.

1 电阻器

1.1 种类

根据电阻器所使用的材料不同,常用的电阻器可以分为碳膜、金属膜和线绕三种.碳膜电阻的造价较低,但稳定性差,噪声较大,在要求不太高的场合下被广泛使用;金属膜电阻器的稳定性较好,噪声小,体积也较小,但造价较高,较多地用在低噪声、高稳定性的线路中;线绕电阻的稳定性好,噪声很小,额定功率较大,但体积较大,阻值不太高,造价也较高,常用在低频、大功率、高稳定性的场合.另外,还有一些类型的电阻器,如合成膜电阻、实心电阻、压敏电阻、热敏电阻等.

1.2 电阻器的型号命名方法

附图 1-2-1 电阻的形状

电阻器的型号一般由四部分组成.

第一部分:主称,用英文字母 R 表示.

第二部分:材料,用英文字母表示,如附表 1-2-1 所示.

附表 1-2-1 材料英文表示

T	H	S	N	J	Y	C	I	X
碳膜	合成膜	有机实心	无机实心	金属膜	氧化膜	沉积膜	玻璃釉膜	线绕

第三部分:分类,一般用数字表示,个别类型用英文字母表示,如附表 1-2-2 所示.

附表 1-2-2　分类表示

1	2	3	4	5	7	8	9	G	T
普通	普通	超高频	高阻	高温	精密	高压	特殊	高功率	可调

第四部分:序号,用数字表示.

1.3　电阻的参数

(1) 额定功率:是电阻在正常运行时所能承受的功率耗散.当外加电压和电流的乘积超过这个数值时,电阻值就会发生变化,严重的要烧毁电阻器.电阻器的额定功率不是任意的,而是有其规格系列的,如附表 1-2-3 所示.

附表 1-2-3　电阻的功率

电阻类别	功率系列/W
线绕电阻器	1/20,1/8,1/4,1/2,1,2,4,8,10,16,25,40,50,75,100,150,250,500
非线绕电阻器	1/20,1/16,1/8,1/4,1/2,1,2,5,10,25,50,100

(2) 电阻值:电阻器在额定工作条件下所呈现的电阻的大小.电阻值的单位有:毫欧($m\Omega$),欧姆(Ω),千欧($k\Omega$),兆欧($M\Omega$).电阻器的阻值是用色环来表示的,如附图 1-2-2 所示.

附图 1-2-2　色环表示法

① 普通电阻的色环表示法.

> 第一色环:电阻值的第一位数字.
> 第二色环:电阻值的第二位数字.
> 第三色环:应乘 10 的倍数(或者说有几个 0).
> 第四色环:电阻的允许误差.

普通电阻色环表示法的意义(每种颜色所代表的含义),如附表 1-2-4 所示.

附表 1-2-4　普通电阻色环表示法意义表

色环的颜色	第一色环（电阻值的第一位数字）	第二色环（电阻值的第二位数字）	第三色环（倍率）	第四色环（误差）/%
黑	—	0	10^0	
棕	1	1	10^1	
红	2	2	10^2	
橙	3	3	10^3	
黄	4	4	10^4	
绿	5	5	10^5	

色环顺序 数值 色环的颜色	第一色环 （电阻值的第一位数字）	第二色环 （电阻值的第二位数字）	第三色环 （倍率）	第四色环 （误差）/%
蓝	6	6	10^6	
紫	7	7	10^7	
灰	8	8	10^8	
白	9	9	10^9	
金	—	—	10^{-1}	± 5
银	—	—	10^{-2}	± 10
无色	—	—	10^{-3}	± 20

② 精密电阻的色环表示法.

> 第一色环:电阻值的第一位数字.
> 第二色环:电阻值的第二位数字.
> 第三色环:电阻值的第三位数字.
> 第四色环:应乘 10 的倍数(或者说有几个 0).
> 第五色环:电阻的允许误差,一般是棕色,即 $\pm 1\%$.

精密电阻色环表示法的意义(每种颜色所代表的含义),如附表 1-2-5 所示.

附表 1-2-5 精密电阻色环表示法意义表

色环顺序 数值 色环的颜色	第一色环 （电阻值的 第一位数字）	第二色环 （电阻值的 第二位数字）	第三色环 （电阻值的 第三位数字）	第四色环 （应乘 10 的倍数）	第五色环 （误差）
黑	—	0	0	10^0	—
棕	1	1	1	10^1	$\pm 1\%$
红	2	2	2	10^2	$\pm 2\%$
橙	3	3	3	10^3	
黄	4	4	4	10^4	
绿	5	5	5	10^5	$\pm 0.5\%$
蓝	6	6	6	10^6	$\pm 0.2\%$
紫	7	7	7	10^7	$\pm 0.1\%$
灰	8	8	8	10^8	—
白	9	9	9	10^9	—
金	—	—	—	10^{-1}	—
银	—	—	—	10^{-2}	—
无色	—	—	—	10^{-3}	—

2 电容器

2.1 种类

根据电容器所使用的材料不同,常用的电容器可以分为纸介电容器、瓷介电容器、云母电容器、涤纶电容器、独石电容器和电解电容器等;按结构形式分,有固定电容器、半可变电容器、可变电容器等. 瓷介电容器通常适用于低频和高频电路,热稳定性稍差,容量较小,一般在 $0.1\ \mu F$ 以下. 电解电容器的容量可以做得很大,但由于其制作工艺的原因,高频特性不好,通常用作电源滤波和低频交流耦合. 在作电源滤波器时应和一 $0.1\ \mu F$ 的瓷片电容器或独石电容器并联使用.

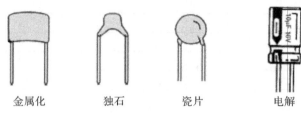

金属化   独石   瓷片   电解

附图 1-2-3　电容的外形

2.2　电容的 ESR

ESR 是英文等效串联电阻的缩写,它指的是实际的电容器相当于理想的电容器上串联了一个电阻. 由于电容器有 ESR,所以在充放电过程中会产生一定的损耗,对于充放电频率高的电路则损耗更大. 例如高频电路、开关电源电路. 在工作过程中要求采用等效电阻小的电解电容器,它可以减小内阻和纹波电压,提高稳定性. 国外有公司专门生产低 ESR 电解电容,它的 ESR 可达 $0.2\sim0.8\ \Omega$,而一般电解电容器的 ESR 则为几欧至十几欧.

2.3　电容器的型号命名方法

电容器的型号一般由四部分组成.

第一部分:主称,用英文字母 C 表示.

第二部分:材料,用英文字母表示,如附表 1-2-6 所示.

附表 1-2-6　电容器的制作材料

符　号	含　义	符　号	含　义
C T I O N G E	高频瓷 低频瓷 玻璃釉 玻璃膜 铌电解 合金电解 其他材料电解	Y V Z J Q H D A	云母 云母纸 纸介 金属化纸 漆膜 复合介质 铝电解 钽电解

第三部分:分类,一般用数字表示,个别类型用英文字母表示,如附表 1-2-7 所示.

附表 1-2-7　电容的种类

数字 类别 产品名称	1	2	3	4	5	7	8	9
瓷介电容器	圆片	管形	叠片	独石	穿心		高压	
云母电容器	非密封	非密封	密封	密封		高压		
有机电容器	非密封	非密封	密封	密封	穿心		高压	特殊
电解电容器	箔式	箔式	烧结粉液体	烧结粉固体		无极性		特殊

第四部分:序号,用数字表示.

2.4 容量表示方法

电容是储能元件,起"隔直流通交流"的作用.在电路中用字母 C 表示,单位是法拉(F),常用单位为微法(μF)和皮法(pF),$1\,F=10^6\,\mu F=10^{12}\,pF$.电容容量大小的表示方法有 4 种,印在电容表面.

(1) 直标法:凡不带小数点又无单位的为 pF;带小数点的为 μF.如:"0.047"(或 047)为 0.047 μF,"12"为 12 pF.

(2) 数码法:前两位为容量的头两位数字,第三位为 0 的个数,单位是 pF,如"152"为 1500 pF,"103"为 10000 pF,即 0.01 μF,"201"为 200 pF.

(3) 文字符号法:P33 为 0.33 pF,2p2 为 2.2 pF;1n 为 1000 pF,6n8 为 6800 pF,10n 为 10000 pF 即 0.01 μF;1 m 为 1000 μF,4m7 为 4700 μF.

(4) 色标法:色标代表的意义同电阻色环.

注意:在印刷电路板上安装电解电容时应注意它的正负极性,不能接反.新电解电容以引脚长短去判断引脚的极性,长脚为"+"极.也可以从外壳标志去区别,与负极引线对应一边的外壳上印有明显的"−"号标志.使用时还应考虑其耐压值(也印在外壳上),一般取两倍裕量.

注意:字母 p,n,μ 相当于小数点.

例:3p3＝3.3 pF

字母 M 代表精度 ± 20%

字母 K 代表精度 ± 10%

字母 J 代表精度 ± 5%

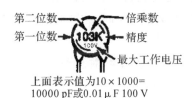

上面表示值为 $10\times1000=$ 10000 pF或0.01 μ F 100 V

附图 1-2-4　电容特性表示方法

2.5 耐压

耐压是在额定的条件下,在电容两端允许加的最高电压.当所加的电压超过电容器的耐压时,其介质就容易被击穿,两极板连在一起,就无法再使用.所以,在实际运用的过程中,往往把电容器的耐压选得比实际工作电压高.一般电容器的常用耐压值为:6.3 V,16 V,25 V,50 V 等.

3 电感器

电感器是用绝缘导线绕制成的多圈线圈,可以是空心的,也可以绕在用硅钢片或铁氧体材料制成的磁芯上,它是电子电路中不可缺少的一种器件,虽然它的用量比电阻器、电容器少,但它的使用却比电阻器、电容器要求严格,尤其是电子制作中需要自制的电感器.电感器用英文字母 L 表示,单位是"亨利",用英文字母"H"表示."亨利"是一个很大的单位,实际使用较多的是"毫亨"(mH)以及"微亨"(μH). $1\,H=10^3\,mH=10^6\,\mu H$.公制单位换算表如附表 1-2-8 所示.

有一种带磁芯的小型固定电感器,其电感量的标注方法同色环电阻一样,单位是 μH,如绿、棕、金表示 5.1 μH,灰、红、棕表示 820 μH;但有些电感没有采用色环标注法,而是将电感数值直接标出.

附表 1-2-8　公制单位换算表

符号	名称	乘数	科学表示法
p	微微	0.000000000001	10^{-12}
n	毫微	0.000000001	10^{-9}
μ	微	0.000001	10^{-6}
m	毫	0.001	10^{-3}
k	千	1000	10^{3}
M	兆	1000000	10^{6}
G	吉	1000000000	10^{9}

1000 p＝1 n；1000 n＝1 μ；1000 μ＝1 m；1000 m＝1；1000＝1 k；1000 k＝1 M；1000 M＝1 G

4　二极管

二极管也是电子电路中经常使用的器件,按功能一般可分为整流二极管、稳压二极管、检波二极管、变容二极管、发光二极管等.由于普通二极管、整流二极管、开关二极管、阻尼管、整流桥堆的主要参数相同,这里把它们归结为一类,统称为二极管.但这些二极管的参数不适用于稳压二极管.

4.1　二极管的主要参数及测试

(1) 最大平均整流电流.这是管子长期运行允许正向通过的平均电流,它是由 PN 结的面积和散热条件决定的.点接触型二极管(2AP 系列)的结面积很小,允许通过的最大平均电流只有几十毫安.而面结型的二极管的结面积大,允许通过的电流也大,如面结型二极管 2CP1 的最大平均整流电流为 400 mA.这类管子的最大电流可达数千安培.

最大平均整流电流是二极管安全工作的重要参数,使用时切勿让流过二极管的电流超过此值,否则会由于 PN 结的过热而烧毁二极管.

测量最大平均整流电流时,给二极管加上正向电压.由于二极管 PN 结流过电流会产生热量,电流越大温度越高,当结温增至规定值时的电流值就是最大整流电流.可见测量最大平均整流电流时,还要测量管子的温升.由于温升的测量比较困难,所以这项测量一般只在二极管的生产厂家进行,使用者常以厂家提供的数据为准.

(2) 反向击穿电压.二极管出现反向击穿时的电压称为反向击穿电压.二极管反向击穿电压的大小与制作二极管的半导体的电阻率有关,电阻率越低,击穿电压越低,点接触型二极管大多用锗材料制成,由于锗材料的电阻率比硅材料的低,再加上其他特性(如高频特性)要求点接触型二极管使用低电阻率的晶片,所以点接触型二极管的反向击穿不高(几十伏至 200 伏之间),且其击穿特性是"软性"的(不陡),反向电压增加时反向电流也增加较多,击穿和未击穿之间没有很明显的界限,这种击穿

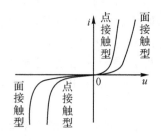

附图 1-2-5　二极管特性曲线

特性常称为"软击穿",如附图 1-2-5 所示.硅材料晶片的电阻率较大,其击穿电压要比锗材料高得多(通常介于数百伏与数千伏之间).硅二极管的击穿特性是"硬性"的,常称之为"硬击

穿".如附图 1-2-5 所示.

附图 1-2-6 是反向击穿电压的测量电路,可调电源的输出电压在一定范围内连续可调,限流电阻起保护作用,电压表和电流表分别测量二极管的反向电压和电流.

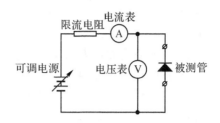

附图 1-2-6　测量反向击穿电压的电路

测量时,慢慢增加电源电压,观察电流表的指示值,若电流表在一段时间内不随电源电压的增加而增加,说明被测管子是硬击穿,这时可进一步增加电源电压,直至电流开始急剧增加为止.这时电压表的指示值就是反向击穿电压,如果被测的是软击穿的管子,它的起始电流就随电源电压的增加而增加,这种管子的击穿电压很难确定,一般可以由最大整流电流来定.方法是从参数表中查出最大整流电流,把它与二极管的正向压降相乘得到二极管的功率耗散,再以二极管反向电流与反向电压的乘积不超过此值为准,就可定出反向击穿电压.有时也可仅根据反向饱和电流的大小直接确定击穿电压.

(3)最高反向工作电压.使用二极管时,允许加在二极管上的最高反向电压称为最高反向工作电压.最高反向工作电压是反向击穿电压的 1/2 到 2/3,它是二极管安全工作的重要参数,使用时尽量不让外加电压超过此值.

(4)反向饱和电流.还未出现反向击穿时流过二极管的反向电流称为反向饱和电流.反向饱和电流是表征二极管单向导电特性的重要参数.饱和电流越小,二极管的单向导电特性越好,反向饱和电流还与击穿电压有关,饱和电流越小,击穿电压越高.

附图 1-2-6 的测量电路还可以用于反向饱和电流的测量,对于硬击穿的管子,不论电源电压为多大,只要小于反向击穿电压,反向饱和电流基本上是一个常数,测量时只要让电源电压小于反向击穿电压,读出对应的电流值就是反向饱和电流.对于软击穿的管子,要求所加反向电压有个规定值(如 5 V,10 V 等),在这个规定的电压下测出的反向电流就是反向饱和电流.

4.2　稳压二极管的主要参数及测试

稳压二极管与二极管的特性曲线很相似,都具有单向导电性,它们的不同之处仅在工作状态上,二极管是在正向和反向最高工作电压内工作,而稳压管仅工作在反向击穿状态.

稳压管工作于反向击穿状态,那会不会因击穿而烧毁二极管呢?回答是否定的.由二极管的击穿理论可知,击穿是以载流子的增多为特征的,但这种增加不是无限的,它受到外加电源和外加电路元件的限制,只要这种限制能使稳压管的反向电流不超过一定值,就不会导致原始结构的破坏和二极管的永久性损坏.

既然稳压管工作于击穿状态,那其参数也就集中在击穿电压附近.

(1)稳定电压.是稳压管出现反向击穿时的电压值(附图 1-2-7中的 V_Z).这个数值随工作电流和温度的不同而略有改变.

稳压管稳定电压的测量电路与二极管的反向击穿电压的测量电路相同.

(2)稳定电流.是稳压管工作电流的参考值.当然,当工作电流低于这个值时,仍有稳压作用,只是稳压的效果差一些;若略高于这个数值,只要不超过管子的功率耗散(或最大稳定电流),也是可以使用的,而且稳压特性还会好一些,问题是这样做增加了

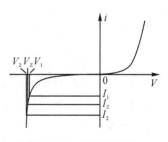

附图 1-2-7　稳压管特性

管子的功耗,浪费了电能.

(3) 额定功耗.在给定的工作条件下,稳压管能承受的最大功率损耗.有些参数表中给出了"最大工作电流"这一参数.最大工作电流与稳定电压的乘积就是额定功耗.根据这一关系,可以测出额定电压和最大工作电流,然后求出额定功耗.最大工作电流的测试与二极管的最大整流电流的测试是一样的.

(4) 动态电阻.稳压管在稳定电压附近,电压的变化量 ΔV_Z 与电流的变化量 ΔI_Z 的比值就是稳压管的动态电阻,它是一个随工作电流而变化的量,一般是工作电流越大,动态电阻越小.动态电阻是表征稳压管稳压特性的重要参数,动态电阻越小,稳压特性越好.

测量时让稳压管流过稍小于"稳定电流"的电流 I_1,测出对应的稳压降 V_1,再增加电流到 I_2(稍大于稳定电流),测出对应的电压 V_2,则动态电阻 ΔR 就可由下面的公式计算得到

$$\Delta R = \frac{V_2 - V_1}{I_2 - I_1}.$$

常用的稳压二极管有 0.5 W 和 1 W 两种封装形式,附表 1-2-9 为 0.5 W 玻璃封装稳压二极管的参数,常用于黑白电视机、彩色电视机、收录机、音响设备及电子仪器的稳压电路中.

附表 1-2-9 常用的稳压二极管

型号	V_Z			I_Z/mA	R_Z/Ω	$I_R/\mu A$	$C_{TV}(\%,\text{℃})$
	V_{Zmin}	V_{Znom}	V_{Zmax}				
1N4370	2.28	2.4	2.7	20	30	100	−0.07
1N4371	2.5	2.7	3.1	20	30	75	−0.07
1N4372	2.8	3.0	3.4	20	29	50	−0.07
1N746	3.0	3.3	3.6	20	28	10	−0.07
1N747	3.2	3.6	4.0	20	24	10	−0.07
1N748	3.5	3.9	4.3	20	23	10	−0.06
1N749	3.9	4.3	4.7	20	22	2	±0.06
1N750	4.2	4.7	5.2	20	19	2	±0.05

4.3 二极管的简易测量

在实际工作中并不是都要按以上介绍的方法测出二极管的各项参数的,有时只要用万用表对极性和性能差异作出判别就行.

对于玻璃封装和塑料封装的二极管,在其管壳的一端都有一圈明显的标记,玻璃封装的标记是灰黑色的,塑料封装的标记是白色的,这一端是二极管的阴极.那些没有极性标记的二极管可用万用表来确定.

使用 数字式万用表 测量时,将万用表打在"二极管"测量挡,此时万用表显示的是二极管的正向压降,将两表笔搭在二极管的两端,若万用表显示的数值为 0.3~0.7 V(有的万用表显示的是 300~700 mV),则与红表笔相连的那一端为阳极,与黑表笔相连的那一端为阴极;将两表笔对调,此时显示的数值应为无穷大,否则说明二极管的特性不好或已经损坏.

4.4 发光二极管

自发光二极管问世至今已有几十年的历史,随着半导体工艺技术及新材料的发展,发光二极管也在不断创新,在多色、高亮度及新品种方面已有较大的发展,主要有激光二极管、黄色发

光二极管、绿色发光二极管、橙色发光二极管、蓝色发光二极管、红外光二极管、闪烁型发光二极管、变色发光二极管等.

发光二极管的型号命名是由 BT××××××组成,×表示数字,第一位数字表示发光二极管的材料,第二位数字表示发光二极管的颜色,第三位数字表示发光二极管的封装形式,第四位数字表示外形大类,第五、六位数字是序号.各位的详细信息如附表 1-2-10 所示.

附表 1-2-10　发光二极管型号命名规则

第一位数字		第二位数字		第三位数字		第四位数字	
	材料		颜色		封装形式		外形大类
1	GaAsP	0	红外	1	无色透明	0	圆形
2	GaAiAs	1	红	2	无色散射	1	长方形
3	GaP	2	橙	3	有色透明	2	符号
4	GaAs	3	黄	4	有色散射	3	三角形
5	SiC	4	绿			4	方形
		5	蓝			5	组合形
		6	复合			6	特殊形
		7	靛				
		8	紫				
		9	紫外、黑、白				

发光二极管的参数有极限参数、电参数和光参数;常用的发光二极管有 $\phi 3$,$\phi 5$ 两种,其极限功耗为 $50\sim 100$ mW,极限工作电流为 $20\sim 50$ mA.在一般的使用中,正向工作电流取$(1/5\sim 1/2)$极限工作电流,如 $5\sim 10$ mA.发光二极管的反向耐压较低,一般为 $5\sim 6$ V,正向工作电压与发光管的材料有关,一般为 $1.5\sim 2.5$ V,但由碳化硅制成的蓝色发光二极管的正向工作电压为 $3\sim 4$ V.

发光二极管在正常工作时其压降是固定的,因此当电源电压大于其正常的工作电压时应在其电流回路内串联一只电阻,防止发光二极管因电流过大而烧毁.附图 1-2-8 表示了发光二极管的使用方法.

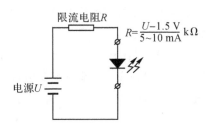

附图 1-2-8　发光二极管的使用

5　晶体三极管

三极管是电子电路中最基本的有源放大器件,其主要参数有:电流放大倍数 β、集电极—基极反向击穿电压 BV_{cbo}、集电极—发射极击穿电压 BV_{ceo}、集电极最大允许电流 I_{cm}、集电极最大功耗 P_{cm}、特征频率 f_T 等.这里介绍的参数不是模拟电子电路课中用来分析三极管的等效参数,而是三极管作为一种电路元件应具有的性能和质量指标.

5.1 直流参数

5.1.1 集电极－基极间反向饱和电流 I_{cbo}

发射极开路,在基极与集电极之间加上规定的反向电压时,流过的电流是 I_{cbo}.

I_{cbo} 是三极管的一项质量指标,I_{cbo} 越小越好,I_{cbo} 的大小与三极管的材料和额定功率有关,对于小功率锗管,其 I_{cbo} 不大于 10 μA,大功率锗管的 I_{cbo} 不大于 1 mA;硅材料三极管的 I_{cbo} 要比同功率的锗管小数百倍至数千倍.

5.1.2 集电极－发射极间饱和电流 I_{ceo}

基极开路,在集电极与发射极间加上规定的电压 V_{ce} 时,流过的电流是 I_{ceo},I_{ceo} 也常称为穿透电流.

根据理论分析,I_{ceo} 与 I_{cbo} 有 $I_{ceo}=\beta I_{cbo}$ 的近似关系(其中 β 为共射极电流放大倍数),所以它的特性与 I_{cbo} 差不多.

小功率锗管的 I_{ceo} 在 500 μA 左右,最大达到 2 mA,大功率锗管的 I_{ceo} 达十几毫安,硅材料的 I_{ceo} 要比锗材料的小得多.

与 I_{ceo} 相同类型的参数还有 I_{cer},I_{ces},它们的区别仅在于测 I_{ceo} 时基极是开路的;测 I_{cer} 时基极与发射极间跨接一电阻 R;测 I_{ces} 时基极与发射极短路.

在相同的 V_{ce} 下,I_{ces}、I_{cer}、I_{ceo} 满足下列关系:$I_{ces}<I_{cer}<I_{ceo}$.

5.1.3 发射极－基极间反向饱和电流 I_{ebo}

集电极开路,发射极与基极间加上规定的反向电压 V_{eb} 时流过发射极的电流.

I_{ebo} 是表征晶体管发射极质量的参数,管子的 I_{ebo} 越小越好.

5.1.4 共发组态的电流放大倍数 β

β 是集电极电流 I_c 与基极电流 I_b 的比值. 放大倍数与集电极电流 I_c 有一定的关系,通常 I_c 越大 β 也越大,但也有一些用作自动增益控制的管子(如 3DG56B),在 I_c 增加到一定值时 β 反而越来越小.

放大倍数还与穿透电流 I_{ceo} 及管子的耐压性有关,β 越大,I_{ceo} 越大,耐压性越差.

5.2 极限参数

5.2.1 集电极－基极间反向击穿电压 BV_{cbo}

集电极－基极间反向击穿电压 BV_{cbo} 是指发射极开路时,集电结的反向击穿电压值.

5.2.2 集电极－发射极击穿电压 BV_{ceo}, BV_{cer}, BV_{ces}

BV_{ceo} 是基极开路时,集电极与发射极间的击穿电压值;BV_{cer} 是基极与发射极间跨接一电阻 R 时,集电极与发射极间的击穿电压值;BV_{ces} 是基极与发射极短路时,集电极与发射极间的击穿电压值. 这三个量与 BV_{cbo} 具有 $BV_{ceo}<BV_{cer}<BV_{ces}<BV_{cbo}$ 的关系.

5.2.3 集电极最大功耗 P_{cm}

集电极的功耗是集电极、发射极之间的电压与流过集电极的电流的乘积,由于管子有功率损耗,要发热,所以管子的参数(如 I_{ceo},β,V_{be} 等)会发生变化. 集电极的最大功耗 P_{cm} 是三极管因功耗发热而引起的参数变化不超过允许值时的集电极耗散功率. 管子只能承受小于 P_{cm} 值的功率损耗,超过此值时,会使管子的性能下降,直至烧毁管子.

5.2.4 集电极最大允许电流 I_{cm}

集电极最大允许电流 I_{cm} 是增加集电极电流,使得管子参数的变化不超过规定的允许值时的集电极电流.

P_{cm}，I_{cm} 的测试是非常复杂的，因为测量时需同时监视管子的其他有关参数的变化，所以 P_{cm}，I_{cm} 的测量只限在生产厂家进行.

5.3 三极管的简易测试

前面介绍三极管的参数时，都给出了具体的测量电路，用那些方法可以较为准确地测量三极管的相关参数，但是在实际工作中，常用万用表对三极管进行简易的测量和判断.

三极管引脚（发射极 e、基极 b、集电极 c）的判别.

首先确定基极 b，原理是：当用万用表测量基极 b 与发射极 e、基极 b 与集电极 c 之间的特性时，所表现的结果都是二极管的特性，即单向导电性. 根据这一原理，当三极管的三个引脚中有一个引脚与其他两个引脚都是正接（所谓正接和反接就是测量过程中将万用表的两个表针对调一下，是一个相对的概念）导通反接截止时，则这个引脚就是基极 b，另外的两个引脚就是 c、e；通过这一过程还可以确定三极管的极性（NPN 或 PNP），若使用的是数字式万用表，要将转换开关转到"二极管"挡，将红表笔接基极 b，黑表笔接 c 或 e，若显示的电压值介于 0.3 V 至 0.7 V 之间，则此管子是 NPN 型的，否则就是 PNP 型的.

其次确定 c 和 e. 由于三极管在制作时，两个 P 区（或 N 区）的掺杂浓度不同，如果在使用时满足发射极正偏、集电极反偏，则三极管具有很强的放大能力，此时称三极管正向应用；当使用时将集电极正偏、发射极反偏时，三极管同样具有放大能力，只是放大能力很弱，此时称三极管反向应用. 因此根据"三极管正向运用和反向运用时电流放大倍数 β 的值差别很大"的原理可以把集电极和发射极区别出来.

将数字万用表拨在 h_{FE} 挡上，三极管的基极插入万用表上的基极插座，另两脚（c 和 e）插入发射极和集电极插座，记下此时的 h_{FE} 值，将三极管的两脚（c 和 e）对调，再测一次 h_{FE} 值，大的那一次说明三极管是处在正向应用状态，三极管此时的引脚排列顺序与万用表上的标记是一致的.

附表 1-2-11 列出了一些常用三极管的参数，可作为设计电路时的参考.

附表 1-2-11　常用三极管的参数

型号	极性	BV_{cbo}/V	BV_{ceo}/V	I_{cm}/mA	P_{cm}/W	f_T/MHz
9011	NPN	40	30	30	0.4	350
9012	PNP	50	35	500	0.625	200
9013	NPN	40	30	500	0.625	200
9014	NPN	50	40	100	0.45	270
9015	PNP	50	40	100	0.45	190
9016	NPN	50	20	25	0.4	620
9018	NPN	30	18	50	0.4	800
8050	NPN	40	25	1500	1	190
8550	PNP	40	25	1500	1	200
C3355	NPN	50	50	50	0.5	6400

实验 1-3　电容器的交流耦合特性

1　实验目的

（1）能熟练读出色环电阻的阻值.
（2）认识不同类型电容器的外形及容量表示方法，能准确读出电容器的容量.
（3）进一步熟悉电子仪器并能熟练地使用电子仪器准确测量实验结果.

2　实验内容

电容器在电子电路中起交流耦合或滤波的作用.
不同类型的电容对频率的响应能力不同，一般而言，电解电容器适用于低频的场合，瓷片电容器（或独石电容器）适用于高频的场合. 同时，电解电容器在使用时还要注意极性的问题.

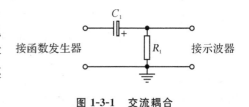

图 1-3-1　交流耦合

（1）按图 1-3-1 连接电路，函数发生器输出信号，C_1，R_1 的取值如表 1-3-1 所示.

表 1-3-1　实验波形记录

函数发生器输出信号	C_1	$R_1/\mathrm{k\Omega}$	记录一组输入、输出波形
1 kHz/1 $V_{\text{p-p}}$	10 μF/25 V	1	输入波形： 输出波形：
		10	
100 kHz/1 $V_{\text{p-p}}$	1000 μF/25 V	1	输入波形： 输出波形：

比较输入、输出波形有什么变化，解释波形产生变化的原因.

（2）按图 1-3-2 连接电路，函数发生器输出信号，C_1，R_1，R_2 的取值如表 1-3-2 所示.

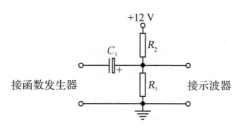

图 1-3-2　在交流信号中叠加直流分量

表 1-3-2　测量输入、输出波形

函数发生器输出信号	C_1	$R_1/\text{k}\Omega$	$R_2/\text{k}\Omega$	记录一组输入、输出波形
1 kHz/1 $V_{\text{p-p}}$	100 μF/25 V	100	100	输入波形： 输出波形：

比较输入、输出波形有什么变化，解释波形产生变化的原因.

（3）按图 1-3-3 连接电路，函数发生器输出信号，C_1，R_1，R_2 的取值如表 1-3-3 所示.

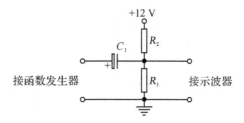

图 1-3-3　电容器反接

表 1-3-3　测量电容器反接时的输入、输出波形

函数发生器输出信号	C_1	$R_1/\text{k}\Omega$	$R_2/\text{k}\Omega$	记录一组输入、输出波形
1 kHz/1 $V_{\text{p-p}}$	100 μF/25 V	100	100	输入波形： 输出波形：

比较输入、输出波形有什么变化,解释波形产生变化的原因。

思考题1:上述实验(2)项和实验(3)项的实验内容有什么不同?本实验关注的要点是什么?

思考题2:实验(2)项中输出波形和实验(3)项中输出波形完全相同吗?为什么?

(4)对于图1-3-2所示的电路,当电阻R_1,R_2的取值为10 kΩ,1 kΩ,0.1 kΩ时,将波形记录于表1-3-4中。请问:输入波形和输出波形的相位会发生什么样的变化?解释波形产生变化的原因,并将测量的结果与理论计算的结果作比较.

表 1-3-4 实验波形记录

函数发生器输出信号	C_1	R_1 / kΩ	R_2 / kΩ	记录一组输入、输出波形
				输入波形:
		10	10	输出波形:
1kHz /1 $V_{p\text{-}p}$	100μF/25V	1	1	输入波形: 输出波形:
		0.1	0.1	输入波形: 输出波形:

3 实验设备与器件

(1)模拟电子技术实验台   (2)EE1411C 函数发生器

(3)双踪数字示波器 DS5062   (4)数字万用表

(5)各种类型电容、电阻若干

4　实验报告

(1)整理实验数据,将测得的值和理论值进行比较.
(2)分析各种实验现象产生的原因.
(3)分析测试过程中发生的问题,总结实验收获.

实验 1-4　电容器的滤波特性

1　实验目的

(1)能用万用表对二极管的引脚进行判别.
(2)能熟练读出色环电阻的阻值.
(3)进一步熟悉电子仪器并能熟练地使用电子仪器准确测量实验结果.

2　实验内容

2.1　研究二极管的单向导电性

晶体二极管是电子电路中常用的有源器件,简称二极管,它是一种只往一个方向传送电流的电子元件,具有按照外加电压的方向,使电流流动或不流动的性质,也就是单向导电性.其结构为一个由 P 型半导体和 N 型半导体形成的 PN 结,在 PN 结界面处两侧形成空间电荷层,并建有自建电场.当不存在外加电压时,由于 PN 结两边载流子浓度差引起的扩散电流和自建电场引起的漂移电流相等而处于电平衡状态.由于结电容的存在,当频率高到某一程度时,结电容的容抗小到使 PN 结短路,导致二极管失去单向导电性.PN 结面积越大,结电容也越大,越不能在高频情况下工作.每种二极管都有一个最高工作频率的问题.

按图 1-4-1 连接电路,函数发生器输出信号,D_1 的型号,R_1 的取值如表 1-4-1 所示.按表1-4-1 进行实验.

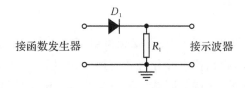

图 1-4-1　研究二极管的单向导电性

分析表 1-4-1 实验现象产生的原因.

表 1-4-1　二极管的单向导电性

函数发生器 输出信号	$R_1/\text{k}\Omega$	D_1	记录一组输入、输出波形
正弦波 200 Hz/5 $V_{\text{p-p}}$	1.0	1N4148	输入波形： 输出波形：
		1N4007	输入波形： 输出波形：
正弦波 100 kHz/5 $V_{\text{p-p}}$		1N4148	输入波形： 输出波形：
		1N4007	输入波形： 输出波形：

2.2　电容器的滤波特性

在本实验 2.1 里，我们发现二极管将正弦交流电变成了脉动的直流电(电压不再是交变的，而是在一个方向上起伏)，根据傅里叶分析和变换理论，任何一个满足一定条件的信号，都是由无限个正弦波叠加而成的，这些不同频率的正弦波叫做该信号的频率成分(或谐波成分)。当一个信号经过一个电路后波形的形状发生了变化(波形畸变)，那么我们就可以判定信号中出现了新的频率成分(或者丢失了某些频率成分)。如果信号中的某些频率成分对我们是有用(无用)的，通过一定的电路将这些有用(无用)的信号提取出来(滤除干净)，叫做滤波。

本实验 2.1 中，由于二极管的作用，信号的波形发生了变化，输入的正弦信号如果用 $u_i(t)$ $=U_m\cos(\omega t)$ 来表示，那么经过二极管以后，输出的正弦信号则可以表示为 $u_0(t)=\dfrac{2U_m}{\pi}$ $\left[\dfrac{1}{2}+\dfrac{\pi}{4}\cos(\omega t)+\dfrac{1}{1\times3}\cos(2\omega t)-\dfrac{1}{3\times5}\cos(4\omega t)+\dfrac{1}{5\times7}\cos(6\omega t)-\cdots\right]$(假定此二极管是理想的二极管)。由此可以看出，输出信号 $u_0(t)$ 中出现了新的频率分量，分别是输入信号频率的 1

倍频、2 倍频、4 倍频、6 倍频……另外还出现了直流分量 $\dfrac{U_m}{\pi}$.

按图 1-4-2 连接电路,函数发生器输出信号,D_1 的型号,R_1,R_2,C_1 的取值如表 1-4-2 所示.

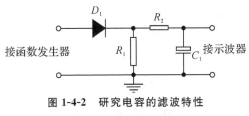

图 1-4-2　研究电容的滤波特性

表 1-4-2　波形记录

实验要求		记录一组输入、输出波形
函数发生器输出信号: 正弦波 100 Hz/5 V_{p-p} $D_1 = 1N4148$ $R_1 = 1.0\ k\Omega$ $R_2 = 1.0\ k\Omega$	$C_1/\mu F$	
	1	输入波形:
	10	输出波形:
	100	

按表 1-4-2 进行实验,观察当电容的值从 1 μF 变为 100 μF 时输出信号的变化情况,体会电容的滤波作用.

3　实验设备与器件

(1) 模拟电子技术实验台　　　　(2) EE1411C 函数发生器

(3) 双踪数字示波器 DS5062　　(4) 交流毫伏表 DF1932

(5) 数字万用表　　　　　　　　(6) 晶体二极管 1N4148、1N4007,发光二极管

(7) 各种类型电容、电阻若干

4　实验报告

(1) 整理实验数据,将测得的值和理论值进行比较.

(2) 分析各种实验现象产生的原因.

(3) 分析测试过程中发生的问题,总结实验收获.

实验 1-5　*RLC* 电路参数的测定

1　实验目的

(1) 测量电阻、电容和电感元件在正弦交流电路中电压与电流的相位关系.

(2) 加深理解 R、L、C 元件端电压与电流间的相位关系.

2 实验原理

正弦交流电可用三角函数形式来表示,即由最大值(U_m 或 I_m)、频率(或角频率 $\omega = 2\pi f$)和初相位三要素来决定. 在正弦稳态电路的分析中,由于电路中各处的电压、电流都是同频率的交流电,所以电流、电压可用相量来表示.

在频率较低的情况下,电阻元件通常略去其分布电感及分布电容的影响,而看成是纯电阻. 此时其端电压与电流的向量形式是:

$$\dot{U} = R\dot{I}$$

式中:R 为线性电阻元件. $\dot{U}$ 与 $\dot{I}$ 之间无相位差(电压与电流同相),故电阻元件的阻值与频率无关.

电容元件在低频时也可略去其分布电感及电容极板间介质的功率损耗的影响,因而可认为只具有电容 C. 在正弦稳态条件下,流过电容的电流与电压之间的向量形式是:

$$\dot{U} = Z_C\dot{I} = \frac{1}{j\omega C}\dot{I}$$

式中:Z_C 为电容的阻抗(电压滞后电流90°).

电感元件因其由导线绕成,导线有电阻,在低频时如略去其分布电容,则它仅由电阻 r_L 和电感 L 组成. 其端电压与电流的向量形式是:

$$\dot{U} = Z_L\dot{I} = (r_L + j\omega L)\dot{I}$$

式中:Z_L 为电感的阻抗. 当 r_L 很小时,电压超前电流90°.

在正弦交变信号作用下,L、C 电路元件在电路中的抗流作用与信号的频率有关,它们的阻抗频率特性 X_L、X_C 是频率的函数. 为了测量流过 L、C 的电流波形,通常的做法是在回路中串接一个小阻值电阻,通过这个小阻值电阻将电流信号转换成电压信号,我们就可以通过示波器观察到流过 L、C 器件的电流波形. 为了更方便地将小电阻上的电压值折算成电流值,小电阻的取值通常是 1 的倍数,如 $1\ \Omega$、$0.1\ \Omega$ 等.

由于电阻元件的阻值不是频率的函数,因此用示波器观察到的电阻两端的电压波形就是流过电阻的电流波形.

3 实验内容

3.1 用示波器观测电感 L 上的电压与电流波形

将信号源输出信号的幅度设置为0. 按图1-5-1连接电路.

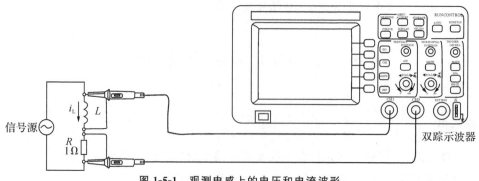

图 1-5-1 观测电感上的电压和电流波形

　　将示波器的 CH1 通道通过连接电缆接到电感 L 的两端,将示波器的 CH2 通道通过连接电缆接到电阻 R 的两端,注意两根电缆的地线要接到 L 和 R 的公共端上.假定流过电感 L 的电流方向如图 1-5-1 所示,那么 CH2 通道所测的电流波形与 i_L 是反相的,因此要将示波器的 CH2 通道设置为"反相"显示.

　　调节信号源输出信号的幅度和频率(输出信号的幅度逐渐增大),调节示波器使屏幕上显示 2 至 3 个完整的波形,观察 CH1 的波形是否超前 CH2 的波形 90°.

　　在图 1-5-2 所示的方格上记录 CH1,CH2 显示的波形.

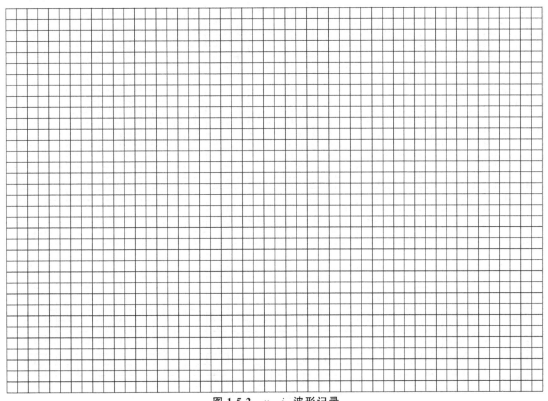

图 1-5-2　u_L, i_L 波形记录

　　用交流毫伏表测量 L 和 R 上的电压信号幅值,从理论上验证 i_L 是否等于 $\dfrac{u_L}{X_L}$.

3.2　用示波器观测电容 C 上的电压与电流波形

　　将信号源输出信号的幅度设置为 0.按图 1-5-3 连接电路.

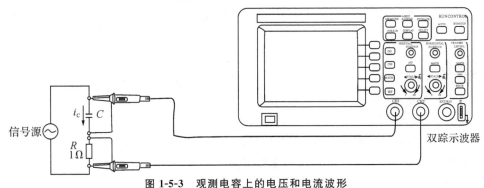

图 1-5-3　观测电容上的电压和电流波形

将示波器的 CH1 通道通过连接电缆接到电容 C 的两端,将示波器的 CH2 通道通过连接电缆接到电阻 R 的两端,注意两根电缆的地线要接到 C 和 R 的公共端上. 假定流过电容 C 的电流方向如图 1-5-3 中所示,那么 CH2 通道所测的电流波形与 i_C 是反相的,因此要将示波器的 CH2 通道设置为"反相"显示.

调节信号源输出信号的幅度和频率(输出信号的幅度逐渐增大),调节示波器使屏幕上显示 2 到 3 个完整的波形,观察 CH1 的波形是否滞后 CH2 的波形 90°.

在图 1-5-4 所示的方格上记录 CH1,CH2 显示的波形.

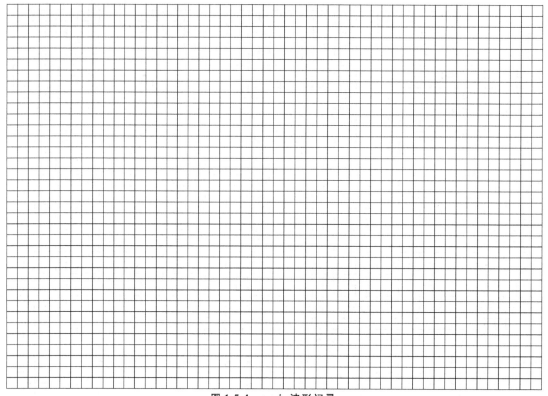

图 1-5-4　u_C, i_C 波形记录

用交流毫伏表测量 C 和 R 上的电压信号幅值,从理论上验证 i_C 是否等于 $\dfrac{u_C}{X_C}$.

4 实验仪器与器材

(1)电子技术综合实验台　　　　(2)信号发生器

(3)双踪示波器　　　　　　　　(4)交流毫伏表

(5)电容、电感若干　　　　　　(6)$1\ \Omega$ 电阻

5 实验报告

(1)实验原理描述.

(2)画出实验接线图,写出实验的简要过程.

(3)记录与实验有关数据和波形,简要分析影响实验测量结果的因素.

(4)总结实验过程中所遇到的问题和实验得失.

实验 1-6　*RLC* 电路谐振特性研究

1　实验目的

（1）加深理解 *RLC* 电路发生谐振的条件，了解电路品质因数（*Q* 值）的物理意义.

（2）学会用描点法绘制 *RLC* 谐振电路的幅频特性曲线.

2　实验原理

正弦交流电路中的电容的容抗 $X_\mathrm{C}=\dfrac{1}{\omega C}$，随着 ω 的增加，X_C 逐渐减小，因此电容具有"通高频、阻低频"的特性，在复信号中，$Z_\mathrm{C}=-jX_\mathrm{C}=-j\dfrac{1}{\omega C}$；电感的感抗 $X_\mathrm{L}=\omega L$，随着 ω 的增加，X_L 逐渐减小，因此电感具有"通低频，阻高频"的特性，在复信号中，$Z_\mathrm{L}=jX_\mathrm{L}=j\omega L$. 交流电路的电压和电流有大小和相位的变化，通常用复数法及其矢量图解法来研究. 如图 1-6-1 所示的 *RLC* 串联电路，设信号源输出电压为 $\dot{U}_\mathrm{s}$，根据基尔霍夫电压定律，有 $\dot{U}_\mathrm{s}=\dot{U}_\mathrm{R}+\dot{U}_\mathrm{L}+\dot{U}_\mathrm{C}$，*RLC* 电路的复阻抗 $Z=R+j\left(\omega L-\dfrac{1}{\omega C}\right)$，回路电流 $\dot{I}=\dfrac{\dot{U}_\mathrm{s}}{Z}=\dfrac{\dot{U}_\mathrm{s}}{R+j(\omega L-\frac{1}{\omega C})}$，电流大小 $I=\dfrac{U_\mathrm{s}}{|Z|}$

$$=\frac{U_\mathrm{s}}{\sqrt{R^2+(\omega L-\frac{1}{\omega C})^2}}.$$

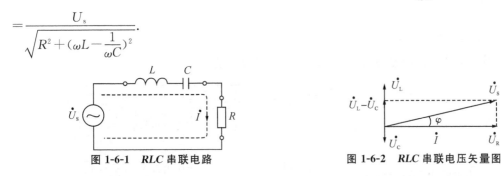

图 1-6-1　*RLC* 串联电路　　　　　　图 1-6-2　*RLC* 串联电压矢量图

矢量图解法如图 1-6-2 所示，总电压 $\dot{U}_\mathrm{s}$ 与电流 $\dot{I}$ 之间的相位（或 $\dot{U}_\mathrm{s}$ 与电阻电压 $\dot{U}_\mathrm{R}$ 的相位）为 $\phi=\mathrm{arctg}\,\dfrac{\omega L-\frac{1}{\omega C}}{R}$，可见，*RLC* 串联回路相位 φ 与信号频率 $f(\omega=2\pi f)$ 有关.

在 *RLC* 串联电路中，当信号的频率 f 为谐振频率 $f_0=\dfrac{1}{2\pi\sqrt{LC}}$，即感抗与容抗相等（$\omega_0 L=\dfrac{1}{\omega_0 C}$）时，电路的阻抗有最小值（$Z=R$），电流有最大值 $I_0=\dfrac{U_\mathrm{s}}{|Z|}=\dfrac{U_\mathrm{s}}{R}$，整个电路表现的特性为纯电阻，这种现象称为 *RLC* 串联谐振.

RLC 串联回路电流 *I* 与信号源的频率 $f(\omega=2\pi f)$ 有关，*RLC* 串联电路的 *I*—*f* 关系曲线称为 *RLC* 串联电路的幅频特性曲线，如图 1-6-3 所示. *RLC* 串联电路的 φ—*f* 的关系曲线称为 *RLC* 串联电路的相频特性曲线，如图 1-6-4 所示.

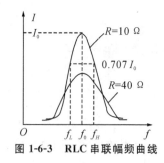

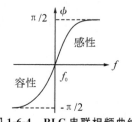

图 1-6-3　RLC 串联幅频曲线　　　　　　图 1-6-4　RLC 串联相频曲线

在图 1-6-3 所示的 RLC 串联幅频曲线中,将电流 $I=0.707I_0$ 的两点频率 f_H、f_L 的间距定义为 RLC 回路的通频带 $\Delta f_{0.7}$,$\Delta f_{0.7}=f_H-f_L=\dfrac{f_0}{Q}$. Q 称为回路的品质因数,为回路的感抗(或容抗)与回路的电阻之比,$Q=\dfrac{\omega_0 L}{R}$ 或 $Q=\dfrac{1}{\omega_0 CR}$. 当 RLC 电路中 L、C 不变时,根据 $\Delta f_{0.7}=\dfrac{f_0}{Q}$ 和 $Q=\dfrac{\omega_0 L}{R}$,电阻 R 越大,则品质因数 Q 越小,通频带 $\Delta f_{0.7}$ 越宽,选频特性就越差.

谐振时,电感与电容的电压有最大值,是信号源输出电压的 Q 倍,即:

$$U_{L0}=I_0\omega_0 L=\frac{U_s}{R}\omega_0 L=QU_s,\ U_{C0}=I_0\frac{1}{\omega_0 C}=\frac{U_s}{R\omega_0 C}=QU_s$$

说明在电路谐振时,有电压放大作用,要注意元件的耐压.

3　实验内容

3.1　描绘 RLC 串联谐振幅频特性曲线

将信号源输出信号的幅度设置为 0. 按图 1-6-5 连接电路.

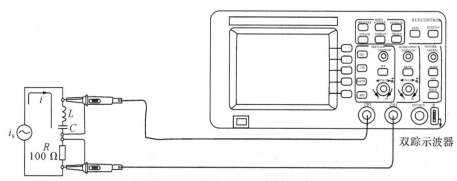

图 1-6-5　观测 RLC 串联谐振特性

将示波器的 CH1 通道通过连接电缆接到 LC 串联电路的两端,将示波器的 CH2 通道通过连接电缆接到电阻 R 的两端,注意两根电缆的地线要接到 LC 和 R 的公共端上. 假定回路的电流方向如图 1-6-5 所示,那么 CH2 通道所测的电流波形与 $\dot{I}$ 是反相的,因此要将示波器的 CH2 通道设置为"反相"显示.

调节信号源输出信号的幅度为 $1V_{RMS}$ 左右,调节示波器使屏幕上显示 2 至 3 个完整的波形,调节信号源输出信号的频率,找出谐振频率点(在谐振点上,CH2 通道的波形幅度会出现最大值). 用交流毫伏表测量电阻 R 上的交流电压值,同时测量 CH1,CH2 两路波形个相位关系,填入表 1-6-1 中.

表 1-6-1 观测 *RLC* 串联谐振特性测量数据

测量序号	1	2	3	4	5	6	7	8	9	10	11	12
信号源输出频率/Hz												
交流毫伏表读数/mV												
CH1,CH2 相位差/rad												
测量序号	13	14	15	16	17	18	19	20	21	22	23	24
信号源输出频率/Hz												
交流毫伏表读数/mV												
CH1,CH2 相位差/rad												

根据表 1-6-1 所示的数据,在图 1-6-6 所示的方格图上描绘 *RLC* 串联谐振特性曲线.

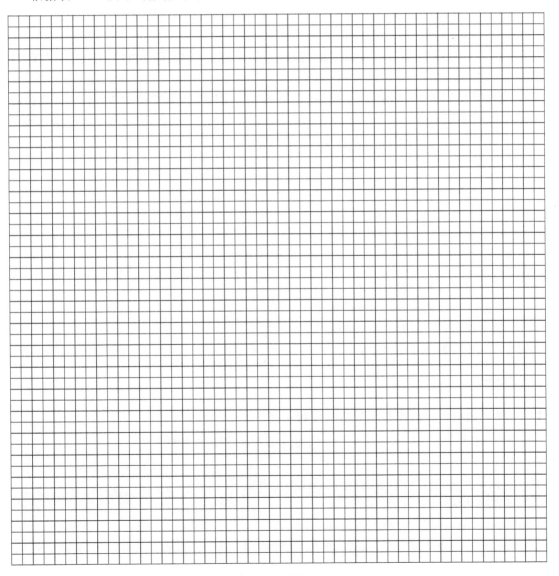

图 1-6-6 描绘 *RLC* 串联谐振特性曲线的方格图

3.2 描绘 *RLC* 并联谐振幅频特性曲线

查阅相关资料,自行设计实验方案,描绘 *RLC* 并联谐振幅频特性曲线.

4 实验仪器与器材

(1) 电子技术综合实验台　　　　(2) 信号发生器

(3) 双踪示波器　　　　　　　　(4) 交流毫伏表

(5) 电容、电感若干　　　　　　(6) 100 Ω 电阻

5 实验报告

(1) 实验原理描述.

(2) 画出实验接线图,写出实验的简要过程.

(3) 记录与实验有关数据,简要分析影响实验测量结果的因素以及如何提高测量的准确性.

(4) *RLC* 并联谐振幅频特性曲线的描绘. 总结实验过程中所遇到的问题和实验改进措施.

(5) 分析电阻 R(100)在整个测试过程中所起的作用以及该器件的参数(阻值)在选择时要考虑哪些问题?

(6) 在谐振点上,$\dot{U}_s$ 和 $\dot{U}_R$ 是否相等? 试分析原因.

实验 1-7　集成与非门参数测试

1 实验目的

(1) 了解与非门各参数的意义.

(2) 掌握与非门主要参数的测试方法.

(3) 加深对与非门的逻辑功能的认识.

(4) 学习查阅集成电路器件手册.

2 实验原理

2.1 空载导通功耗 P_{on}(或对应的导通电流 I_{CCL})

P_{on} 就是输入全为高电平而输出端空载的情况下,电路的总功耗:

$$P_{on} = I_{CCL} \times V_{CC}$$

其中,I_{CCL} 就是上述条件下的电路总电流,V_{CC} 为电源电压.

测试方法如图 1-7-1 所示.

测试条件,输入端悬空,输出空载,$V_{CC} = 5$ V.

对典型与非门要求,$P_{on} < 50$ mW,其典型值为三十几毫瓦.测试结果 $I_{CCL} = 1.4$ mA 左右.

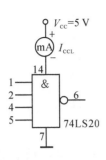

图 1-7-1　测 I_{CCL}

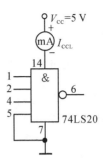

图 1-7-2　测 I_{CCH}

2.2　空载截止功耗 P_{off}（或对应的截止电流 I_{CCH}）

P_{off}就是在输入端接地而输出空载的情况下，电路的总功耗：

$$P_{off} = I_{CCH} \times V_{CC}$$

其中，I_{CCH}就是上述条件下的电路总电流，V_{CC}为电源电压.

测试方法如图 1-7-2 所示. 注意该片另外一个门的输入也要接地.

测试条件，$V_{CC} = 5$ V，至少一个输入端接地，输出空载.

对典型与非门要求，$P_{off} < 25$ mW. 测试结果 $I_{CCH} = 1.4$ mA 左右.

一般希望 P_{on} 和 P_{off} 越小越好，但往往速度高的门电路功耗也较大.

2.3　输入短路电流 I_{iL}

电流 I_{iL}又称低电平输入短路电流，其大小直接影响前级电路能带动的负载个数. 因此，应对每个输入端进行测试.

测试方法，如图 1-7-3 所示.

测试条件，被测输入端通过电流表接地，其余输入端悬空，输出空载，$V_{CC} = 5$ V.

典型与非门 I_{iL} 为 1.4 mA. 实际测试结果 $I_{iL} = 0.2$ mA 左右.

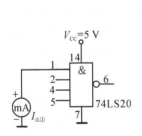

图 1-7-3　测 I_{iL}

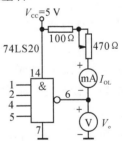

图 1-7-4　测 I_{oL}

2.4　低电平输出电流 I_{oL}

低电平输出电流 I_{oL}是指逻辑门电路驱动一定的灌电流负载时其输出电压仍能满足低电平的要求指标（$V_o \leqslant 0.4$ V）. 测试电路如图 1-7-4 所示. 其电路所有输入端悬空，负载可变.

测试方法：调整 470 Ω 电位器的值，使输出电压 $V_o = 0.4$ V，测出此时的负载电流 I_{oL}，它就是允许输出的最大负载电流 I_{oL}.

注意：测量时，I_{oL}最大不超过 20 mA，以防损坏器件. I_{oL}一般为 14 mA 左右.

2.5　扇出系数 N_o

扇出系数 N_o是指逻辑门电路能够驱动同类门的个数.

根据公式：

$$N_o - I_{oL} \div I_{iL}$$

算出扇出系数 N_o. 产品规格要求 $N_o > 8$.

2.6 电压传输特性

电压传输特性是指电路的输出电压 V_o 与输入电压 V_i 的函数关系. 它反映被研究电路中输出电压 V_o 受输入电压 V_i 影响的过程.

从与非门的电压传输特性曲线上可以读出输出高电平 V_{oH}、输出低电平 V_{oL}、开门电平 V_{on}、关门电平 V_{off}、阀值电平 V_T 以及干扰容限等参数.

2.6.1 输出高电平 V_{oH}

输出高电平 V_{oH} 是指与非门有一个以上的输入端接地或接低电平时输出的电平值. 此时门电路处于截止状态. 如输出空载时 V_{oH} 约 4.0 V,当输出端接有电流负载时,V_{oH} 将下降.

2.6.2 输出低电平 V_{oL}

输出低电平 V_{oL} 是指与非门的所有输入端均接高电平时输出的电平值. 此时门电路处于导通状态. 如输出空载,由于输出管处于深度饱和状态,V_{oL} 约为 0.1 V. 当输出接有灌电流负载时,由于负载向输出管灌入电流,使输出管的饱和程度降低,V_{oL} 将上升.

2.6.3 开门电平 V_{on}

开门电平 V_{on} 是指输出低电平时,允许输入的最低电平值. 只要输入电平高于 V_{on},与非门必定导通. 开门电平是与非门输入逻辑"1"的电压下限,通常 V_{on} 小于 1.8 V.

2.6.4 关门电平 V_{off}

关门电平 V_{off} 是指输出高电平时,允许输入的最高电平值. 只要输入电平低于 V_{off},与非门必定截止. 关门电平是与非门输入逻辑"0"的电压上限,通常 V_{off} 大于 1.0 V.

2.6.5 阀值电平 V_T

阀值电平 V_T 是指与非门的工作点处于电压传输特性中输出电平迅速变化区中点时的输入电平值. 当与非门工作在这一电平时,与非门电路中各晶体管均处于放大状态,输入信号的微小变化将引起电路状态的迅速改变. 不同与非门的 V_T 值略有差异,一般在 1.1 V 左右.

研究电路的电压传输特性通常有两种方法:描点法和扫描法.

(1) 描点法

测试电路按图 1-7-5 连接. 利用电位器调节被测输入端的输入电压 V_i,按表 1-7-1 的要求逐点测输出电压 V_o,将其结果记入表 1-7-1 中.

表 1-7-1 描点法测电压传输特性曲线

V_i/V	0.3	0.6	0.7	0.8	0.9	1.0	1.1	1.2	1.3	1.4	1.5	2.0	2.5	3.0
V_o/V	4.0	4.0	4.0	3.8	3.6	2.5	1.0	0.2	0.2	0.2	0.2	0.2	0.2	0.2

根据实测数据绘出电压传输特性曲线,然后,从曲线上读出 V_{oH}(输出高电平)、V_{oL}(输出低电平)、V_{on}(开门电平:输入高电平的最小值)和 V_{off}(关门电平:输入低电平的最大值).

对典型 TTL 与非门电路要求,$V_{oH} > 3$ V(典型值为 3.5 V),$V_{oL} < 0.35$ V,$V_{on} = 1.4$ V,$V_{off} = 1.0$ V.

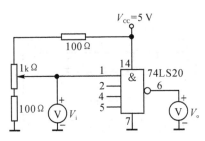
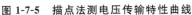

图 1-7-5　描点法测电压传输特性曲线

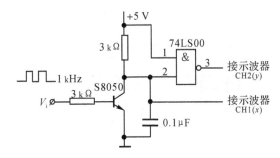

图 1-7-6　扫描法测电压传输特性曲线

（2）扫描法

用扫描法测电压传输特性的电路如图 1-7-6 所示.

图中 1 kHz 脉冲取自函数发生器 TTL 输出端.晶体三极管在电路中用作开关,在脉冲信号的驱动下,晶体三极管周期性地饱和与截止,三极管集电极的电压波形近似于锯齿波,作为与非门的输入电压,同时送到示波器的 x(CH1)输入端;与非门输出的信号波形送到示波器的 y(CH2)输入端,此时将示波器设置为"$x-y$"工作方式,便可以看到两者合成的曲线,这就是与非门的电压传输特性曲线.从曲线上可以直接读出 V_{oH}(输出高电平)、V_{oL}(输出低电平)、V_{on}(开门电平)和 V_{off}(关门电平).

2.7　平均传输延迟时间 t_{pd}

t_{pd} 是一个交流参数,是指 $0.5 V_o$ 前后沿与 $0.5 V_i$ 前后沿之间延迟的平均值,如图 1-7-7 所示.图中,t_{d1} 为 P,Q 之间前沿延迟时间,t_{d2} 为 R,S 之间后沿延迟时间.

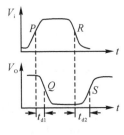

图 1-7-7　测 t_{pd}

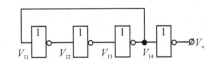

图 1-7-8　用环形振荡器测 t_{pd}

计算平均传输延迟时间公式为

$$t_{pd} = (t_{d1} + t_{d2}) \div 2$$

t_{pd} 典型值为 4～10 ns.

用普通的双踪示波器不能测量 t_{d1} 和 t_{d2},这是因为双踪示波器的显示方式为单线交替扫描,示波器在显示完第一路波形后要经过一个回程时间再扫描第二路波形,如果按照图 1-7-7 所示的方式(V_i 和 V_o 各接示波器的一个通道)测量测 t_{pd},则示波器所显示的 t_{d1} 和 t_{d2} 中除了包括门电路的延迟时间,还包括示波器的回程时间,测量结果会很不准确.

一种可靠的测量 t_{pd} 的方法,是采用图 1-7-8 所示的环形振荡器.

图 1-7-8 中,每一个门的输入信号与输出信号是反相的.如果每个门是理想的非门,输入和输出之间没有延迟时间,V_{I1} 与 V_{I2} 严格倒相,V_{I2} 与 V_{I3} 严格倒相,V_{I3} 与 V_{I4} 严格倒相,整个电路将是稳定的.而实际上,由于非门的输入信号与输出信号之间存在传输延迟,V_{I1},V_{I2},V_{I3} 之间将出现如图 1-7-9 所示的波形.

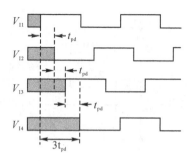

图 1-7-9 V_{I1}, V_{I2}, V_{I3} 之间的波形

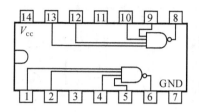

图 1-7-10 74LS20 的引脚排列

图 1-7-9 中,由于延迟的作用,各个门之间的逻辑输出将出现延迟,电路将由稳定变为不稳定(出现振荡),振荡周期 T 为平均传输延迟时间 t_{pd} 的 6 倍,则一个"门"的平均传输延迟时间 $t_{pd}=T/6$.实际测试结果,t_{pd} 为 5 ns 左右.

3 实验内容

(1) 测试与非门 74LS20 的空载导通功耗 P_{on}.

按图 1-7-1 连接电路,输入端悬空,输出空载,$V_{cc}=5$ V.

测量与非门 74LS20 的空载导通电流 $I_{CCL}=$ _____ mA.

则空载导通功耗 $P_{on}=I_{CCL} \times V_{cc}=$ _____ mA× 5.0 V = _____ mW.

(2) 测试与非门 74LS20 的空载截止功耗 P_{off}.

按如图 1-7-2 连接电路,$V_{cc}=5$ V,至少有一个输入端接地(注意该片另外一个门的输入也要接地),输出空载.

测量与非门 74LS20 的空载截止电流 $I_{CCH}=$ _____ mA.

则空载截止功耗 $P_{off}=I_{CCH} \times V_{cc}=$ _____ mA× 5.0 V = _____ mW.

(3) 测试与非门 74LS20 的输入短路电流 I_{iL}.

按如图 1-7-3 连接电路,被测输入端通过电流表接地,其余输入端悬空,输出空载,$V_{cc}=5$ V.

测量与非门 74LS20 各输入引脚的输入短路电流 $I_{iL①}=$ _____ mA,$I_{iL②}=$ _____ mA,$I_{iL④}=$ _____ mA,$I_{iL⑤}=$ _____ mA.

(4) 测试与非门 74LS20 的最大灌入负载电流 I_{oL}.

按图 1-7-4 连接电路.通电前负载电位器的调节旋钮处于中间位置.所有输入端悬空.调节负载电位器的值,使输出电压 $V_o=0.4$ V,测出此时的负载电流,它就是允许灌入的最大灌入负载电流 I_{oL}.

测量结果:$I_{oL}=$ _____ mA.

(5) 计算扇出系数 N_o.

根据测得的输入短路电流 I_{iL} 和最大灌入负载电流 I_{oL},根据公式:$N_o=I_{oL} \div I_{iL}$,

算出扇出系数 $N_o=$ _____ mA÷ _____ mA= _____ .

(6) 用环形振荡器的方法测试六非门 74LS04 的平均传输延迟时间 t_{pd}.

按图 1-7-11 连接实验电路,通电.

用示波器测量环形振荡器输出的波形:

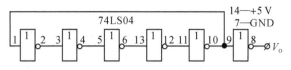

图 1-7-11　测量平均传输延时时间

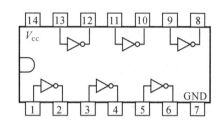

图 1-7-12　74LS04 引脚排列

从波形中读得周期 $T=$ _____μs.

则平均传输延迟时间 $t_{pd}=T\div 10=$ _____μs$\div 10=$ _____ ns.

（7）用扫描法测试与非门的电压传输特性曲线.

按图 1-7-14 连接实验电路.

图中与非门的型号为 74LS00，其引脚排列如图 1-7-13 所示.

图中三极管的型号为 S8050，为 NPN 型的三极管.

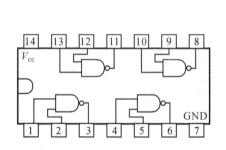

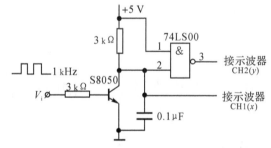

图 1-7-13　74LS00 引脚排列图　　图 1-7-14　扫描法测电压传输特性曲线

记录示波器 CH1(x)，CH2(y)的波形：

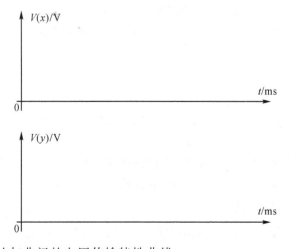

记录示波器显示的与非门的电压传输特性曲线：

4 实验仪器与器材

(1) 数字逻辑实验台   (2) 万用表、电流表(满量程 50 mA)

(3) 函数信号发生器   (4) 双踪示波器

(5) 74LS20 二—4 输入与非门   (6) 74LS00 四—2 输入与非门

(7) 74LS04 六非门   (8) 电阻、电位器、三极管 S8050、电容若干

5 实验报告

(1) 实验目的.

(2) 实验原理描述.

(3) 实验内容.

(4) 实验数据记录.

(5) 波形及分析讨论.

(6) 实验仪器及器件清单.

(7) 实验总结.

实验 1-8 　CMOS 门电路及其应用

1 实验目的

(1) 熟悉 CMOS 电路和高速 CMOS 电路的特点和使用注意事项.

(2) 掌握 CMOS 门电路参数和逻辑功能的测试方法.

(3) 能用 CMOS 门和高速 CMOS 门设计具有一定功能的电路.

2 实验原理

2.1 CMOS 门的静态功耗

CMOS 门的静态功耗就是输入端为静态逻辑时器件的总功耗:

$$P = I_{cc} \times V_{cc}$$

其中,I_{cc} 就是上述条件下的电路总电流,V_{cc} 为电源电压.

由于 CMOS 器件是微功耗器件,所以 I_{cc} 的数值一般在 μA 级.

2.2 CMOS 门的电压传输特性

CMOS 电压传输特性是指电路的输出电压 V_o 与输入电压 V_i 的函数关系.它反映被研究电路中输出电压 V_o 受输入电压 V_i 影响的过程.

测量电压传输特性的电路如图 1-8-1 所示.

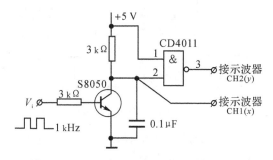

图 1-8-1 测量电压传输特性曲线

图 1-8-1 中 1 kHz 脉冲取自函数发生器 TTL 输出端. 晶体三极管在电路中用作开关, 在脉冲信号的驱动下, 晶体三极管周期性地饱和与截止, 三极管集电极的电压波形近似于锯齿波, 作为与非门的输入电压, 同时送到示波器的 x 输入端; 与非门输出的信号波形送到示波器的 y 输入端, 此时将示波器的 "$x-y$" 控制键按下, 便可以看到两者合成的曲线, 这就是与非门的电压传输特性曲线. 从曲线上可以直接读出 V_{oH} (输出高电平), V_{oL} (输出低电平), V_{on} (开门电平) 和 V_{off} (关门电平).

2.3 CMOS 门的平均传输延迟时间 t_{pd}

t_{pd} 是一个交流参数, 是指 $0.5\ V_o$ 前后沿与 $0.5\ V_i$ 前后沿之间延迟的平均值.

测试 t_{pd} 的方法: 采用 CD4011 组成如图 1-8-2 所示的环形振荡器.

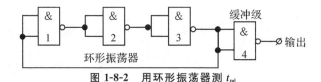

图 1-8-2 用环形振荡器测 t_{pd}

2.4 HCMOS 门的静态功耗

HCMOS 门的静态功耗就是输入端为静态逻辑时器件的总功耗:

$$P = I_{CC} \times V_{CC}$$

其中, I_{CC} 就是上述条件下的电路总电流, $V_{CC} = 5$ V.

由于 HCMOS 器件是高速器件, 所以 I_{CC} 的数值一般在 mA 级.

2.5 HCMOS 门的电压传输特性

可用图 1-8-1 的方法测量 HCMOS 门的电压传输特性, 在电源电压相同的情况下, HC-MOS 门的电压传输特性与 CMOS 门的电压传输特性大致相同.

2.6 HCMOS 门的平均传输延迟时间

可用图 1-8-2 的方法测量 HCMOS 门的平均传输延迟时间 t_{pd}. HCMOS 门的平均传输延迟时间一般在 10 ns 左右, 与 LSTTL 基本相同, 比 CMOS 4000 系列提高一个数量级.

2.7 CMOS 门的应用——自激多谐振荡器

图 1-8-3 是 CMOS 器件 CD4011 构成的微分型多谐振荡器.

在电路通电之前, 电容 C 中没有电荷, 假定通电时, control=1, a=1, 则 output=0, 由于电容两端的电压不能突变, b=0, d 也等于 0, 从而维持 a=1, 电路进入暂稳态.

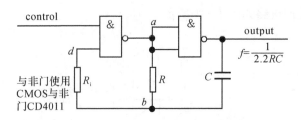

图 1-8-3　CD4011 构成的微分型多谐振荡器

由于 $a=1$，output$=0$，$V_c=0$，a 通过 R 给电容 C 充电，b 点电压呈指数规律上升，当 V_b 上升到门 1 的门限电平时，门 1 的输出就会发生翻转：$a=0$，output$=1$，$V_b=V_{cc}+V_c$. 电路进入第二个暂稳态.

此时 $a=0$，output$=1$，$V_c=V_T$，output 通过 R 给电容 C 反向充电，b 点电压呈指数规律下降，当 V_b 下降到门 1 的门限电平时，门 1 的输出就会发生翻转：$a=1$，output$=0$，$V_b=-V_c=V_T-V_{cc}$. 电路开始新一轮的充放电过程.

电路的振荡周期 $T\approx 2.2RC$.

当 control$=0$ 时，control 封锁了门 1 的输出，电路就停止振荡，output$=0$.

2.8　CMOS 门的应用——电压变换器

图 1-8-4 是 CD4011 构成的电压变换电路. 选择合适的 R，C 值，使微分型多谐振荡器工作于几十千赫的工作频率上，u_o 端的电压近似为 $-V_{cc}+1.2$ V，是一个负电压. 合理改变二极管的连接方式，则可以得到一个大于 V_{cc} 的电压：$2V_{cc}-1.2$ V.

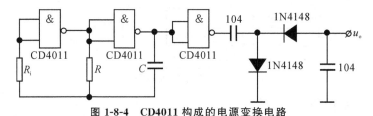

图 1-8-4　CD4011 构成的电源变换电路

3　实验内容

3.1　测量 CMOS 门的静态功耗

按图 1-8-5 连接电路，所有输入端接地，输出空载，$V_{cc}=5$ V.

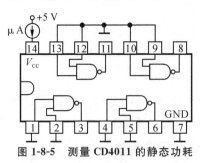

图 1-8-5　测量 CD4011 的静态功耗

测量 CMOS 与非门 CD4011 的静态电流 $I_{cc}=$ _____ mA. 则 CMOS 与非门 CD4011 的静态功耗：

$$P=I_{cc}\times V_{cc}=\underline{\quad\quad}\ \mu A\times 5.0\ V=\underline{\quad\quad}\ \mu W.$$

3.2 用环形振荡器的方法测量 CMOS 与非门 CD4011 的平均传输延迟时间 t_{pd}

按图 1-8-6 连接实验电路,通电.

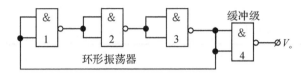

图 1-8-6 测量 CMOS 与非门 CD4011 的平均传输延迟时间 t_{pd}

用示波器测量环形振荡器输出的波形:

从波形中读得周期 $T=$＿＿＿＿ μs.

则平均传输延迟时间 $t_{pd}=T\div 6=$＿＿＿＿ $\mu s\div 6=$＿＿＿＿ μs.

3.3 测量 HCMOS 门的静态功耗

按图 1-8-7 连接电路,所有输入端接地,输出空载,$V_{cc}=5$ V.

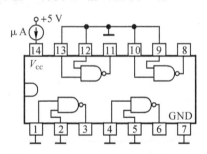

图 1-8-7 测量 74HC00 的静态功耗

测量 HCMOS 与非门 74HC00 的静态电流 $I_{cc}=$＿＿＿＿ mA.

则 HCMOS 与非门 74HC00 的静态功耗:

$$P=I_{cc}\times V_{cc}=\text{＿＿＿＿ mA}\times 5.0 \text{ V}=\text{＿＿＿＿ mW}.$$

3.4 用环形振荡器的方法测量 HCMOS 与非门 74HC00 的平均传输延迟时间 t_{pd}

按图 1-8-8 连接实验电路,通电.

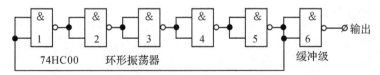

图 1-8-8 测量 74HC00 的平均传输延迟时间 t_{pd}

用示波器测量环形振荡器输出的波形:

从波形中读得周期 $T=$ _____ ns.

则平均传输延迟时间 $t_{pd}=T\div10=$ _____ ns$\div10=$ _____ ns.

3.5 利用 CD4011 设计微分型多谐振荡器(要求振荡器工作频率为 100 kHz,电源电压为 5 V)

(1) 试确定 R,C 的值.

(2) 记录 a,b,d,output 各点的波形.

记录 a 点的信号波形:

记录 b 点的信号波形:

记录 d 点的信号波形:

记录 output 的信号波形:

(3) 验证 control 端对振荡器的控制功能.

3.6　验证图 **1-8-4** 所示电路的电压变换功能

当电路正常工作时，u_o 的电压为 _____ V.

4　实验仪器与器材

（1）数字逻辑实验台　　　（2）万用表　　　　　（3）双踪示波器
（4）函数发生器　　　　　（5）74HC00　CD4011

5　实验报告

（1）记录实验测得的数据.
（2）画出电压传输特性曲线，并从曲线中读出有关参数值.
（3）记录所测得的信号波形.
（4）通过测量环形振荡器的周期，计算门电路的平均延迟时间 t_{pd}.
（5）体会 CMOS 门与 HCMOS 门电路的特点，其与 TTL 门电路相比存在哪些优点和缺点？

实验 1-9　共射极单管放大器实验

1　实验目的

（1）进一步掌握晶体三极管 E、B、C 的判别方法.
（2）学会根据实际需要设计单管放大器电路.
（3）掌握合理的布线技巧、合理的器件布局.
（4）掌握静态工作点的调试方法，了解静态工作点对放大器性能的影响.
（5）掌握放大器电压放大倍数、输入电阻、输出电阻及最大不失真输出电压的测试方法、测试放大器的频率特性.

2　实验原理

图 1-9-1 为电阻分压式稳定工作点单管放大器电路图. 它的偏置电路采用 R_{b1}，R_{b2} 及 R_w 组成的分压电路，并在发射极中接有电阻 R_e，以稳定放大器的静态工作点. 当在放大器的输入端加入输入信号 u_i 后，在放大器的输出端便可得到一个与 u_i 相位相反，幅值被放大了的输出信号 u_o，从而实现了电压放大.

在图 1-9-1 电路中，当流过偏置电阻 R_{b1}，R_{b2} 及 R_w 的电流远大于晶体管的基极电流 I_b 时（一般 5～10 倍），则它的静态工作点可用下式估算：

$$U_b = \frac{R_{b1}}{R_{b1} + R_{b2} + R_w} \times V_{CC}$$

$$I_e = \frac{U_b - U_{be}}{R_e + R_{e1}} \approx I_c$$

$$U_{ce} = V_{CC} - I_c \times (R_c + R_e + R_{e1})$$

电压放大倍数：$A_V = -\beta \times \dfrac{R_c \parallel R_L}{h_{ie} + (1+\beta) R_e}$

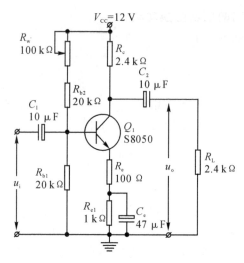

图 1-9-1　单管放大器电路

输入电阻：$r_i = R_{b1} \parallel (R_{b2} + R_w) \parallel [h_{ie} + (1+\beta)R_e]$

输出电阻：$r_o \approx R_c$

由于电子器件性能的离散性比较大，因此在设计和制作晶体管放大电路时，离不开测量和调试技术.在设计前应测量所用元器件的参数，为电路设计提供必要的依据，在完成设计和装配以后，还必须测量和调试放大器的静态工作点和各项性能指标.一个优质放大器，必定是理论设计与实验调整相结合的产物.因此，除了学习放大器的理论知识和设计方法外，还必须掌握必要的测量和调试技术.

放大器的测量和调试一般包括：放大器静态工作点的测量与调试，消除干扰与自激振荡及放大器各项动态参数的测量与调试等.

2.1　放大器静态工作点的测量与调试

2.1.1　静态工作点的测量

测量放大器的静态工作点，应在输入信号 $u_i = 0$ 的情况下进行，即将放大器输入端与地端短接，然后选用量程合适的直流毫安表和直流电压表，分别测量晶体管的集电极电流 I_c 以及各电极对地的电位 U_b，U_c 和 U_e.一般实验中，为了避免断开集电极，采用测量电压，然后算出 I_c 的方法.例如，只要测出 U_e，即可用 $I_c \approx I_e = U_e/R_e$，算出 I_c.

也可根据：

$$I_c = \frac{V_{CC} - U_c}{R_c}$$

由 U_c 确定 I_c，同时也能算出 $U_{be} = U_b - U_e$，$U_{ce} = U_c - U_e$.

为了减小误差，提高测量精度，应选用内阻较高的直流电压表.

2.1.2　静态工作点的调试

静态工作点是否合适，对放大器的性能和输出波形都有很大影响.如工作点偏高，放大器在加入交流信号以后易产生饱和失真，此时 u_o 的负半周将被削底，如图 1-9-2(a)所示；如工作点偏低则易产生截止失真，即 u_o 的正半周被缩顶(一般截止失真不如饱和失真明显)，如图 1-9-2(b)所示.这些情况都不符合不失真放大的要求.所以在选定工作点以后还必须进行动态调试，即在放大器的输入端加入一定的 u_i，检查输出电压 u_o 的大小和波形是否满足要求.如果不满足,则应调节静态工作点的位置.

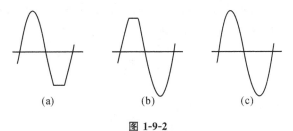

图 1-9-2

改变电路参数 V_{CC},R_c,R_b(R_w,R_{b1},R_{b2})都会引起静态工作点的变化.但通常多采用调节偏置电阻 R_{b2} 的方法来改变静态工作点,如减小 R_{b2},则可使静态工作点提高等.

最后还要说明的是,上面所说的工作点"偏高"或"偏低"不是绝对的,应该是相对信号的幅度而言,如信号幅度很小,即使工作点较高或较低也不一定会出现失真.所以确切地说,产生波形失真是信号幅度与静态工作点设置配合不当所致.如需满足较大信号幅度的要求,静态工作点最好尽量靠近交流负载线的中点.

2.2　放大器动态指标测试

放大器动态指标测试有电压放大倍数、输入电阻、输出电阻、最大不失真输出电压(动态范围)、幅频特性等.

2.2.1　电压放大倍数 A_V 的测量

调整放大器到合适的静态工作点,然后加入输入电压 u_i,在输出电压 u_o 不失真的情况下,用交流毫伏表测出 u_i 和 u_o 的有效值 u_{iRMS} 和 u_{oRMS},则:

$$A_V = \frac{u_{oRMS}}{u_{iRMS}}$$

2.2.2　输入电阻的测量(辅助电阻法)

为了测量放大器的输入电阻,按图 1-9-3 电路在被测放大器的输入端与信号源之间串入一已知电阻 R,在放大器正常工作的情况下(放大器最大不失真输出时),用交流毫伏表测出 u_s 和 u_i 的值,则根据输入电阻的定义可得:

$$r_i = \frac{u_i}{i_i} = \frac{u_i}{\dfrac{u_R}{R}} = \frac{u_i}{u_s - u_i} \times R$$

测量时应注意:

(1) 由于电阻 R 两端没有电路公共接地点,所以测量 R 两端电压 u_R 时必须分别测出 u_s 和 u_i,然后由 $u_R = u_s - u_i$ 求出 u_R 值.

(2) 电阻 R 的值不宜取得过大或过小,以免产生较大的测量误差,通常取 R 与 r_i 为同一数量级为好,本实验可取 $R = 10\ \text{k}\Omega$ 左右.

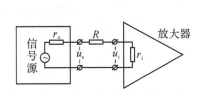

图 1-9-3　输入电阻的测量

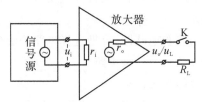

图 1-9-4　输出电阻的测量

2.2.3 输出电阻的测量(内阻降压法)

按图1-9-4电路,在放大器正常工作条件下,测出输出端不接负载 R_L(K断开)的输出电压 u_o 和接入负载后(K闭合)的输出电压 u_L,根据

$$\frac{u_L}{u_o} = \frac{R_L}{r_o + R_L}$$

即可求出 r_o:

$$r_o = \left(\frac{u_o}{u_L} - 1\right) \times R_L$$

在测试中应注意,必须保持 R_L 接入前后输入信号的大小不变.

2.2.4 最大不失真输出电压 $u_{op\text{-}p}$(最大动态范围)的测量

如上所述,为了得到最大动态范围,应将静态工作点调在交流负载线的中点.为此在放大器正常工作情况下,逐步增大输入信号的幅度,并同时不断调节静态工作点,用示波器观察 u_o,当输出波形同时出现削底和缩顶现象时,说明静态工作点已调在交流负载线的中点.然后反复调整输入信号,使波形输出幅度最大,且无明显失真时,用交流毫伏表测出 u_o(有效值),则动态范围等于 $2\sqrt{2}u_o$,或用示波器直接读出 $u_{op\text{-}p}$ 来.

2.2.5 放大器频率特性的测量

放大器的频率特性是指放大器的电压放大倍数 A_V 与输入信号频率 f 之间的关系曲线.单管阻容耦合放大电路的幅频特性曲线如图1-9-5所示,A_{Vm} 为中频电压放大倍数,通常规定电压放大倍数随频率变化下降到中频放大倍数的 $1/\sqrt{2}$ 倍,即 $0.707A_{Vm}$ 所对应的频率分别称为下限频率 f_L 和上限频率 f_H,则通频带:$f_{BW} = f_H - f_L$.

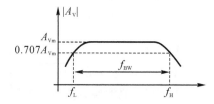

图 1-9-5 放大器的幅频特性曲线

放大器的幅频特性就是测量不同频率信号时的电压放大倍数 A_V.为此,可采用前述测 A_V 的方法,每改变一个信号频率,测量其相应的电压放大倍数,测量时应注意取点要恰当,在低频段与高频段应多测几个点,在中频段可以少测几个点.此外,在改变频率时,要保持输入信号的幅度不变.

3 实验内容

查阅相关资料,设计一电压增益为20(空载)、输入阻抗大于 $10\ k\Omega$、输出阻抗小于 $2\ k\Omega$ 的单管放大器.

(1)画出实验电路图,合理选择电路的参数.

(2)在实验台上连接电路.

(3)调节静态工作点.

接通 $+12\ V$ 电源,将集电极电流 I_c 调节在 $2.0\ mA$ 左右,用数字电压表测量 U_b,U_e,U_c,记入表1-9-1中.

表 1-9-1　静态工作点测量($I_c = 2$ mA)

测　量　值			计　算　值		
U_b/V	U_e/V	U_c/V	U_{be}/V	U_{ce}/V	I_c/mA

3.1　电压增益的测量

在放大器输入端加入频率为 1 kHz 的正弦信号 u_s，调节信号源的输出使 $u_i = 100$ mV$_{RMS}$ 左右，同时用示波器观察放大器输出电压 u_o 的波形，在波形不失真的条件下用交流毫伏表测量下述四种情况下的 u_o 值，用示波器同时观察 u_o 和 u_i 的相位关系，把结果记入表 1-9-2 中.

表 1-9-2　电压增益测量

$R_L/k\Omega$	∞	2.4	1.2	0.1
u_i/mV_{RMS}				
u_o/V_{RMS}				
A_V				

观察并记录一组 u_o 和 u_i 波形.

3.2　测量最大不失真输出电压

置负载电阻 $R_L = 2.4$ kΩ，用示波器观察输出信号的波形，同时调节输入信号的幅度和静态工作点，在输出信号波形幅度最大但不失真时用示波器测量输出信号的峰－峰值 $u_{op\text{-}p}$，用晶体管毫伏表测量输出信号的有效值 u_{oRMS}.

$U_{op\text{-}p} = $ ＿＿＿＿＿＿＿ $V_{p\text{-}p}$；$u_{oRMS} = $ ＿＿＿＿＿＿＿ V_{RMS}.

3.3　测量输入电阻

置 $R_L = 2.4$ kΩ. 在放大器的输入端接一辅助电阻 R.

输入 1 kHz 正弦信号，在输出电压 u_o 最大不失真的情况下，用交流毫伏表测出 u_s 和 u_i.

$u_s = $ ＿＿＿＿＿＿＿ V_{RMS}；$u_i = $ ＿＿＿＿＿＿＿ V_{RMS}.

则：$r_i = \dfrac{u_i}{u_s - u_i} \times R = $

从理论的角度，计算输入阻抗 r_i 的理论值，比较理论值和测量值之间的差别.

3.4　测量输出电阻

保持 u_s 不变，测量此时的输出电压 u_L. $u_L = $ ＿＿＿＿＿＿＿ V_{RMS}.

保持 u_s 不变，断开 R_L，测量此时的输出电压 u_o. $u_o = $ ＿＿＿＿＿＿＿ V_{RMS}.

则：$r_o = \left(\dfrac{u_o}{u_L} - 1 \right) \times R_L = $

从理论的角度，计算输出阻抗 r_o 的理论值，比较理论值和测量值之间的差别.

3.5 测量幅频特性曲线

取 $R_L = 2.4\ \text{k}\Omega$,保持输入信号 u_i 的幅度不变,改变输入信号频率 f,逐点测出相应的输出电压 u_o(峰—峰值或有效值),记入表 1-9-3 中,并计算放大器的通频带.

表 1-9-3　测量放大器的幅频特性曲线($u_i = $ _____ V_{RMS})

f/kHz	f_L												f_o				f_H	
	0.003	0.006	0.01	0.033	0.066	0.1	0.33	0.66	1	3.3	6.6	10	33	66	100	330	660	1000
u_o/V_{RMS}																		
$A_V = u_o/u_i$																		

为了频率 f 取值合适,可先粗测一下,找出中频范围,然后再仔细读数.

描绘幅频特性曲线:

4　实验设备与器件

(1)信号发生器　　　(2)示波器　　　　(3)模拟电子电路实验台

(4)晶体管毫伏表　　(5)万用表

(6)晶体三极管 S8050($\beta = 150 \sim 200$)以及电阻、电容若干

5　实验报告

(1)实验目的.

(2)实验原理及设计方案:从理论的角度分析、总结集电极电阻 R_c、负载电阻 R_L 及静态工作点对放大器电压放大倍数、输入电阻、输出电阻的影响.

(3)实验数据记录及结果分析:列表整理测量结果,并把实测的静态工作点、电压放大倍数、输入电阻、输出电阻之值与理论计算值相比较,并分析产生误差的原因.分析、讨论在调试过程中出现的问题、改进措施和心得体会.

(4)实验仪器及器件清单.

实验 1-10　差动放大器实验

1　实验目的

(1)加深对差动放大电路性能及特点的理解.

（2）学习差动放大电路主要性能指标的测试方法.

（3）进一步加强用示波器测量电压的方法.

2　实验原理

2.1　电路及计算

图 1-10-1 是差动放大器的基本结构,是一个典型的差动放大器.它由两个元件参数相同的基本共射放大电路组成.调零电位器 R_p 用来调节 Q_1,Q_2 管的静态工作点,使得输入信号 u_i=0 时,双端输出电压 u_o=0. R_E 为两管共用的发射极电阻,由于差模输入信号不经过 R_E 构成电流回路,因此 R_E 对差模信号无负反馈作用,不影响差模电压放大倍数,但对共模信号有较强的负反馈作用,可以有效地抑制零漂,稳定静态工作点.

静态工作点的计算：

$$I_{RE}=\frac{u_E-(-12V)}{R_E}$$

$$I_{C1}=I_{C2}=\frac{1}{2}I_{RE}$$

$$V_{C1}=V_{C2}=12V-R_7\times I_{C1}$$

在实际应用中,为了提高电路对共模信号的抑制能力,常用一恒流源电路来代替射极电阻 R_E,构成具有恒流源的差动放大器,这样可以进一步提高差动放大器抑制共模信号的能力.具体电路如图 1-10-2 所示.

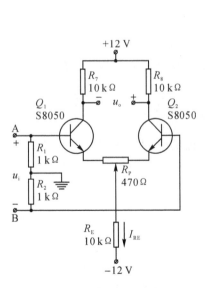

图 1-10-1　典型差动放大器

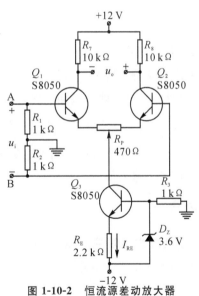

图 1-10-2　恒流源差动放大器

图 1-10-2 电路中,3.6 V 稳压管给三极管 Q_3 提供一个恒定的基极偏置电压,这样三极管 Q_3 的发射极的电压也就恒定了（3.6 V−V_{BE}=3.6 V−0.7 V≈2.9 V）,则三极管 Q_3 的发射极电流 I_{E3} 就是恒定的,因此三极管 $Q3$ 及其外围电路（3.6 V、R_5、R_E）称为恒流源电路.

静态工作点的计算：

$$I_{RE}=\frac{3.6V-u_{be3}}{R_E}=1.4\ mA$$

$$I_{C1} = I_{C2} = \frac{I_{C3}}{2} = \frac{1.4 \text{ mA}}{2} = 0.7 \text{ mA}$$

$$V_{C1} = V_{C2} = 12\text{V} - R_7 \times I_{C1}$$

2.2 差模电压放大倍数和共模电压放大倍数

当差动放大器的发射极电阻 R_E 足够大,或采用恒流源电路时,差模电压放大倍数 A_d 由输出端方式决定,而与输入方式无关.

双端输出:$R_E = \infty$,R_P 在中心位置.

$$A_d = \frac{\Delta u_o}{\Delta u_i} = \frac{-\beta R_C}{r_{be} + \frac{1}{2}(1+\beta)R_P} \approx \frac{2R_C}{R_P}$$

单端输出:

$$A_{d1} = \frac{\Delta U_{C1}}{\Delta u_i} = \frac{1}{2}A_d \approx \frac{R_C}{R_P}$$

$$A_{d2} = \frac{\Delta U_{C2}}{\Delta u_i} = -\frac{1}{2}A_d \approx \frac{R_C}{R_P}$$

当输入共模信号时,若为单端输出,则有:

$$A_{C1} = A_{C2} = \frac{\Delta u_{C1}}{\Delta u_i} = \frac{-\beta R_C}{r_{be} + (1+\beta) \times (\frac{1}{2}R_P + 2R_E)} \approx -\frac{R_C}{2R_E}$$

若为双端输出,在理想情况下:

$$A_C = \frac{\Delta u_o}{\Delta u_i} = 0$$

实际上由于元件不可能完全对称,因此 A_c 也不绝对等于零.

2.3 共模抑制比 CMRR

为了表征差动放大器对有用信号(差模信号)的放大作用和对共模信号的抑制能力,通常用一个综合指标来衡量,即共模抑制比:

$$\text{CMRR} = \left| \frac{A_d}{A_c} \right| \text{ 或 CMRR} = 20\log \left| \frac{A_d}{A_c} \right| \text{ (dB)}$$

差动放大器的输入信号可采用直流信号也可用交流信号.本实验由信号源提供频率 $f = 1$ kHz 的正弦信号为输入信号.

3 实验内容

3.1 典型差动放大器性能测试

按图 1-10-1 连接实验电路.

3.1.1 测量静态工作点

(1)调节放大器零点

信号源不接入.接通 ±12 V 直流电源,用数字电压表测量输出电压 u_o,调节调零电位器 R_P,使 $u_o = 0$.调节要仔细,力求准确.

(2)测量静态工作点

零点调好以后,用数字电压表测量 Q_1,Q_2 管各电极电位及发射极电阻 R_E 两端电压 U_{RE},记入表 1-10-1 中.

表 1-10-1　典型差动放大器静态工作点

测量值	U_{C1}/V	U_{B1}/V	U_{E1}/V	U_{C2}/V	U_{B2}/V	U_{E2}/V	U_{RE}/V
计算值	I_{C1}/mA	$I_{B1}/\mu A$	U_{CE1}/V				

3.1.2　测量差模电压放大倍数

断开直流电源,将信号源的输出端接放大器输入 A 端,地端接放大器输入 B 端构成双端输入方式(注意:此时信号源浮地),调节输入信号频率 $f=1$ kHz,输入信号幅度为零,示波器连接放大器的输出端(集电极 C_1 或 C_2 与地之间).

接通 ± 12 V 直流电源,逐渐增大输入电压 u_i,在输出波形无失真的情况下,用交流毫伏表测 $u_{i\sim}$,$U_{c1\sim}$,$U_{c2\sim}$,记入表 1-10-2 中,并观察 $u_{i\sim}$,$U_{c1\sim}$,$U_{c2\sim}$ 之间的相位关系及 U_{RE} 随 $u_{i\sim}$ 改变而变化的情况(如测 $u_{i\sim}$ 时因浮地有干扰,可分别测 A 点和 B 点对地间电压,两者之和为 $u_{i\sim}$).

表 1-10-2　典型差动放大电路主要性能指标测量

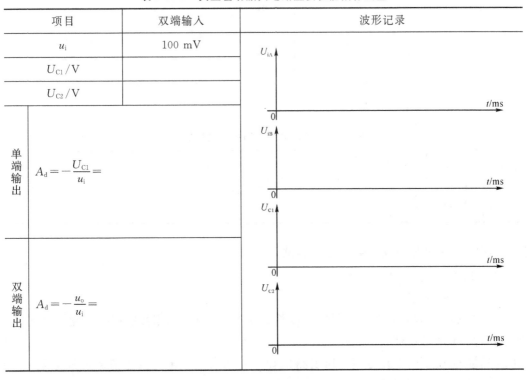

3.1.3　测量共模电压放大倍数

将放大器 A、B 短接,信号源接 A 端与地之间,构成共模输入方式;调节输入信号 $f=1$ kHz,$u_{i\sim}=1$ V(此时输入信号加在 A,B 端与地之间),在输出电压不失真的情况下,用交流毫伏表测量 $U_{c1\sim}$,$U_{c2\sim}$ 之值并记入表 1-10-3 中,同时观察 $u_{i\sim}$,$U_{c1\sim}$,$U_{c2\sim}$ 之间的相位关系及 U_{RE} 随 $u_{i\sim}$ 变化而改变的情况.

表 1-10-3　典型差动放大电路主要性能指标测量

项目	共模输入	波形记录
u_i	1 V	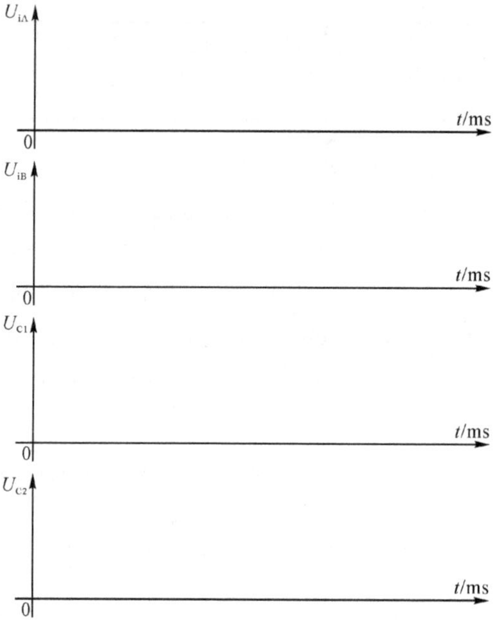
U_{C1}/V		
U_{C2}/V		
单端输出　$A_c=-\dfrac{U_{C1}}{u_i}=$		
双端输出　$A_c=-\dfrac{u_o}{u_i}=$		

3.1.4　计算共模抑制比

表 1-10-4　典型差动放大电路主要性能指标测量

单端输出	$CMRR=\left\|\dfrac{A_d}{A_c}\right\|=$
双端输出	$CMRR=\left\|\dfrac{A_d}{A_c}\right\|=$

3.2　具有恒流源的差动放大电路性能测试

按图 1-10-2 连接实验电路.

3.2.1　测量静态工作点

（1）调节放大器零点:信号源不接入.接通 ±12 V 直流电源,用数字电压表测量输出电压 u_o,调节调零电位器 R_P,使 $u_o=0$.

（2）测量静态工作点:用数字电压表测量 Q_1,Q_2 管各电极电位及恒流源射极电阻 R_E 两端电压 U_{RE},记入表 1-10-5 中.

表 1-10-5　恒流源差动放大器静态工作点

测量值	U_{C1}/V	U_{B1}/V	U_{E1}/V	U_{C2}/V	U_{B2}/V	U_{E2}/V	U_{RE}/V
计算值	I_{C1}/mA	$I_{B1}/\mu A$	U_{CE1}/V				

3.2.2 测量差模电压放大倍数

断开直流电源,将信号源的输出端接放大器输入 A 端,地端接放大器输入 B 端构成双端输入方式,调节输入信号频率 $f=1$ kHz,输入信号幅度为零,示波器连接放大器的输出端(集电极 C_1 或 C_2 与地之间).

接通 ±12 V 直流电源,逐渐增大输入电压 u_i,在输出波形无失真的情况下,用交流毫伏表测 $u_{i\sim}$,$U_{c1\sim}$,$U_{c2\sim}$,记入表 1-10-6 中,并观察 $u_{i\sim}$,$U_{c1\sim}$,$U_{c2\sim}$ 之间的相位关系及 U_{RE} 随 $u_{i\sim}$ 改变而变化的情况(如测 $u_{i\sim}$ 时因浮地有干扰,可分别用交流毫伏表测 A 点和 B 点对地间电压,两者之和为 $u_{i\sim}$).

表 1-10-6 恒流源差动放大电路差模电压增益的测量

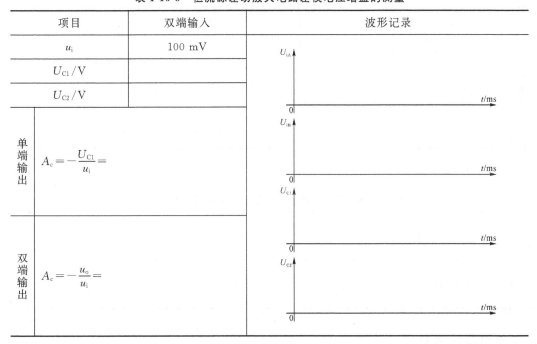

项目		双端输入	波形记录
u_i		100 mV	
U_{C1}/V			
U_{C2}/V			
单端输出	$A_c=-\dfrac{U_{C1}}{u_i}=$		
双端输出	$A_c=-\dfrac{u_o}{u_i}=$		

3.3.3 测量共模电压放大倍数

将放大器 A,B 短接,信号源接 A 端与地之间,构成共模输入方式,调节输入信号 $f=1$ kHz,$u_{i\sim}=1$ V,在输出电压无失真的情况下,用交流毫伏表测量 $U_{c1\sim}$,$U_{c2\sim}$ 之值并记入表 1-10-7 中,同时观察 $u_{i\sim}$,$U_{c1\sim}$,$U_{c2\sim}$ 之间的相位关系及 U_{RE} 随 $u_{i\sim}$ 变化而改变的情况.

表 1-10-7　恒流源差动放大电路共模电压增益的测量

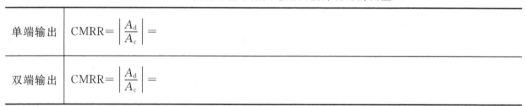

项目		共模输入	波形记录
u_i		1 V	
U_{C1}/V			
U_{C2}/V			
单端输出	$A_c = -\dfrac{U_{C1}}{u_i} =$		
双端输出	$A_c = -\dfrac{u_o}{u_i} =$		

3.3.4　计算共模抑制比

表 1-10-8　恒流源差动放大电路共模抑制比的测量

单端输出	$CMRR = \left\lvert \dfrac{A_d}{A_c} \right\rvert =$
双端输出	$CMRR = \left\lvert \dfrac{A_d}{A_c} \right\rvert =$

4　实验设备与器件

（1）模拟电子技术实验台　　　　（2）EE1411 函数发生器

（3）双踪示波器　　　　　　　　（4）交流毫伏表

（5）数字万用表　　　（6）晶体三极管 S8050×3,要求 Q_1,Q_2 管特性参数一致,电阻若干

5　实验报告

（1）整理实验数据,列表比较实验结果和理论估算值,分析误差原因.

① 静态工作点和差模电压放大倍数.

② 典型差动放大电路单端输出时的 CMRR 实测值与理论值比较.

③ 典型差动放大电路单端输出时 CMRR 实测值与具有恒流源的差动放大器 CMRR 实测值比较.

（2）比较 u_i,U_{c1} 和 U_{c2} 之间的相位关系.

（3）根据实验结果,总结电阻 R_E 和恒流源的作用.

实验 1-11　音频功率放大器及其性能指标测量

1　实验目的

（1）掌握音频电路板线路设计时应注意的问题，了解干扰产生的原因和消除方法．
（2）了解线路板设计及制作的一般过程，能独立设计简单的电路板．
（3）了解音频功率放大集成电路的调整方法．
（4）掌握音频功率放大器的技术指标及其测试方法．

2　实验原理

2.1　低电压音频功率放大器 LM386

LM386 是专门应用于低电压的音频功率放大器，其内部电路将电压增益设置为 20 以使外部器件的数目最少．通过调节外接于 1 脚和 8 脚之间的阻容器件的值，可以将电压增益设置在 20～200 之间的任何值．

当输出端自动偏置于电源电压的一半时，输入端以地为参考，当使用 6 V 电池供电时，LM386 可以得到理想的特性，此时的静态功耗仅为 24 mW．

2.1.1　特性

电池供电　　　　　　　　　　　　最少的外部元件
电源电压范围宽：4～12 V　　　　低静态电流消耗：4 mA
电压增益：20～200
低失真度：0.2%（$A_V=20$，$V_{CC}=6V$，$R_L=8\ \Omega$，$P_O=125\ mW$，$f=1\ kHz$）

2.1.2　应用范围

AM-FM 收音机功率放大器　　　　便携式磁带放音机功放
内部对讲电话　　　　　　　　　　电视语音系统
线路驱动器　　　　　　　　　　　超声波驱动
微伺服驱动　　　　　　　　　　　功率变换器

2.1.3　极限工作条件

电源电压：15 V　　　　　　　　　输入电压：±0.4 V
工作温度：0～70 ℃　　　　　　　结温：150 ℃
焊接（双列直插式封装）：260 ℃（10 秒）

2.1.4 引脚排列图及内部电路结构(见图 1-11-1)

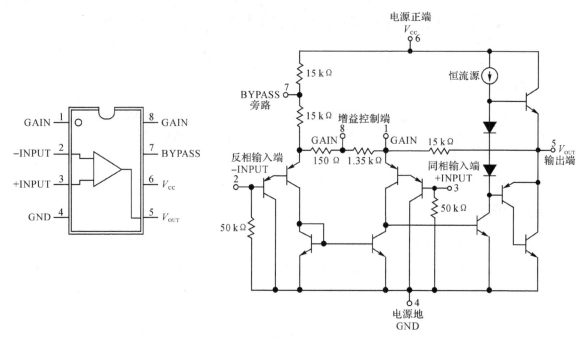

图 1-11-1 LM386 引脚排列及内部电路结构图

2.1.5 电特性

表 1-11-1 LM386 的电特性

参数	测试条件	参数指标			单位
		最小值	典型值	最大值	
工作电源电压	LM386N−1,LM386N−3.LM386M−1,LM386MM−1	4		12	V
	LM386N−4	5		18	V
静态电流	$V_{CC}=6$ V,$V_{IN}=0$		4	8	mA
输出功率	LM386N−1,LM386M−1,LM386MM−1 $V_{CC}=6$ V,$R_L=8$ Ω,THD=10%	250	325		mW
	LM386N−3,$V_{CC}=9$ V,$R_L=8$ Ω,THD=10%	500	700		
	LM386N−4,$V_{CC}=16$ V,$R_L=32$ Ω,THD=10%	700	1000		
电压增益	$V_{CC}=6$ V,$f=1$ kHz,1,8 脚开路		26		dB
	1,8 脚之间接 10μF 电容		46		
带宽	$V_{CC}=6$ V,1,8 脚开路		300		kHz
总谐波失真 (THD)	$V_{CC}=6$ V,$R_L=8$ Ω,$P_{OUT}=125$ mW $f=1$ kHz,1,8 脚开路		0.2		%
电源抑制比 (PSRR)	$V_{CC}=6$ V,$f=1$ kHz,旁路电容=10 μF 1,8 脚开路		50		dB
输入阻抗	$V_{CC}=6$ V,2,3 脚开路		50		kΩ
输入偏置电流			250		nA

2.1.6 应用提示

(1) 增益控制. 由于有两个引脚(1,8)可以用来控制放大器的增益, 因此 LM386 可以作为一个通用的放大器来使用. 当 1,8 脚开路时, 1.35 kΩ 电阻串入增益控制回路使得增益为 20 (26 dB). 当一个电容接在 1,8 脚之间时, 电容将 1.35 kΩ 电阻旁路, 放大器的增益将达到 200 (46 dB). 如果使用一个电阻与旁路电容串联, 则放大器的增益可以设定于 20~200 的任何值. 也可以在 1 脚与地之间接一阻容电路来控制放大器的增益. 在器件内部反馈电阻两端通过外接额外的元件来适应少数对增益和频率响应有特殊要求的应用. 例如, 可以通过调整反馈回路的低频响应来补偿演讲者的语音缺陷. 这可以通过在 1,5 脚之间串接一 RC 电路来实现(与内部 15 kΩ 电路并联). 当串接的电阻为 15 kΩ 时可以得到 6 dB 的低音提升, 当 8 脚开路时串接电阻的值最小为 10 kΩ 电路可以稳定地工作. 当 1,8 脚之间被电容旁路时, 这个串接电阻可以低至 2 kΩ. 这些限制是因为只有电路的闭环增益大于 9 时才能进行补偿.

(2) 输入偏置. 内部电路图显示两个输入端各通过一个 50 kΩ 的电阻偏置到地. 输入晶体管的基极电流大约为 250 nA, 因此当没有输入信号时, 输入端的电压大约为 12.5 mV. 当驱动 LM386 的信号源的直流源阻抗大于 250 kΩ 时, 将对放大器产生很小的额外偏置(在输入端大约为 2.5 mV, 输出端大约为 50 mV). 如果信号源的直流源阻抗小于 10 kΩ, 将另外一个不用的输入端对地短接来得到低偏置(在输入端大约为 2.5 mV, 输出端大约为 50 mV). 当信号源的直流源阻抗介于这些值(10~250 kΩ)之间时, 在不用的输入端与地之间接一与信号源内阻相等的电阻可以消除信号源内阻对偏置的影响. 当然, 当输入信号交流耦合时所有的偏置问题将不复存在.

当 LM386 工作于高增益状态时(1 脚, 8 脚接有旁路电容), 有必要将不用的输入端旁路到地, 来防止增益降低和可能的不稳定. 在信号输入端接一 0.1 μF 的小电容可以防止这种现象.

2.1.6 电路的典型特性(见图 1-11-2)

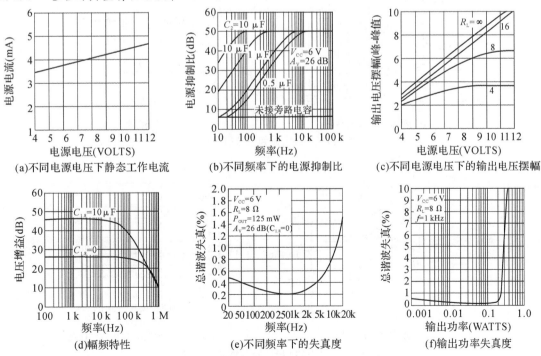

(a)不同电源电压下静态工作电流　(b)不同频率下的电源抑制比　(c)不同电源电压下的输出电压摆幅

(d)幅频特性　(e)不同频率下的失真度　(f)输出功率失真度

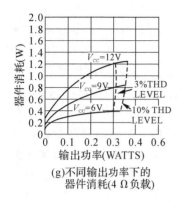

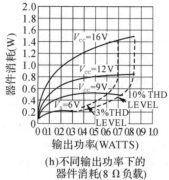

(g)不同输出功率下的
器件消耗(4 Ω 负载)

(h)不同输出功率下的
器件消耗(8 Ω 负载)

(i)不同输出功率下的
器件消耗(6 Ω 负载)

图 1-11-2　LM386 的典型特性

2.1.7　典型应用电路

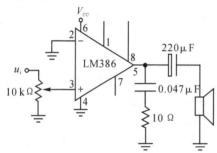

最少器件的20倍放大器

增益为200倍的放大器

图 1-11-3　最少器件的 20 倍放大器

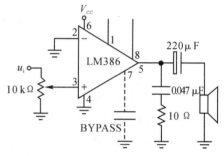

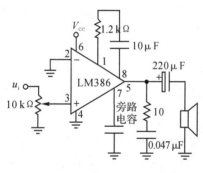

增益为50倍的放大器

方波振荡器

图 1-11-4　放大器和方波振荡器

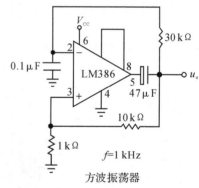

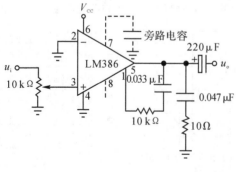

超重低音放大器

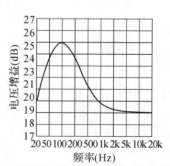

超重低音放大器的频率响应曲线

图 1-11-5　LM386 用作超重低音放大器

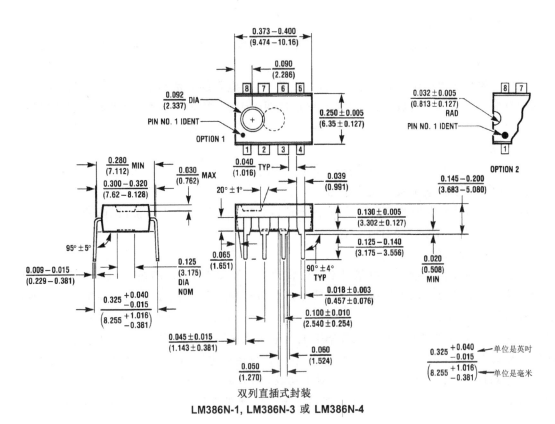

双列直插式封装

LM386N-1, LM386N-3 或 LM386N-4

图 1-11-6　器件的封装尺寸

2.2　音频功放电路的主要性能指标

（1）最大不失真输出功率 P_{om}：

理想情况下，$P_{om} = \dfrac{1}{8} \times \dfrac{V_{CC}^2}{R_L}$ 在实验中可通过测量 R_L 两端的电压有效值来求得：

实际的 $P_{om} = \dfrac{u_o^2}{R_L}$

其中，u_o 为有效值.

（2）效率 η：

$$\eta = \dfrac{P_o}{P_E} \times 100\%$$

其中，P_o 为功率放大器输出的功率，P_E 为直流电源供给的平均功率.

理想情况下，$\eta_{max} = 78.5\%$. 在实验中，可测量电源供给的平均电流 I_{dc}，从而求得 $P_E = V_{CC} \cdot I_{dc}$，负载上的交流功率已用上述方法求出，因而也就可以计算实际效率了.

（3）频率响应：就是放大器的幅频特性曲线，即对不同频率的信号的放大能力.

（4）输入灵敏度：是指输出最大不失真功率时，输入信号 u_i 之值.

（5）失真度.

2.3　音频功率放大器技术指标的测量

功放的主要技术指标有三个：频率特性、额定输出功率和失真度.

2.3.1　测量前的工作准备

（1）配备必要的仪器仪表.主要有:音频信号发生器一台;音频毫伏表两块;双踪示波器一台;失真度测量仪一台.

（2）功放的输出端子不接音箱,改接假负载电阻.电阻的阻值与功放的输出阻抗相同,电阻的功率应大于或等于功放额定输出功率(从说明书上查)的 3 倍以上.对于输出端子标注电压的功放,其相应端子的输出阻抗可由 $Z=u_o^2/P_o$ 求出. u_o 是输出电压(V), P_o 是额定输出功率(W), Z 是阻抗(Ω).

（3）测量时所有仪器、设备应按额定供电电压供给(一般为 220 V/50 Hz),以保证测量精度.若电网电压不稳,应加接交流稳压器.

（4）音频信号发生器的输出阻抗应小于或等于被测功放的输入阻抗,以防止功放输入阻抗过小时影响输入信号的频率稳定度.

2.3.2　频率特性的测量

功放的频率特性是指功放电路对不同音频频率的放大特性,范围在 0.02～20 kHz 之间,理想的功放应对这个范围内的所有频率具有完全相同的放大作用.如果功放在输入不同频率的音频信号时,其输出电压比较一致,则频率特性平稳.频率特性的不均匀性用 dB 表示,它是以频率为 1 kHz 时输出电压对其他频率下输出电压比值的对数形式来表示,即频率为 f 赫兹的信号相对电平为: f 赫兹电平(dB)＝20 log(f 赫兹输出电压/1 kHz 输出电压).毫无疑问,频率为 1 kHz 信号的基准电平为 0 dB.对于功放,在 0.02～20 kHz 的频率范围内,所有频率的相对电平应在±1～(±3) dB 之间,相对电平数的绝对值越小,功放的频率特性越好,频率失真越小.

测量线路如图 1-11-7 所示,mV 表示音频毫伏表, R_L 是假负载电阻, u_i , u_o 分别表示输入、输出信号电压.

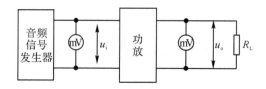

图 1-11-7　测量功放的频率特性

测量过程:先将音频信号发生器调至 1000 Hz,若信号从功放的"话筒"口输入时, u_i ＝0.35 mV.当信号从"线路输入"口送入时, u_i ＝775 mV.

调整功放音量钮,使输出电压为额定电压的 70%(额定功率的 50%),在测量中要保持音量旋钮固定不动.

在 0.02～20 kHz 的范围内,从低到高改变信号发生器得到输入频率(保持 u_i 不变),隔几十赫兹至几百赫兹逐点记下功放的输出电压,并填入表 1-11-2 对应格内.

表 1-11-2　频率特性测试记录表

输出频率/Hz	20	50	100	200	400	600	800	$1×10^3$	$2×10^3$	$4×10^3$	$8×10^3$	$10×10^3$	$12×10^3$	$14×10^3$	$16×10^3$	$18×10^3$	$20×10^3$
输出电压/V																	
相对电平/dB																	

将输入电压 u_i 依次代入公式: f 赫兹电平(dB)＝20 log(f 赫兹输出电压/1 kHz 输出电

压),求出所有测试频率点的相应电平,填入表 1-11-2 对应格内.

绘制频率特性曲线.在对数坐标纸上,按照表 1-11-2 算出的"相对电平"数据与输入频率的对应关系,逐点连线作出频率特性曲线.该曲线即反映了被测功放的频率响应特性,它越平越直,说明频率特性越好.

2.3.3 额定输出功率的测量

额定功率又叫标称功率.它是指在额定电源电压、额定输入信号电平时以一定的失真度要求来确定的.这些在功放的使用说明书中均已标明,使用和测量时应以此为准.如某功放额定输出功率为 100 W,是以失真度≤3%测得的.如果允许失真度增大,那么输出功率还可以相应增大.所以,在厂商所宣传的功放功率值中,额定功率才是最准也是最符合实际的表述方法.

测量线路如图 1-11-8 所示,示波器用于监视波形失真之用,其他同图 1-11-6.

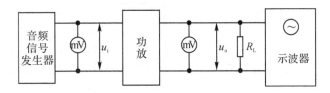

图 1-11-8 测量功放的额定输出功率

测量过程.由音频信号发生器输出一个 0.775 V(0 dB)的 1000 Hz 正弦信号,送入功放的"线路输入"口;或由音频信号发生器输出一个 0.35 mV(−67 dB)的 1000 Hz 正弦信号,送入功放的"话筒"口.缓慢开大功放的相应音量旋钮,观察示波器的输出波形刚好不失真,停止调节音量钮.由输出电压表上可得知 u_o 数据.再用公式 $P=u_o^2/R_L$ 求出额定功率 P.若 P 值大于或等于说明书上的 P 值,则说明符合要求.当然,在此基础上,将功放的音量钮开至最大,还可以增大输出功率,那就是最大输出功率了.

2.3.4 失真度的测量

当音频信号通过功放时,输出信号与输入信号的波形并不完全相同,这就叫失真.

失真度的大小,常用失真度系数来描述,即用输出信号中各次谐波合成电压的有效值与基波电压的有效值之比来表示,其数值由失真度测试仪直接读出.

测量线路如图 1-11-9 所示.测量时,所有测试仪器的外壳最好接地,以防其他干扰窜入后影响测量精度.

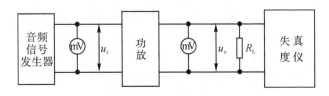

图 1-11-9 测量放大器的失真度

测量过程:按照额定输出功率的测量方法,从功放的输入端分别送 20 Hz,100 Hz,1 kHz,5 kHz,10 kHz,15 kHz 等不同频率的正弦信号,将功放逐次调到额定输出功率值,并调节失真度仪分别测出各个频点的失真度系数.一般以 1 kHz 的失真度系数为基准,与其他频点的数据相比较.差别大,说明功放在整个音频段内的失真度不均衡.差别小,说明功放在整个音频段内的失真度比较平衡.

2.4　设计音频功放电路板(PCB)时应注意的问题

2.4.1　接地线走线产生的干扰或交流声

图 1-11-10(a)为反相放大电路,以同相输入端为电阻接地点作为基准而放大输入信号.输入信号是以输入端子的地为基准作电位变化,如果输入信号基准地和放大器基准地之间有电位差存在,亦会被放大,成为干扰或 50 Hz 交流声出现在放大器的输出端.

图 1-11-10(b)所示的同相放大器也一样,如果在输入信号的基准地和放大器的基准地之间有电位差存在便会产生干扰或 50 Hz 交流声.

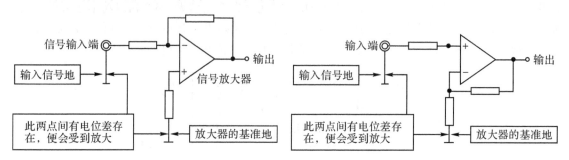

(a)　反相放大电路的基准电位　　　　　　　　(b)　同相放大器的基准电位

图 1-11-10　基准电位

图 1-11-11(a)所示为同相放大器接地线走线情况.输入端子的地和放大器的地,以及输出端子的地,全部利用一条接地线连接在一起,然后接到电源的地.因此在输入信号的基准地和放大器的基准地之间,会有回路电流流过(输入信号的回路电流,反馈电路的回路电流,输出信号的回路电流),只要基准地间的铜箔或走线之间有电阻成分 R 存在(此电阻成分 R 称为共通阻抗),便会在其上面产生干扰或 50 Hz 交流声.

由接地线引起的干扰或 50 Hz 交流声,可利用一点接地法处理,以达到减少干扰或交流声的目的.所谓一点接地(单点接地)是指各个回路(输入回路,反馈回路,输出回路)的基准电位为同一电位而已.

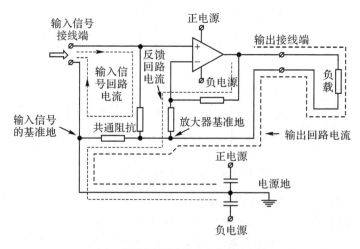

(a)　受到共通阻抗影响的接地线走线

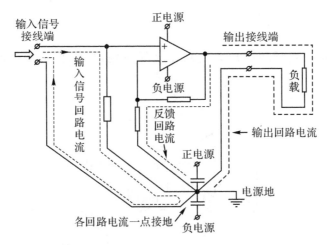

（b）　一点接地避免共通阻抗

图 1-11-11

图 1-11-11(b)所示电路为图 1-11-11(a)所示电路的一点接地示意图.将各接地线分别和电源的地相连接,由于此接法不会有共通电阻存在,各部分的地为同一电位,因此不会产生干扰或交流声.同样地,在晶体管放大电路中同一级电路的接地点应尽量靠近,并且本级电路的电源滤波电容也应接在该级接地点上.特别是本级晶体管基极发射极的接地点不能离得太远.地线必须严格按高频、中频、低频一级级地按弱电到强电的顺序排列.

2.4.2　静电感应产生的干扰或 50 Hz 交流声

电磁感应由电流产生,而静电感应由电位差产生.在阻抗较高的电路附近,如果有较高的电位如 AC 220 V 存在,便可能由于静电而使两者结合产生杂波或交流声.为防止静电感应,应尽量将高电位部分和电路的高阻抗部分分离.

另外,在电路的排布方面,也可以将高阻抗部分的面积减少,以减小其静电结合度.如图 1-11-12(a)、图 1-11-12(b)所示,在放大器的输入端子和积分电路的输入端子等高阻抗附近,不要配太长的线.特别是这些高阻抗端子引出至外部时必须使用屏蔽线,以作静电隔离.

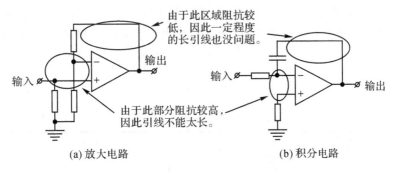

图 1-11-12　减小静电感应的措施

3 实验内容

3.1 图 1-11-13 所示的音频功率放大电路设计印刷电路板图.电路板的尺寸为 7 cm×10 cm

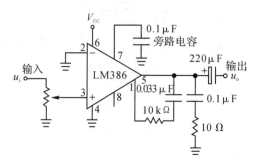

图 1-11-13　LM386 构成的超重低音放大器

3.2 按图 1-11-13 电路的参数完成电路板的焊接

3.3 静态测试

输入信号为零,检查电源电压大小及极性是否为+12 V.

接入+12 V 直流电源,测量静态总电流及集成块各引脚对地电压,记入表 1-11-3 中.

表 1-11-3　测量静态工作点

静态电流 /mA	各引脚电压/V							
	①脚	②脚	③脚	④脚	⑤脚	⑥脚	⑦脚	⑧脚

3.4 动态测试

3.4.1 最大输出功率

输入端接 1 kHz 正弦信号,输出端用示波器观察并记录输出电压波形,逐渐加大输入信号幅度,使输出电压为最大不失真输出,用交流毫伏表测量此时的输出电压 u_{om},则最大输出功率为:

$$P_{om} = \frac{u_{om}^2}{R_L}$$

表 1-11-4　测量最大输出功率

项　　　目	输　出　波　形
输入电压 $u_i =$	
最大不失真输出电压 u_{om}/V_{rms} =	
$R_L =$ 　　　 Ω	
最大输出功率 P_{om} $P_{om} = \dfrac{u_{om}^2}{R_L}$	

3.4.1 测量效率 η(见表 1-11-5)

当输出电压为最大不失真输出时,测量流过功放 IC 的直流电流值,此电流即为直流电源供给的平均电流 I_{dc}(有一定误差),由此可近似求得 $P_E = V_{CC} \cdot I_{dc}$,再根据上面测得的 P_{om},则可求出:

$$\eta = \frac{P_{om}}{P_E}$$

表 1-11-5 测量效率

$V_{CC}=$	V	$P_E = V_{CC} \cdot I_{dc} =$	$\times$	$=$	W
$I_{dc}=$	mA				
$P_{om}=$	W	$\eta = \dfrac{P_{om}}{P_E} =$			

3.4.3 输入灵敏度测试

根据输入灵敏度的定义,只要测出输出功率 $P_o = P_{om}$ 时的输入电压值 u_i 即可.

$$u_i = \underline{\hspace{2cm}} \text{mV}_{rms}$$

3.4.4 频率响应的测试

测试方法同实验 1-9.结果记入表 1-11-6 中.

表 1-11-6 测量放大器的频率响应曲线($u_i =$ _____ mV)

	f_L			f_o			f_H		
f/Hz				1 k					
u_o/V									
A_V									

在测试时,为保证电路的安全,应在较低电压下进行,通常取输入信号为输入灵敏度的 50%.在整个测试过程中,应保持 u_i 为恒定值,且输出波形不得失真.

3.4.5 噪声电压的测试

测量时将输入端短路($u_i = 0$),观察输出噪声波形,并用交流毫伏表测量输出电压,即为噪声电压 u_N,本电路若 $u_N < 15\text{mV}$,即满足要求.

$$u_N = \underline{\hspace{2cm}} \text{mV}_{rms}$$

3.4.6 按 2.3.4 所示的方法测量放大器的失真度

注意事项:

(1)电源电压不允许超过极限值,不允许极性接反,否则集成块将损坏;

(2)电路工作时绝对避免负载短路,否则将烧毁集成块;

(3)接通电源后,时刻注意集成块的温度,有时未加输入信号集成块就发热严重,同时直流毫安表指示出较大电流及示波器显示出幅度较大,频率较高的波形,说明电路有自激现象,应立即关机,然后进行故障分析、处理,待自激振荡消除后,才能重新进行实验;

(4)输入信号不要过大.

4 实验设备与器件

(1) 模拟电子技术实验台　　　　(2) 函数发生器

(3) 双踪示波器　　　　　　　　(4) 交流毫伏表

(5) 数字万用表　　　　　　　　(6) 失真度测试仪

(7) 铜箔板,$FeCl_3$ 溶液,木工刀,直尺,复写纸,台式钻床,焊接工具,LM386,电阻、电容若干

5 实验报告

(1) 实验原理描述.

(2) 整理实验数据,计算技术指标.

(3) 画频率响应曲线.

(4) 讨论实验中发生的问题及解决办法.

实验 1-12　稳压电源性能测试

1 实验目的

(1) 研究单相桥式整流、滤波电路的特性.

(2) 灵活使用数字万用表测量交流电压和直流电压.

(3) 掌握集成稳压器的特点和性能指标的测试方法.

(4) 掌握使用普通数字万用表提高测量精度的方法.

2 实验原理

电子设备一般都需要直流电源供电.这些直流电除了少数直接利用干电池和直流发电机外,大多数是采用把交流电(市电)转变为直流电的直流稳压电源.

直流稳压电源由电源变压器、整流、滤波和稳压电路四部分组成.电网供给的交流电压(220 V,50 Hz)经电源变压器降压后,得到符合电路需要的交流电压,然后由整流电路变换成方向不变、大小随时间变化的脉动电压,再用滤波器滤去其交流分量,就可得到比较平直的直流电压.但这样的直流输出电压,还会随交流电网电压的波动或负载的变化而变化.在对直流供电要求较高的场合,还需要使用稳压电路,以保证输出直流电压更加稳定.

2.1 稳压电源的主要性能指标

(1) 输出电压 u_o 和输出电压调节范围.

(2) 最大负载电流 I_{om}.

(3) 输出电阻 r_o.

输出电阻 r_o 定义为,当输入电压 u_i(稳压电路输入)保持不变,由于负载变化而引起的输出电压变化量 Δu_o 与输出电流变化量 ΔI_o 之比,即:

$$r_o = \frac{\Delta u_o}{\Delta I_o}\bigg|_{u_i = 常数}$$

（4）稳压系数 S（电压调整率）.

稳压系数定义为，当负载保持不变，输出电压相对变化量与输入电压相对变化量之比，即：

$$S = \frac{\dfrac{\Delta u_o}{u_o}}{\dfrac{\Delta u_i}{u_i}}\bigg|_{R_L = 常数}$$

由于工程上常把电网电压波动 $\pm 10\%$ 作为极限条件，因此也有将此时输出电压的相对变化 $\Delta u_o / u_o$ 作为衡量指标，称为电压调整率.

（5）纹波电压. 输出纹波电压是指在额定负载条件下，输出电压中所含交流分量的有效值（或峰值）.

2.2 三端稳压器件

随着半导体工艺的发展，稳压电路也制成了集成器件. 由于集成稳压器具有体积小、外接线路简单、使用方便、工作可靠和通用性等优点，因此在各种电子设备中应用十分普遍，基本上取代了由分立元件构成的稳压电路. 集成稳压器的种类很多，应根据设备对直流电源的要求进行选择. 对于大多数电子仪器、设备和电子电路来说，通常是选用串联线性集成稳压器，而在这种类型的器件中，又以三端式稳压器应用最为广泛.

三端式集成稳压器的输出电压是固定的，是预先调好的，在使用中不能进行调整. 78 系列三端式稳压器输出正极性电压，一般有 5 V、6 V、8 V、9 V、12 V、15 V、18 V、24 V 八个档次，输出电流最大可达 1.5 A（加散热片）. 同类型 78M 系列稳压器的输出电流为 0.5 A，78L 系列稳压器的输出电流为 0.1 A. 若要求负极性输出电压，则可选用 79 系列稳压器.

三端式稳压器只有三个端子，即输入端、输出端、接地端.

各种稳压器引脚排列如图 1-12-1 所示，通常称为 78 系列（正输出）和 79 系列（负输出），各个系列的电压电流关系如表 1-12-1 所示. 若按输出电压与电流的大小又细分为很多种. 末位两个数字表示固定输出电压，例如"+5 V，0.1 A"输出的稳压器是 78L05.

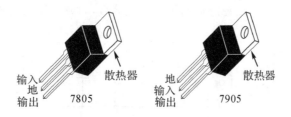

图 1-12-1 三端式稳压器件的引脚排列

表 1-12-1 7805 的性能指标

参数	测试条件	指标			单位
		MIN	TYP	MAX	
输出电压	25℃，输出电流：$5 \times 10^{-3} \sim 1$ A 输入电压：10 V	4.8	5.0	5.2	V
线路调整率	25 ℃，输出电流：500 mA 输入电压：7~25 V		3	50	mV

参数	测试条件	指标			单位
		MIN	TYP	MAX	
负载调整率	25 ℃,输出电流:$5×10^{-3}$~1.5 A 输入电压:10 V		10	50	mV
静态电流	25 ℃,输出电流:≤1.0 A			8	mA
输出噪声电压	25 ℃,10 Hz≤f≤100 kHz		40		μV
输出阻抗			8		mΩ
输入电压	25 ℃,输出电流:≤1.0 A	7.3		35	V
工作温度范围		0	25	70	℃

78 系列和 79 系列的稳压器在正常工作时要求输入和输出之间保持至少 2 V 的电压差,输出端的电压不能高于输入端,在具体应用时可在输出端与输入端之间正向接一保护二极管. 一些 CMOS 系列的稳压器可以做到低压差、低功耗、高精度输出,其压差在 60 mA 输出时,典型值仅为 0.5 V,最大输出电流可达 120 mA,如美国 Telcom 公司的 TC45 系列稳压器. 更有甚者,Telcom 公司的 TC47 系列稳压器的压差在 100 mA 输出时可以降到 0.1 V,静态电流仅 0.2 μA.

图 1-12-2 是用三端式稳压器 7805 构成的单电源电压输出串联型稳压电源的实验电路图. 其中整流部分由四个二极管(IN4007)组成的桥式整流电路. 滤波电容 C_1,一般选取几百至几千微法. 当稳压器 7805 距离整流滤波电路比较远时,在 7805 的输入端必须接入容量为 0.1 μF 的高频旁路电容器,以抵消线路的电感效应,防止产生自激振荡. 输出端滤波电容 C_2 一般取几十微法的电解电容器,该电容器的大小对稳压电源的性能基本上没有影响,只是给电源的输出端提供一个交流到地的通路. 当供电电路的工作频率较高时,要用一个 0.1 μF 的高频旁路电容器与电容 C_2 并联,以滤除输出端的高频分量,改善电路的暂态响应.

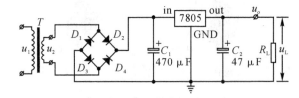

图 1-12-2　7805 应用电路图

2.3　整流二极管

常用的整流二极管有 1N4000,1N5100,1N5200,1N5300,1N5400 几个系列. 下面列出了常用整流二极管(1N400×系列)的电特性.

表 1-12-2　常用整流二极管及性能指标

极限值和温度特征　$T_A = 25$ ℃　除非另有规定.

	符号 Symbols	1N 4001	1N 4002	1N 4003	1N 4004	1N 4005	1N 4006	1N 4007	单位
最大可重复峰值反向电压	V_{RRM}	50	100	200	400	600	800	1000	V
最大均方根电压	V_{RMS}	35	70	140	280	420	560	700	V
最大直流阻断电压	V_{DC}	50	100	200	400	600	800	1000	V
最大正向平均整流电流	$I_{F(AV)}$				1.0				A
峰值正向浪涌电流 8.3 ms 单一正弦半波	I_{FSM}				30				A
最大反向峰值电流　@$T_A = 75$ ℃	$I_{R(AV)}$				30				μA
典型热阻	$R_{\theta JA}$				65				℃/W
工作结温和存储温度	T_j, T_{STG}				$-50 \sim +150$				℃

电特性　$T_A = 25$ ℃　除非另有规定.

	符号 Symbols	1N 4001	1N 4002	1N 4003	1N 4004	1N 4005	1N 4006	1N 4007	单位
最大正向电压　$I_F = 1.0$ A	V_F				1.1				V
最大反向电流　$T_A = 25$ ℃　$T_A = 100$ ℃	I_R				5.0 100				μA
典型结电容　$V_R = 4.0$ V, $f = 1$ MHz	C_j				15				pF

3　实验内容

3.1　整流滤波电路测试

按图 1-12-3 连接实验电路. 接通 220 V_{RMS} 交流电源 u_1, 选择变压器副边电压 u_2 为 9 V_{RMS}.

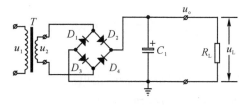

图 1-12-3　整流滤波电路

（1）取 $R_L = 200$ Ω, 不加滤波电容 C_1, 测量交流电压 u_2 及纹波电压 u_L, 并用示波器 观察 u_2 和 u_L 波形, 记入表 1-12-3 中.

（2）取 $R_L = 200$ Ω, $C_1 = 470$ μF, 测量交流电压 u_2 及纹波电压 u_L, 并用示波器 观察 u_2 和 u_L 波形, 记入表 1-12-3 中.

（3）取 $R_L=100\ \Omega$，$C_1=470\ \mu F$，测量交流电压 u_2 及纹波电压 u_L，并用示波器 观察 u_2 和 u_L 波形，记入表 1-12-3 中.

（4）取 $R_L=100\ \Omega$，$C_1=100\ \mu F$，测量交流电压 u_2 及纹波电压 u_L，并用示波器 观察 u_2 和 u_L 波形，记入表 1-12-3 中.

表 1-12-3　整流滤波电路参数测量

电路形式	交流毫伏表测量		万用表测量	U_L 波形
	u_2/V_{rms}	u_L/V_{rms}	u_L/V_{dc}	
$R_L=200\ \Omega$ $C_1=0\ \mu F$				
$R_L=200\ \Omega$ $C_1=470\ \mu F$				
$R_L=100\ \Omega$ $C_1=470\ \mu F$				
$R_L=100\ \Omega$ $C_1=100\ \mu F$				

注意：

① 每次改接电路时，必须切断电源；

② 在观察输出电压 u_L 波形的过程中，"Y 轴灵敏度"旋钮位置调好以后，不要再变动，否则将无法比较各波形的脉动情况.

③ u_2、u_L 不能用示波器的两路输入通道同时接入测量.

3.2　集成稳压器性能测试

断开电源，按图 1-12-4 连接电路，取负载电阻 $R_L=100\ \Omega$.

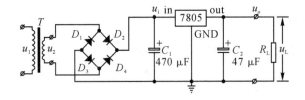

图 1-12-4　集成稳压器性能测试

3.2.1　初测

接通电源，测量整流输出电压 u_i，集成稳压器输出电压 u_o，它们的数值应与理论值大致符合，否则说明电路出了故障. 设法查找故障并加以排除.

电路经初测进入正常工作状态后，才能进行各项指标的测试.

3.2.2　各项性能指标测试

（1）输出电压 u_o

在输出端接负载电阻 $R_L=100\ \Omega$，由于 7805 输出电压 $u_o=5\ V$，因此流过 R_L 的电流为 $I_x=\dfrac{5}{100}\ A=50\ mA$. 这时 u_o 应基本保持不变，若变化较大则说明集成块性能不良.

（2）稳压系数 S 的测量. 改变变压器副边电压使 u_2 为 9 V 和 11 V（即模拟电源电压波动 $\pm 10\%$），分别测出相应的输入电压 u_i 及输出直流电压 u_o，记入表 1-12-4 中.

表 1-12-4　$I_o = 50$ mA

测　试　值				计算稳压系数 S 的值
次数	u_2/V_{rms}	u_i/V_{DC}	u_o/V_{DC}	
1	9			$S_{12} =$
2	11			

（3）输出电阻 r_o 的测量. 取 $u_2 = 9$ V_{rms}，$u_o = 5$ V_{DC}，$I_o = 50$ mA，改变 R_L 的阻值，使 $I_o = 100$ mA 和 0 mA，测量相应的 u_o 值，记入表 1-12-5 中.

表 1-12-5　$u_2 = 9$ V_{rms}

测　试　值			计　算　值
次数	I_o/mA	u_o/V_{DC}	r_o
1	0		$r_{o12} =$
2	50		
3	100		$r_{o23} =$

（4）输出纹波电压的测量. 取 $u_2 = 9$ V，$u_o = 5$ V，$I_o = 100$ mA，测量输出纹波电压 $u_{Lx} =$ ___ mV_{rms}.

4　实验仪器及器件

（1）可调交流电源　　　　　　（2）数字万用表
（3）示波器　　　　　　　　　（4）模拟电子技术实验台
（5）交流毫伏表　　　　　　　（6）1N4007、7805 及电阻、电容若干

5　实验报告

（1）对表 1-12-3 所测结果进行全面分析，总结桥式整流、滤波电路的特点.
（2）计算稳压电路的稳压系数 S 和输出电阻 r_o，并与 7805 的典型值进行比较.
（3）分析讨论实验中出现的故障及排除方法.
（4）实验技巧总结.

实验 1-13　集成运算放大器的基本应用

1　实验目的

（1）研究由集成运放组成的比例、加法、减法和积分等基本运算电路的功能.
（2）了解运算放大器在实际应用时应考虑的一些问题.

2 实验原理

集成运算放大器是一种具有高电压放大倍数的直接耦合多级放大电路.当外部接入不同的线性或非线性元器件组成输入和负反馈电路时,可以灵活地实现各种特定的函数关系.在线性应用方面,可组成比例、加法、减法、积分、微分、对数等模拟运算电路.

2.1 反相比例运算电路

电路如图 1-13-1 所示.对于理想运放,该电路的输出电压与输入电压之间的关系为

$$u_o = -\frac{R_F}{R_1} \cdot u_i$$

为了减小输入级偏置电流引起的运算误差,在同相端应接入平衡电阻 $R_2 = R_1 \parallel R_F$.

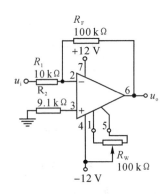

图 1-13-1 反相比例运算

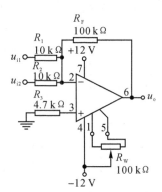

图 1-13-2 反相加法电路

2.2 反相加法电路

电路如图 1-13-2 所示,输出电压与输入电压之间的关系为

$$u_o = -\left(\frac{R_F}{R_1}u_{i1} + \frac{R_F}{R_2}u_{i2}\right), \quad R_3 = R_1 \parallel R_2 \parallel R_F$$

2.3 同相比例运算电路

图 1-13-3(a)是同相比例运算电路,它的输出电压与输入电压之间的关系为

$$u_o = \left(1 + \frac{R_F}{R_1}\right)u_i, \quad R_2 = R_1 \parallel R_F$$

当 $R_1 \to \infty$, $u_o = u_i$,即得到如图 1-13-3(b)所示的电压跟随器,图中 $R_2 = R_F$,用以减小漂移和起保护作用.一般 R_F 取 10 kΩ, R_F 太小起不到保护作用,太大则影响跟随性.

2.4 差动放大器电路(减法器)

对于图 1-13-4 所示的减法运算电路,当 $R_1 = R_2$, $R_3 = R_F$ 时,有如下关系式:

$$u_o = \frac{R_F}{R_1}(u_{i2} - u_{i1})$$

2.5 积分运算电路

反相积分电路如图 1-13-5 所示.在理想条件下,输出电压 u_o 等于:

$$u_o(t) = -\left(\frac{1}{RC}\int_0^t u_i \mathrm{d}t + u_C(0)\right)$$

式中: $u_C(0)$ 是 $t=0$ 时刻电容 C 两端的电压值,即初始值.

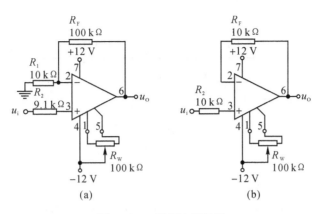

图 1-13-3　同相比例运算

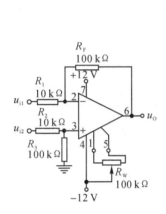

图 1-13-4　差动放大

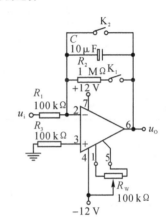

图 1-13-5　积分运算

如果 $u_i(t)$ 是幅值为 E 的阶跃电压,并设 $u_C(0)=0$,则:

$$u_o(t) = -\left(\frac{1}{RC}\int_0^t E\mathrm{d}t\right) = -\frac{E}{RC}t$$

即输出电压 $u_o(t)$ 随时间增长而线性下降. 显然 RC 的数值越大,达到给定的 u_o 值所需的时间就越长. 积分输出电压所能达到的最大值,受集成运放最大输出范围的限制.

　　在进行积分运算之前,首先应对运放调零. 为了便于调节,将图中 K_1 闭合,即通过电阻 R_2 的负反馈作用帮助实现调零. 但在完成调零后,仍将 K_1 打开,以免因 R_2 的接入造成积分误差. K_2 的设置一方面为积分电容放电提供通路,同时可实现积分电容初始电压 $u_C(0)=0$,另一方面可控制积分起始点,即在加入信号 u_i 后,只要 K_2 一打开,电容 C 将被恒流充电,电路也就开始积分运算.

3　实验内容

　　实验前要看清运放组件各管脚的位置,切忌正、负电源极性接反和输出端短路,否则将会损坏集成块.

3.1　反相比例运算电路

　　(1) 按图 1-13-1 连接实验电路,接通 $\pm 12\ \mathrm{V}$ 电源,输入端对地短路,调零.

　　(2) 输入 $f=100\ \mathrm{Hz}$,$u_i=0.5\ \mathrm{V_{p-p}}$ 的正弦交流信号,测量相应的 u_o,并用示波器观察 u_o 和

u_i 的相位关系,记入表 1-13-1 中.

表 1-13-1　$u_i = 0.5\ V_{p-p}$, $f = 100\ Hz$

			u_i 波形	
	u_i/V		u_i 波形	
	u_o/V			
A_v	实测值		u_o 波形	
	计算值			

3.2　同相比例运算电路

（1）按图 1-13-3(a)连接实验电路,实验步骤同上,将结果记入表 1-13-2 中.

表 1-13-2　$u_i = 0.5\ V_{p-p}$　$f = 100\ Hz$

			u_i 波形	
	u_i/V		u_i 波形	
	u_o/V			
A_v	实测值		u_o 波形	
	计算值			

（2）将图 1-13-3(a)中的 R_1 断开,得图 1-13-3(b)电路,实验步骤同上,将结果记入表 1-13-3中.

表 1-13-3　$u_i = 0.5\ V_{p-p}$, $f = 100\ Hz$

			u_i 波形	
	u_i/V		u_i 波形	
	u_o/V			
A_v	实测值		u_o 波形	
	计算值			

3.3　反相加法运算电路

（1）按图 1-13-2 连接实验电路,调零和消振.

（2）输入信号采用直流信号,图 1-13-6 所示电路为简易直流信号源,由实验者自行完成.实验时要注意选择合适的直流信号幅度以确保集成运放工作在线性区.用数字电压表测量输入电压 u_{i1}、u_{i2} 及输出电压 u_o,记入表 1-13-4 中.

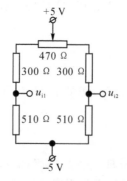

图 1-13-6　简易直流信号源

表 1-13-4 验证加法电路

次数	1	2	3
u_{i1}/V			
u_{i2}/V			
u_o/V 测量值			
u_o/V 计算值			

3.4 减法运算电路

（1）按图 1-13-4 连接实验电路，调零和消振．

（2）采用直流输入信号，实验步骤同内容 3.3，记入表 1-13-5 中．

表 1-13-5 验证减法电路

次数	1	2	3
u_{i1}/V			
u_{i2}/V			
u_o/V 测量值			
u_o/V 计算值			

3.5 积分运算电路

实验电路如图 1-13-5 所示，按通 ±12 V 稳压电源．

（1）打开 K_2，闭合 K_1，对运放输出进行调零；

（2）调零完成后，打开 K_1，闭合 K_2，使 $u_o(0)=0$；

（3）预先调好直流输入电压 $u_i=0.5$ V，接入实验电路，再打开 K_2，然后用数字电压表测输出电压 u_o，每隔 5 秒读一次 u_o，记入表 1-13-6 中，直到 u_o 不继续明显增大为止．

表 1-13-6 验证积分电路

t/s	0	5	10	15	20	25	30	35	40	45	50
u_o/V											

4 实验设备与器材

（1）模拟电子技术实验台　　（2）函数信号发生器

（3）交流毫伏表　　　　　　（4）数字直流电压表

（5）集成运算放大器 $\mu\text{A}741\times1$

5 实验报告

（1）整理实验数据，画出波形图（注意波形间的相位关系）．

（2）将理论计算结果和实测数据相比较，分析产生误差的原因．

（3）分析讨论实验中出现的现象和问题．

实验 1-14 有源滤波器实验

1 实验目的

（1）学会用运放、电阻和电容设计有源低通、高通、带通、带阻滤波器.
（2）学会测量有源滤波器的幅频特性曲线.

2 实验原理

由 RC 元件与运算放大器组成的滤波器称为 RC 有源滤波器，其功能是让一定频率范围内的信号通过，抑制或急剧衰减此频率范围以外的信号. 可用在信息处理、数据传输、抑制干扰等方面，但因受运算放大器的频带限制，这类滤波器主要用于低频范围. 根据对频率范围的选择不同，可分为低通（LPF）、高通（HPF）、带通（BPF）与带阻（BEF）等四种滤波器.

具有理想幅频特性的滤波器是很难实现的，只能用实际的幅频特性去逼近理想的状态. 一般来说，滤波器的幅频特性越好，其相频特性越差，反之亦然. 滤波器的阶数越高，幅频特性衰减的速率越快，但 RC 网络的节数越多，元件参数计算越繁琐，电路调试越困难. 任何高阶滤波器均可用较低的二阶 RC 有源滤波器级联实现.

2.1 低通滤波器（LPF）

低通滤波器用来通过低频信号，衰减或抑制高频信号. 其幅频特性如图 1-14-1 所示.

典型的二阶有源低通滤波器电路如图 1-14-2（a）所示. 它由两级 RC 滤波器环节与同相比例运算电路组成，其中第一级电容 C 接至输出端，引入适量的正反馈，以改善幅频特性.

图 1-14-2（b）为实际的二阶低通滤波器的幅频特性曲线.

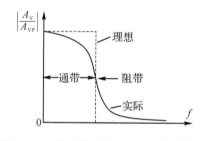

图 1-14-1 低通滤波器（LPF）幅频特性

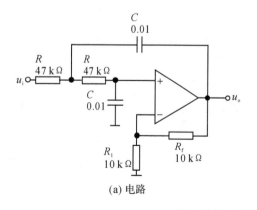

(a) 电路

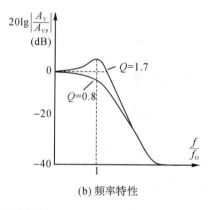

(b) 频率特性

图 1-14-2 二阶低通滤波器

电路性能参数如下：

$A_{VP} = 1 + \dfrac{R_f}{R_1}$: 二阶低通滤波器的通带增益.

$f_0 = \dfrac{1}{2\pi RC}$: 截止频率,它是二阶低通滤波器通带与阻带的临界频率.

$Q = \dfrac{1}{3 - A_{VP}}$ 品质因数,它的大小影响低通滤波器在截止频率处幅频特性的形状.

2.2　高通滤波器(HPF)

与低通滤波器相反,高通滤波器用来通过高频信号,衰减或抑制低频信号.其幅频特性如图 1-14-3 所示.

只要将图 1-14-2 中低通滤波电路中起滤波作用的电阻、电容互换,即可变成二阶有源高通滤波器,如图 1-14-4(a)所示.高通滤波器性能与低通滤波器相反,其频率响应和低通滤波器是"镜像"关系,仿照 LPF 分析方法,不难求得 HPF 的幅频特性.

电路性能参数 A_{VP}, f_0, Q 各量的含义同二阶低通滤波器的幅频特性曲线有"镜像"关系.

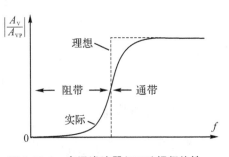

图 1-14-3　高通滤波器(HPF)幅频特性

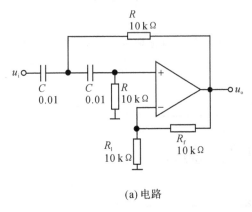

(a) 电路

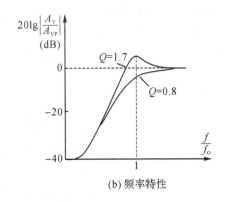

(b) 频率特性

图 1-14-4　二阶高通滤波器(HPF)

2.3　带通滤波器(BPF)

带通滤波器(BPF)的作用是只允许在某一个通频带范围内的信号通过,而比通频带下限频率低和比上限频率高的信号均加以衰减或抑制.其幅频特性如图 1-14-5 所示.

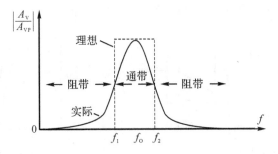

图 1-14-5　带通滤波器(BPF)的幅频特性

典型的带通滤波器可以从二阶低通滤波器中将其中改成高通而成,如图 1-14-6 所示.

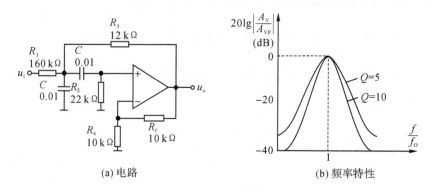

(a) 电路　　　　　　　　(b) 频率特性

图 1-14-6　二阶带通滤波器

电路性能参数如下.

通电增益:$A_{VP}=\dfrac{R_4+R_f}{R_4 R_1 CB}$;中心频率:$f_0=\dfrac{1}{2\pi}\sqrt{\dfrac{1}{R_2 C^2}\left(\dfrac{1}{R_1}+\dfrac{1}{R_3}\right)}$;通带宽度:$B=\dfrac{1}{C}\left(\dfrac{1}{R_1}+\dfrac{R_f}{R_3 R_4}\right)$;选择性:$Q=\dfrac{\omega_0}{B}$.

此电路的优点是,改变 R_f 和 R_4 的比例就可改变频宽而不影响中心频率.

2.4　带阻滤波器(BEF)

带阻滤波器(BEF)的性能和带通滤波器相反,即在规定的频带内,信号不能通过(或受到很大衰减或抑制),而在其余频率范围,信号则能顺利通过.其幅频特性如图 1-14-7 所示.

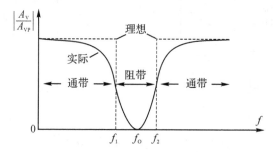

图 1-14-7　带阻滤波器(BEF)的幅频特性

在双 T 网络后加一级同相比例运算放大电路就构成了基本的二阶有源 BEF.

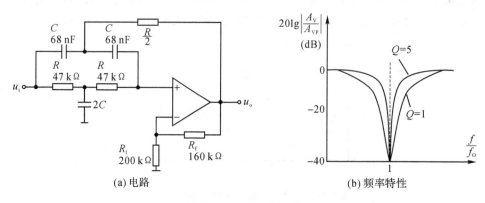

(a) 电路　　　　　　　　(b) 频率特性

图 1-14-8　带阻滤波器

电路性能参数如下.

通带增益：$A_{VP} = 1 + \dfrac{R_f}{R_1}$；中心频率：$f_0 = \dfrac{1}{2\pi RC}$；带阻宽度：$B = 2(2 - A_{VP})f_0$；选择性：$Q = \dfrac{1}{2(2 - A_{VP})}$.

3　实验内容

3.1　二阶低通滤波器

实验电路如图 1-14-2(a) 所示.

(1) 粗测：接通 ± 12 V 电源. u_i 接函数信号发生器，调节信号发生器使其输出 1 V 的正弦波信号，在滤波器截止频率附近改变输入信号频率，用示波器或交流毫伏表观察输出电压幅度的变化是否具有低通特性，如果不具备，应排除电路故障.

(2) 在输出波形不失真的条件下，选取适当幅度的正弦输入信号，在维持输入信号幅度不变的情况下，逐点改变输入信号频率. 测量输出电压，记入表 1-14-1 中，描绘频率特性曲线.

表 1-14-1　二阶低通滤波器实验数据记录表

f/Hz											
u_o/V											

3.2　二阶高通滤波器

实验电路如图 1-14-4(a) 所示.

(1) 粗测：输入 $u_i = 1V_{PP}$ 正弦信号，在滤波器截止频率附近改变输入信号频率，观察电路是否具备高通特性.

(2) 测绘高通滤波器的幅频特性曲线，记入表 1-14-2 中.

表 1-14-2　二阶高通滤波器实验数据记录表

f/Hz												
u_o/V												

3.3　带通滤波器

实验电路如图 1-14-6(a) 所示，测量其频率特性，记入表 1-14-3 中.

表 1-14-3　带通滤波器实验数据记录表

f/Hz												
u_o/V												

(1) 实测电路的中心频率 f_0.

(2) 以实测中心频率为中心，测绘电路的幅频特性.

3.4　带阻滤波器

实验电路如图 1-14-8(a) 所示.

(1) 实测电路的中心频率 f_0.

（2）测绘电路的幅频特性，记入表 1-14-4 中.

表 1-14-4 带阻滤波器实验数据记录表

f/Hz											
u_o/V											

4 实验仪器与器件

（1）电子技术实验台 （2）数字万用表 （3）函数信号发生器 （4）双踪示波器
（5）晶体管毫伏表 （6）频率计 （7）μA741$\times$2，电阻、电容若干

5 实验报告

（1）整理实验数据，画出各电路实测的幅频特性.
（2）根据实验曲线，计算截止频率、中心频率、带宽及品质因数.
（3）总结有源滤波电路的特性.

实验 1-15 一阶电路的瞬态响应及应用

1 实验目的

（1）研究 RC 一阶电路的零输入响应、零状态响应的规律和特点.
（2）学习一阶电路时间常数的测量方法，了解电路参数对时间常数的影响.
（3）学习用示波器测绘电路的波形及电路参数.

2 实验原理

2.1 RC 一阶电路的零状态响应

RC 一阶电路如图 1-15-1 所示，开关 SW 的初始位置在"2"的位置，$u_\text{C}=0$，处于零状态，当开关 SW 切向"1"的位置时，电源 E 通过 R 向电容 C 充电，并以指数变化规律将电容器两端的电压充至 E 值，电容器充电速率取决于 R 和 C 的乘积. $u_\text{C}(t)$ 称为零状态响应.

$$u_\text{C}(t)=E(1-\text{e}^{-\frac{t}{RC}}) \tag{1-15-1}$$

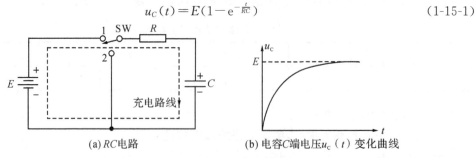

(a) RC 电路   (b) 电容 C 端电压 $u_\text{C}(t)$ 变化曲线

图 1-15-1 RC 一阶电路的零状态响应

其中：
$u_\text{C}(t)$ 为经过时间 t 后电容器两端的电压值.

E 为电容器初始电压和达到稳定状态后电压之间的差值.

e 为自然对数的基数(2.718).

t 为电容器的充电时间.

R 为电阻,单位为欧姆.

C 为电容,单位为法拉.

图 1-15-1(b)描绘了电容 C 端电压 $u_C(t)$ 的变化曲线,当 $u_C(t)$ 上升到 $0.632E$ 时所需要的时间刚好等于 RC 的乘积,RC 的乘积称为时间常数 τ,即 $\tau = RC$.

2.2　RC 一阶电路的零输入响应

当电容器两端的电压充至 E 值后,若将开关 SW 从位置"1"再切回位置"2",电容 C 将通过 R 以指数规律放电,电容器两端的电压将放至 0 值,$u_C(t)$ 称为零输入响应.

$$u_C(t) = E e^{-\frac{t}{RC}} \tag{1-15-2}$$

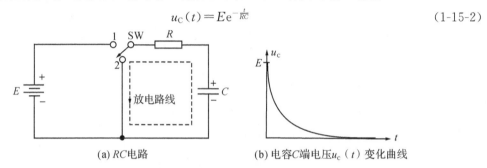

(a) RC电路　　　　　　　　　(b) 电容C端电压$u_C(t)$变化曲线

图 1-15-2　RC 一阶电路的零输入响应

当 $u_C(t)$ 下降到 $0.368E$ 时所需要的时间刚好等于 RC 的乘积,即时间常数 $\tau = RC$.

2.3　RC 一阶电路时间常数 $\tau = RC$ 的测量

RC 时间常数是电子电路非常重要的参数,在图 1-15-1 所示的零状态响应中,通过测量 $u_C(t)$ 上升到 $0.632E$ 时所需要的时间就可以得到 RC 时间常数.实际的测试方案如图 1-15-3 所示.这只是一个理论上的测量方法.实际上,上述 $u_C(t)$ 短暂的变化过程用普通示波器很难观察,同时在示波器的屏幕上分辨出 $0.632E$ 所占据的屏幕空间也不是一件很容易的事情,即使用周期性方波作为电路的激励信号,以便在示波器的荧光屏上显示出稳定的波形,也很难得到高于 1% 的测量精度.

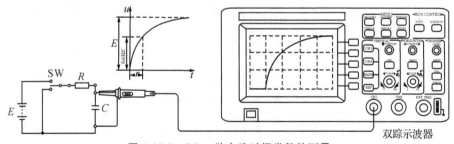

图 1-15-3　RC 一阶电路时间常数的测量

2.4　RC 一阶电路时间常数的精确测量

一般情况下,RC 一阶电路中的电容器在电路开始工作之前没有被充电,当一个充电过程结束时,$u_C(t)$ 就等于电容器上的最终电压.在一些利用 RC 时间常数来工作的电路中,电容器通常不能完全充、放电,$u_C(t)$ 介于两个电压之间,若用 Δv 来表示这两个电压之间的差值,则 $u_C(t) = E(1 - e^{-\frac{t}{RC}})$ 可以写成:

$$\Delta v = E(1 - e^{-\frac{t}{RC}}) \qquad\qquad (1\text{-}15\text{-}3)$$

其中,Δv 为电容器两端电压的变化范围.

E 为电容器电压可以变化的最大范围.

基于这个新的定义,式(1-15-3)可适用于电容器充电或放电(可将电容器放电看作是将电容器充电到较低的电压)两种情况.

式(1-15-1)表述的含义是随着时间 t 的变化,电容器两端电压变化呈现的规律. 而在实际的设计过程中,经常是在已知电容器两端的电压变化差 Δv、充电电压 E、R 和 C 的情况下,求解时间 t.

将式(1-15-3)继续变形,可得:

$$\frac{\Delta v}{E} = 1 - e^{-\frac{t}{RC}}$$

$$\frac{\Delta v}{E} - 1 = -e^{-\frac{t}{RC}}$$

$$1 - \frac{\Delta v}{E} = e^{-\frac{t}{RC}}$$

$$\frac{1}{1 - \dfrac{\Delta v}{E}} = \frac{1}{e^{-\frac{t}{RC}}} = e^{\frac{t}{RC}}$$

$$\ln\left(\frac{1}{1 - \dfrac{\Delta v}{E}}\right) = \ln e^{\frac{t}{RC}} = \frac{t}{RC}$$

$$t = RC\ln\left(\frac{1}{1 - \dfrac{\Delta v}{E}}\right) \qquad\qquad (1\text{-}15\text{-}4)$$

2.4.1 用施密特触发器构造非稳态多谐振荡器

RC 电路的充、放电时间特性,通常被用于振荡器和定时电路的设计. 一个非常简单的非稳态多谐振荡器可由一个施密特反相器和一个 RC 电路构成,如图 1-15-4(a)所示.

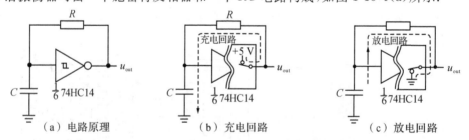

（a）电路原理　　　　　（b）充电回路　　　　　（c）放电回路

图 1-15-4　用施密特触发器构造非稳态多谐振荡器

在供电电源接通之前,由于电容 C 中没有电荷,所以其两端的电压 $u_C = 0$. 在电源接通瞬间,由于 $u_C = 0$,因此 u_{out} 输出为高电平(对于高速 CMOS 器件,输出高电平时,$u_{out} \approx 5.0$ V),等效于图 1-15-4(b)所示的状态,此时 +5 V 电源通过电阻 R 给电容器充电,u_C 按指数规律增加(图 1-15-5 中的 A、B 段).

当 u_C 达到施密特触发器的正向触发门限值(V_{T+})时,施密特电路的输出状态发生翻转,从高电平变为低电平(对于高速 CMOS 器件,输出低电平时,$u_{out} \approx 0.0$ V),等效于图 1-15-4(c)所示的状态,此时电容器通过电阻 R 放电,u_C 从 V_{T+} 按指数规律下降(图 1-15-5 中的 B、C 段).

当 u_C 低于施密特触发器负向触发门限值($V_\text{T-}$)时,施密特电路的输出状态发生翻转,从低电平变为高电平,+5 V 电源通过电阻 R 再次给电容器充电,开始新一轮的充、放电过程.

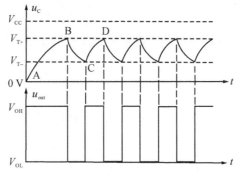

图 1-15-5　多谐振荡器的波形

表 1-15-1　74HC14 的电压传输特性(25℃)

参数	符号	测试条件 V_CC(V)	最小值	典型值	最大值	单位
正向门限电平	$V_\text{T+}$	2.0	0.7	1.18	1.5	V
		4.5	1.7	2.38	3.15	
		6.0	2.1	3.14	4.2	
负向门限电平	$V_\text{T-}$	2.0	0.3	0.52	0.90	V
		4.5	0.9	1.40	2.00	
		6.0	1.2	1.89	2.60	
阈值	V_H	2.0	0.2	0.66	1.0	V
		4.5	0.4	0.98	1.4	
		6.0	0.6	1.25	1.6	

表 1-15-1 表示了高速 CMOS 施密特六角反相器 74HC14 的电压传输特性,列举了当电源电压为 2.0 V、4.5 V、6.0 V 三种情况下施密特触发器的门限电压值.通常供电电源都是选择 V_CC=5 V,以保证电子系统能够兼容 TTL 逻辑信号.当电源电压为 5 V 时,实际测得的门限电压值如下:

$$V_\text{oH}=5.0 \text{ V} \qquad V_\text{oL}=0.0 \text{ V}$$
$$V_\text{T+}=2.5 \text{ V} \qquad V_\text{T-}=1.5 \text{ V}$$

根据式(1-15-4)可以计算图 1-15-5 中电容器电压 V_C 从 $V_\text{T-} \rightarrow V_\text{T+}$(即 C 点→D 点)所需的时间 t_oH:

$$\Delta v = V_\text{T+} - V_\text{T-} = 2.5 \text{ V} - 1.5 \text{ V} = 1.0 \text{ V}$$
$$E = 5.0 \text{ V} - 1.5 \text{ V} = 3.5 \text{ V}$$
$$t_\text{oH} = RC\ln\left(\frac{1}{1-\frac{\Delta v}{E}}\right) = RC\ln\left(\frac{1}{1-\frac{1.0 \text{ V}}{3.5 \text{ V}}}\right) = 0.3365RC \tag{1-15-5}$$

同样,电容器电压 u_C 从 $V_\text{T+} \rightarrow V_\text{T-}$(即 B 点→C 点)所需的时间 t_oL:

$$\Delta v = V_\text{T+} - V_\text{T-} = 2.5 \text{ V} - 1.5 \text{ V} = 1.0 \text{ V}$$

$$E = 2.5\ \text{V} - 0\ \text{V} = 2.5\ \text{V}$$

$$t_{oL} = RC\ln\left(\frac{1}{1 - \frac{\Delta v}{E}}\right) = RC\ln\left(\frac{1}{1 - \frac{1.0\ \text{V}}{2.5\ \text{V}}}\right) = 0.5108RC \tag{1-15-6}$$

输出脉冲波形的占空比(脉冲波处于高电平的时间相对于脉冲周期的比率)D 为:

$$D = \frac{t_{oH}}{t_{oH} + t_{oL}} = \frac{0.3365RC}{0.3365RC + 0.5108RC} = 0.397 = 39.7\% \tag{1-15-7}$$

输出脉冲的周期:

$$T = t_{oH} + t_{oL} = 0.3365RC + 0.5108RC = 0.8473RC \tag{1-15-8}$$

输出脉冲的频率:

$$f = \frac{1}{T} = \frac{1}{0.8473RC} = \frac{1.18}{RC} \tag{1-15-9}$$

由式(1-15-9)可见,$RC = \dfrac{1.18}{f}$,因此,只要测出多谐振荡器输出脉冲信号的频率值,就可以计算出一阶 RC 电路的时间常数,测量精度至少可以达到 10^{-3}.

2.4.2　用 555 定时器构造的多谐振荡器

用 555 定时器和一个 RC 电路也可以构成一个非常简单的、如图 1-15-6 所示非稳态多谐振荡器. 其电容 C 与 u_{out} 的波形与图 1-15-5 相同.

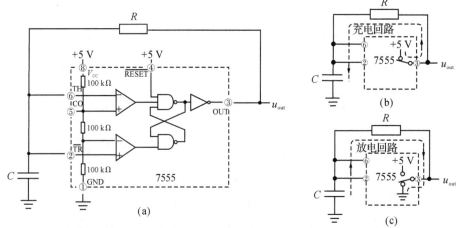

图 1-15-6　用 555 构造的多谐振荡器

从图 1-15-6(a)所示的 555 内部电路可以看出 555 定时器的正向触发门限值(V_{T+})和负向触发门限值(V_{T-}),分别为 $\dfrac{2}{3}V_{CC}$ 和 $\dfrac{1}{3}V_{CC}$,用 CMOS 工艺制造的 555 定时器的型号为 7555,其输出的逻辑电平满足 CMOS 器件的输出特性,以下四个参数值是我们所需的($V_{CC} = 5.0\text{V}$):

$$V_{oH} = 5.0\ \text{V} \qquad\qquad V_{oL} = 0.0\ \text{V}$$
$$V_{T+} = 3.33\ \text{V} \qquad\qquad V_{T-} = 1.67\ \text{V}$$

根据式(1-15-4)可以计算图 1-15-5 中电容器电压 u_C 从 $V_{T-} \rightarrow V_{T+}$(即 C 点 $\rightarrow$ D 点)所需的时间 t_{oH}:

$$\Delta V = V_{T+} - V_{T-} = 3.33\ \text{V} - 1.67\ \text{V} = 1.66\ \text{V}$$
$$E = 5.0\ \text{V} - 1.67\ \text{V} = 3.33\ \text{V}$$

$$t_{oH} = RC\ln\left(\frac{1}{1 - \frac{\Delta v}{E}}\right) = RC\ln\left(\frac{1}{1 - \frac{1.66\ \text{V}}{3.33\ \text{V}}}\right) = 0.69RC \tag{1-15-10}$$

同样,电容器电压 u_C 从 $V_{T+} \to V_{T-}$(即 B 点 $\to$ C 点)所需的时间 t_{oL}:

$$\Delta V = V_{T+} - V_{T-} = 3.33 \text{ V} - 1.67 \text{ V} = 1.66 \text{ V}$$

$$E = 3.33 \text{ V} - 0 \text{ V} = 3.33 \text{ V}$$

$$t_{oL} = RC\ln(\frac{1}{1 - \dfrac{\Delta v}{E}}) = RC\ln(\frac{1}{1 - \dfrac{1.66 \text{ V}}{3.33 \text{ V}}}) = 0.69RC \tag{1-15-11}$$

输出脉冲波形的占空比 D 为:

$$D = \frac{t_{oH}}{t_{oH} + t_{oL}} = \frac{0.69RC}{0.69RC + 0.69RC} = 0.5 = 50\% \tag{1-15-12}$$

输出脉冲的周期:

$$T = t_{oH} + t_{oL} = 1.38RC \tag{1-15-13}$$

输出脉冲的频率:

$$f = \frac{1}{T} = \frac{1}{1.38RC} = \frac{0.7246}{RC} \tag{1-15-14}$$

由式 1-15-14 可见,$RC = \dfrac{0.7246}{f}$,因此,只要测出多谐振荡器输出脉冲信号的频率值,就可以计算出一阶 RC 电路的时间常数.

3 实验内容

3.1 用示波器观测一阶 RC 电路的充、放电波形并测定时间常数 τ

按图 1-15-7 连接电路.选择信号源的脉冲输出口输出方波信号.

(1)用示波器同时观察信号源输出的波形和电容器 C 两端的电压波形,调节信号源的输出频率,使电容器 C 上的信号幅度基本上接近信号源输出方波信号的幅度.

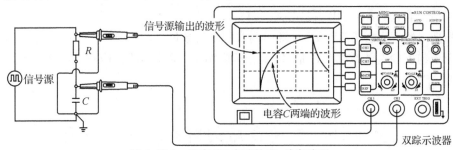

图 1-15-7 观察 RC 电路的充、放电波形

(2)示波器的各微调开关处于校准位置,调节同步旋钮使波形稳定,按图 1-15-8 所示的方法测量 RC 时间常数 τ.

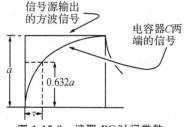

图 1-15-8 读取 RC 时间常数 τ

(3)记录一组实验数据和波形,填入表 1-15-2 中.

表 1-15-2　实验数据记录

电路参数		波形记录	
$R/\text{k}\Omega$		信号源输出	
$C/\mu\text{F}$			
τ/ms	计算值		
	测量值		
信号源输出方波信号的周期 T/ms		u_C	

3.2　利用 555 电路测量一阶 RC 电路的时间常数 τ

按图 1-15-6(a)连接电路.用示波器观察 555 ③脚输出的波形,调节同步旋钮使波形稳定.

(1)用频率计测量 555 ③脚输出波形的频率.

(2)根据式 1-15-14 计算时间常数 τ.

4　实验仪器与器材

(1)电子技术综合实验台　　(2)信号发生器

(3)双踪示波器　　(4)频率计

(5)电容、电阻若干　　(6)7555 一片

5　实验报告

(1)实验原理描述.

(2)画出实验接线图,写出实验的简要过程.

(3)根据一阶 RC 电路的参数,计算时间常数 τ 的数值,并与实验中测量出的 τ 值作对比.

(4)记录与实验有关数据和波形,简要分析影响实验测量结果的因素.总结实验过程中所遇到的问题和实验得失.

实验 1-16　二阶电路的瞬态响应及应用

1　实验目的

(1)研究 RLC 串联电路的零输入响应和阶跃响应.

(2)测量临界阻尼电阻的两个 R 值.

(3)用示波器观察 RLC 二阶电路的瞬态过程.

(4)用示波器观察 RLC 二阶电路的状态轨迹.

2　实验原理

含有两个独立贮能元件,能用二阶微分方程描述的电路称为二阶电路.当输入信号为零,

初始状态不为零时,所引起的响应称为零输入响应.当初始状态为零,输入信号不为零时所引起的响应称为零状态响应.

若电容 C 上的初始电压和流过电感 L 的电流均为零,此时正脉冲 $u_{ip}(t)$ 作用于图 1-16-1 所示的电路时:

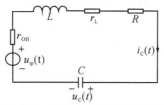

图 1-16-1　二阶电路的零状态响应

图中,r_{oH} 为信号源输出高电平时的输出阻抗,r_L 为电感 L 的内阻.

按图示电容电压的参考方向,可得:

$$\begin{cases} LC\dfrac{d^2 u_C(t)}{dt^2}+(R+r_L+r_{oH})C\dfrac{du_C(t)}{dt}+u_C(t)=u_{ip} \\ u_C(0^-)=0 \\ i_L(0^-)=0\Rightarrow\dfrac{du_C(t)}{dt}\Big|_{t=0^-}=u'_C(0^-)=0 \end{cases} \tag{1-16-1}$$

当 $u_{ip}(t)=0$,此时等效电路如图 1-16-2 所示.

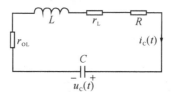

图 1-16-2　二阶电路的零输入响应

图中,r_{oL} 为信号源输出低电平时的输出阻抗,r_L 为电感 L 的内阻.

按图示电容电压的参考方向,可得:

$$\begin{cases} LC\dfrac{d^2 u_C(t)}{dt^2}+(R+r_L+r_{oL})C\dfrac{du_C(t)}{dt}+u_C(t)=0 \\ u_C(0^-)=u_{ip} \\ u'_C(0^-)=0 \end{cases} \tag{1-16-2}$$

式(1-16-1)和式(1-16-2)都是常系数、线性、二阶的微分方程,求解这两个方程,便可得到零状态响应和零输入响应的 $u_C(t)$.由微分方程的理论可知,式(1-16-1)的特征方程为:

$$LCs^2+(R+r_L+r_{oH})Cs+1=0$$

其特征根为:

$$s_{1,2}=-\frac{R+r_L+r_{oH}}{2L}\pm\sqrt{\left(\frac{R+r_L+r_{oH}}{2L}\right)^2-\frac{1}{LC}}=-\alpha_1\pm\sqrt{\alpha_1^2-\omega_0^2} \tag{1-16-3}$$

式(1-16-2)的特征方程为:

$$LCs^2+(R+r_L+r_{oL})Cs+1=0$$

其特征根为:

$$s_{1,2}=-\frac{R+r_L+r_{oL}}{2L}\pm\sqrt{\left(\frac{R+r_L+r_{oL}}{2L}\right)^2-\frac{1}{LC}}=-\alpha_2\pm\sqrt{\alpha_2^2-\omega_0^2} \tag{1-16-4}$$

2.1 欠阻尼振荡充放电过程

由式(1-16-3),当 $\alpha_1 < \omega_0$,即:$\dfrac{R+r_L+r_{oH}}{2L} < \sqrt{\dfrac{1}{LC}}$,即 $R+r_L+r_{oH} < 2\sqrt{\dfrac{L}{C}}$,即 $R < 2\sqrt{\dfrac{L}{C}}-$

r_L-r_{oH} 时,式(1-16-3)中的根号内将出现负数,令 $\omega_1 = \sqrt{\omega_0^2-\alpha_1^2}$,则由式(1-16-3)可以得到两个特征根:

$$s_{1,2} = -\alpha_1 \pm \sqrt{-(\omega_0^2-\alpha^2)} = -\alpha_1 \pm j\omega_1$$

式中:

$j = \sqrt{-1}$.

$\alpha_1 = \dfrac{R+r_L+r_{oH}}{2L}$,称为阻尼常数.

$\omega_1 = \sqrt{\omega_0^2-\alpha_1^2}$,称为有衰减时的振荡角频率.

$\omega_0 = \dfrac{1}{\sqrt{LC}}$,称为无衰减时的谐振(角)频率.

$s_{1,2}$ 为特征根,也称为电路的固有频率.

由式(1-16-4),当 $\alpha_2 < \omega_0$,即 $\dfrac{R+r_L+r_{oL}}{2L} < \sqrt{\dfrac{1}{LC}}$,$R+r_L+r_{oL} < 2\sqrt{\dfrac{L}{C}}$,即当 $R < 2\sqrt{\dfrac{L}{C}}-r_L$

$-r_{oL}$ 时,式(1-16-4)中的根号内将出现负数,令 $\omega_2 = \sqrt{\omega_0^2-\alpha_2^2}$,则由式(1-16-4)可以得到两个特征根:

$$s_{1,2} = -\alpha_2 \pm j\omega_2$$

式中:

$\alpha_2 = \dfrac{R+r_L+r_{oL}}{2L}$,称为阻尼常数.

$\omega_2 = \sqrt{\omega_0^2-\alpha_2^2}$,称为有衰减时的振荡角频率.

$\omega_0 = \dfrac{1}{\sqrt{LC}}$,称为无衰减时的谐振(角)频率.

在欠阻尼振荡的情况下,电容上的电压 u_C 和流过电感的电流 i_L 的波形将呈现衰减振荡的形状.在整个过程中,它们将周期性地改变方向,储能元件 L 和 C 也将周期性地交换能量.在示波器上观察到的 u_C 和 i_L 波形如图 1-16-3 所示.

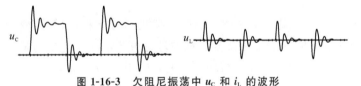

图 1-16-3　欠阻尼振荡中 u_C 和 i_L 的波形

如果将示波器的显示方式从 $u-T$ 模式转换到 $X-Y$ 模式,则显示 u_C-i_L 的运动轨迹,如图 1-16-4 所示.

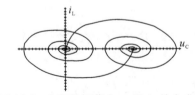

图 1-16-4　欠阻尼振荡中 u_C 和 i_L 的合成波形

2.2　临界阻尼，非振荡充放电过程

由式(1-16-3)，当 $\alpha_1 = \omega_0$，即：$\dfrac{R+r_L+r_{oH}}{2L} = \sqrt{\dfrac{1}{LC}}$，即 $R+r_L+r_{oH} = 2\sqrt{\dfrac{L}{C}}$，即 $R = 2\sqrt{\dfrac{L}{C}} - r_L - r_{oH}$ 时，式(1-16-3)中的根号内的值为 0，由式(1-16-3)可以得到两个相等的负实数特征根：$s_{1,2} = -\dfrac{R+r_L+r_{oH}}{2L}$.

由式(1-16-4)，当 $\alpha_2 = \omega_0$，即：$\dfrac{R+r_L+r_{oL}}{2L} = \sqrt{\dfrac{1}{LC}}$，即 $R+r_L+r_{oL} = 2\sqrt{\dfrac{L}{C}}$，即 $R = 2\sqrt{\dfrac{L}{C}} - r_L - r_{oL}$ 时，式(1-16-4)中的根号内的值为 0，由式(1-16-4)可以得到两个相等的负实数特征根：$s_{1,2} = -\dfrac{R+r_L+r_{oL}}{2L}$.

在临界阻尼振荡的情况下，电容上的电压 u_C 和流过电感的电流 i_L 的波形将不出现衰减振荡的形状. 在整个过程中，电容上的电压 u_C 只改变大小，而不会改变方向. 在示波器上观察到的 u_C 和 i_L 波形如图 1-16-5 所示.

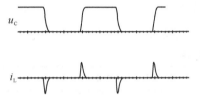

图 1-16-5　临界阻尼振荡中 u_C 和 i_L 的波形　　　图 1-16-6　临界阻尼振荡中 u_C 和 i_L 的合成波形

如果将示波器的显示方式从 $u-T$ 模式转换到 $X-Y$ 模式，则显示 u_C-i_L 的运动轨迹，如图 1-16-6 所示.

2.3　过阻尼，非振荡充放电过程

由式(1-16-3)，当 $\omega_1 > \omega_0$，即 $R+r_L+r_{oH} > 2\sqrt{\dfrac{L}{C}}$，即 $R > 2\sqrt{\dfrac{L}{C}} - r_L - R_{oH}$ 时，式(1-16-3)有两个不相等的负实根：

$$s_{1,2} = -\frac{R+r_L+R_{oH}}{2L} \pm \sqrt{\left(\frac{R+r_L+R_{oH}}{2L}\right)^2 - \frac{1}{LC}}$$

由式(1-16-4)，当 $\alpha_2 > \omega_0$，即 $R+r_L+r_{oL} > 2\sqrt{\dfrac{L}{C}}$，即 $R > 2\sqrt{\dfrac{L}{C}} - r_L - r_{oL}$ 时，式(1-16-4)有两个不相等的负实根：

$$s_{1,2} = -\frac{R+r_L+r_{oL}}{2L} \pm \sqrt{\left(\frac{R+r_L+r_{oL}}{2L}\right)^2 - \frac{1}{LC}}$$

在过阻尼振荡的情况下，电容上的电压 u_C 和流过电感的电流 i_L 的波形将不出现衰减振荡的形状. 在整个过程中，电容上的电压 u_C、i_L 也只是改变大小，而不会改变方向. 与在临界阻尼振荡相比，u_C、i_L 的变化更加趋于平缓，波形相似. 在示波器上观察到的 u_C 和 i_L 波形如图 1-16-7 所示.

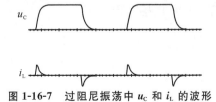
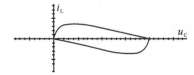

图 1-16-7　过阻尼振荡中 u_C 和 i_L 的波形　　　图 1-16-8　过阻尼振荡中 u_C 和 i_L 的合成波形

如果将示波器的显示方式从 $u-T$ 模式转换到 $X-Y$ 模式,则显示 u_C-i_L 的运动轨迹,如图 1 16 8 所示.

3　实验内容

按图 1-16-9 连接实验线路图,图中各电子器件的参数选择如下:$r=100\ \Omega$,R 为 10 kΩ 的电位器,$L=10$ mH,$C=0.01\ \mu F$,方波信号源输出频率取 500 Hz.

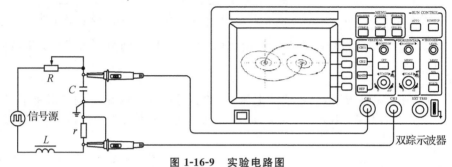

图 1-16-9　实验电路图

按照表 1-16-1 所示的实验项目完成实验,并记录实验结果.

表 1-16-1　实验数据记录

实验项目	波形记录	波形合成
欠阻尼 $R_{理}=$＿＿＿ Ω $R_{实验}=$＿＿＿ Ω	$u_C(t)$: $u_r(t)$:	CH1$=u_C(t)$,CH2$=u_r(t)$
临界阻尼 $R_{理}=$＿＿＿ Ω $R_{实验}=$＿＿＿ Ω	$u_C(t)$: $u_r(t)$:	CH1$=u_C(t)$,CH2$=u_r(t)$
过阻尼 $R_{理}=$＿＿＿ Ω $R_{实验}=$＿＿＿ Ω	$u_C(t)$: CH1$=u_C(t)$,CH2$=u_r(t)$	$u_r(t)$:

4　实验仪器与器材

（1）电子技术综合实验台　　　　（2）信号发生器

（3）双踪示波器　　　　　　　　（4）电容、电阻、电感若干

5　实验报告

（1）实验原理描述.

（2）画出实验接线图,写出实验的简要过程.

（3）根据公式 $R=2\sqrt{\dfrac{L}{C}}-r_{\mathrm{L}}-r_{\mathrm{oL}}$ 或 $R=2\sqrt{\dfrac{L}{C}}-r_{\mathrm{L}}-r_{\mathrm{oH}}$，从理论上计算当电路处于临界阻尼状态时的 R 值，并与实验中测量出的 R 值作对比．

（4）记录与实验有关数据和波形，简要分析影响实验测量结果的因素．总结实验过程中所遇到的问题和实验得失．

实验 1-17　三相电路中的电压与电流

1　实验目的

（1）掌握三相负载作星形连接、三角形连接的方法，通过实验验证这两种接法中线电压、相电压及线电流、相电流之间的数值关系．

（2）充分理解中线在三相四线供电系统中所起的重要作用．

2　实验原理

三相负载可接成星形（又称"Y"接）或三角形（又称"△"接）．当三相对称负载作 Y 形连接时，如图 1-17-1 所示，线电压 U_1 是相电压 U_p 的 $\sqrt{3}$ 倍．线电流 I_1 等于相电流 I_p，即：$U_1=2U_p\cos 30°=\sqrt{3}U_p$，$I_1=I_p$．

在三相负载完全对称的情况下，三相电流也是完全对称的，流过中线的电流 $I_o=0$，此时即使断开中线也不会影响电路的工作状态（此时称为三相三线制）．

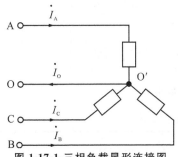

图 1-17-1 三相负载星形连接图

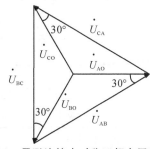

图 1-17-2　星形连接中对称三相电压的相量图

当对称三相负载作△形连接时，如图 1-17-3 所示，线电流 I_1 是相电流 I_p 的 $\sqrt{3}$ 倍．线电压 U_1 等于相电压 U_p，即：$I_1=2I_p\cos 30°=\sqrt{3}I_p$，$U_1=U_p$．

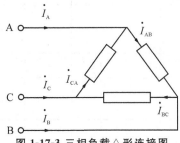

图 1-17-3 三相负载△形连接图

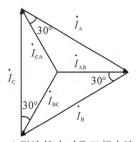

图 1-17-4　△形连接中对称三相电流的相量图

在△形连接的三相电路中，每相负载是直接接在两端线之间，加在负载上的电压就是线电压,因此,对于△形连接的三相电路,各相负载上的相电压就是线电压,但线电流不等于相电流.

不对称三相负载作 Y 型连接时,必须采用三相四线制接法,即 Y。接法.而且中线必须牢固连接,以保证三相不对称负载的每路相电压维持不变.倘若中线断开,会导致三相负载电压的不对称,致使负载轻的一相相电压过高,使负载遭受损坏;负载重的一相相电压又过低,使负载不能正常工作.尤其是对于三相照明负载,一律采用 Y。接法.

当不对称负载作△形连接时,$I_l \neq \sqrt{3} I_p$,但只要电源的线电压 U_l 对称,加在三相负载上的电压仍是对称的,对各相负载工作没有影响.

3 实验内容

3.1 三相负载星形连接

按图 1-17-5 连接实验电路.用三组灯泡作为三相电源的负载,每组灯泡由两个灯泡并联而成.三相电源经三相自耦调压器调压后接到由灯泡构成的三相负载.

调节三相调压器的旋柄,使三相调压器的输出为 0 V(即逆时针旋到底).开启实验台电源,调节调压器的旋柄,使其输出的三相线电压为 220 V,对照表 1-17-1 所示的实验项目完成各项实验,将测得的实验数据记入表 1-17-1 中,同时观察各相灯光亮暗的变化程度,仔细体会中线在实验中所起的作用.

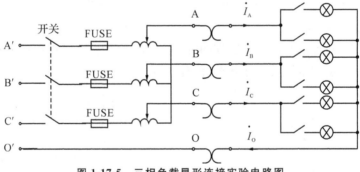

图 1-17-5 三相负载星形连接实验电路图

表 1-17-1 三相负载星形连接实验数据记录

实验内容	负载变化情况（所开灯的数目）			线电流/A			线电压/V			相电压/V			中线电流 I_O/A	中点电压 U_O/V
	A相	B相	C相	I_A	I_B	I_C	U_{AB}	U_{BC}	U_{CA}	U_{AO}	U_{BO}	U_{CO}		
Y。接平衡负载	1	1	1											
Y 接平衡负载	1	1	1											
Y。接不平衡负载	1	2	2											
Y 接不平衡负载	1	2	2											
Y。接不平衡负载（B 相断开）	1	0	2											
Y 接不平衡负载（B 相断开）	1	0	2											

3.2 三相负载△形连接

将图 1-17-5 所示的实验电路改接为图 1-17-6 所示的△形连接电路.

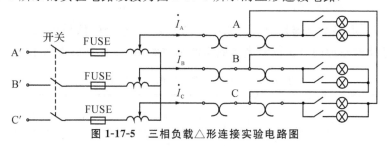

图 1-17-5 三相负载△形连接实验电路图

调节三相调压器的旋柄,使三相调压器的输出为 0 V(即逆时针旋到底).开启实验台电源,调节调压器的旋柄,使其输出的三相线电压为 220 V,对照表 1-17-2 所示的实验项目完成各项实验,将测得的实验数据记入表 1-17-2 中,同时观察各相灯光亮暗的变化.

表 1-17-2 三相负载△形连接实验数据记录

实验项目	负载变化情况（所开灯的数目）			线电流/A			线电压(＝相电压)/V			相电流/A		
	A－B 相	B－C 相	C－A 相	I_A	I_B	I_C	U_{AB}	U_{BC}	U_{CA}	I_{AB}	I_{BC}	I_{CA}
三相平衡负载	1	1	1									
三相不平衡负载	0	1	2									

4 实验仪器与器材

（1）电子技术综合实验台　　　　　（2）交流电压表
（3）交流电流表　　　　　　　　　（4）数字万用表
（5）三相自耦调压器　　　　　　　（6）白炽灯泡(220 V,15 W)

5 实验报告

（1）实验原理描述.
（2）画出实验接线图,写出实验的简要过程.
（3）记录与实验有关数据,简要分析影响实验测量结果的因素,总结实验过程中所遇到的问题和实验改进措施.
（4）总结三相四线供电系统中中线的作用.

实验 1-18　交流电路参数的测量

1 实验目的

（1）学习用电压表、电流表和功率表测定交流电路中未知阻抗元件参数的方法.

（2）通过实验加深对正弦电路中电压和电流相量概念的理解.

2 实验原理

无源元件电阻、电感及电容是交流电路中的基本元件.当交流信号施加到这些器件上时，流过器件上的电流和施加的电压信号满足固定的相位关系，如表 1-18-1 所示.

表 1-18-1　无源元件中的电压和电流

	纯电阻元件	纯电感元件	纯电容元件
电路	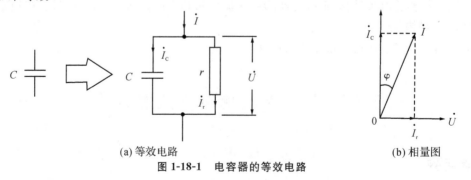		
方程式	$u=iR$	$u=L\dfrac{di}{dt}$	$i=C\dfrac{du}{dt}$
波形图			
相量表达式	$\dot{U}=\dot{I}R$	$\dot{U}=j\dot{I}X_L$	$\dot{U}=-j\dot{I}X_C$
相量图			

而实际电路中的电路元件并不呈现单一参数的特性，由于电感元件中或多或少地存在电阻成分，电容元件或多或少地存在漏电流，因此实际电路元件可以用电感串联电阻（或电容并联电阻）来等效.

(a) 等效电路　　　　　　　　　　　(b) 相量图

图 1-18-1　电容器的等效电路

图 1-18-1(a)表示了实际电容器的等效电路，可以等效地看做是理想电容器和介质绝缘电

阻的并联,图 1-18-1(b)为等效电路的相量图.其中 ϕ 角称为"电容器的损耗角",损耗角的正切值 $\tan\phi$ 称为电容器的损耗.一般电容器的损耗很少,只有电解电容器由于绝缘电阻较小而损耗较大.

对于实际的电感元件,可以用 $R-L$ 串联电路来等效,元件上的电压、功率、阻抗满足三角形关系,如表 1-18-2 所示.

表 1-18-2　$R-L$ 串联电路中的三角形关系

电压三角形	阻抗三角形	功率三角形
$\lvert Z\rvert=\dfrac{U}{I}=\sqrt{R^2+X_L^2}$, $\cos\phi=\dfrac{R}{\lvert Z\rvert}=\dfrac{P}{UI}$, $X_L=\lvert Z\rvert\sin\phi$, $R=\lvert Z\rvert\cos\phi$, $L=\dfrac{X_L}{\omega}=\dfrac{X_L}{2\pi f}$		

对于一个无源元件或无源二端网络,其两端间的电压和电流关系可以用阻抗 Z 来表示:

$$Z=\frac{\dot{U}}{\dot{I}}=\lvert Z\rvert\angle\phi$$

其中,$\lvert Z\rvert$ 是阻抗的模,$\lvert Z\rvert=\dfrac{U}{I}$,阻抗角 $\phi=\cos^{-1}\dfrac{P}{UI}$.

无源二端网络消耗的有功功率 $P=UI\cos\phi$.

等效电阻 $R=\dfrac{P}{I^2}=\lvert Z\rvert\cos\phi$.

等效电抗 $X=\sqrt{\lvert Z\rvert^2-R^2}=\lvert Z\rvert\sin\phi$.

由此可见,只要测出被测无源元件或无源二端网络两端间的电压 U、流过的电流 I 以及网络消耗的功率 P,根据上面的公式,通过计算就可得到无源元件或无源二端网络的等效电阻 R 和等效电抗 X,但不能判定电抗 X 是电容性还是电感性.

根据电路理论,当一个二端网络是容性时,其两端的电流相位超前电压相位表 1-18-3 所示;当一个二端网络是感性时,则其两端的电压相位超前电流相位.通过示波器直接观测待测网络两端的电流及电压相位关系,即可判定待测网络的电抗特性.

表 1-18-3　用示波器观察无源二端网络的等效电抗特性

测试电路	感性	容性
	相量图	相量图

续表

测试电路	感性	容性
	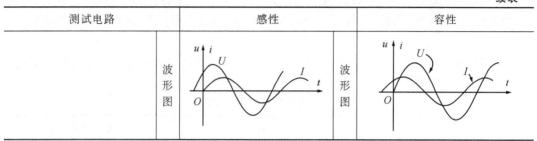	

这里存在一个问题,用示波器是不能观测电路中的电流波形的,测量时要用一个小电阻串接在待测网络中,通过用示波器观测小电阻两端的电压波形来间接得到电流波形.

通过一个辅助电容器 C' 也可以判断电抗 X 的性质.

如图 1-18-2 所示,如果被测阻抗元件 Z 呈感性,则被测网络并联小电容器 C' 后,由相量图 1-18-2(b)分析可知测量电流 $\dot{I}'$ 将会减小;如果被测阻抗元件 Z 呈容性,则被测元件并联小电容器 C' 后,由相量图 1-18-2(c)分析可知测量电流 $\dot{I}'$ 将会增大.

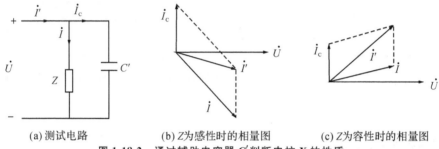

(a) 测试电路　　　　(b) Z 为感性时的相量图　　　　(c) Z 为容性时的相量图

图 1-18-2　通过辅助电容器 C' 判断电抗 X 的性质

如上所述,用交流电压表、交流电流表和瓦特表测量实际电路元件的等效参数称为三表法.在只有电压表的情况下,电路的等效参数可以通过串联适当辅助电阻的方法得到.如图 1-18-3(a)所示(假定待测元件为感性),将辅助电阻 R 和待测元件串联,用电压表分别测得电压 U、U_1、U_2 后,根据图 1-18-3(b)所示的相量图,待测元件的等效参数求解如下.

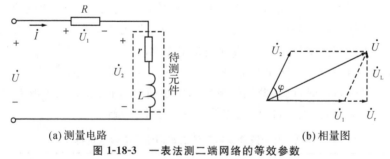

(a) 测量电路　　　　　　　　　(b) 相量图

图 1-18-3　一表法测二端网络的等效参数

把待测元件上的电压 $\dot{U}_2$ 分解成与 $\dot{U}_1$ 平行的分量 $\dot{U}_r$ 和与 $\dot{U}_1$ 垂直的分量 $\dot{U}_L$[图 1-18-3(b)所示虚箭头].可得:

$$(U_1+U_r)^2+U_L^2=U^2 \qquad U_r^2+U_L^2=U_2^2$$

解得　　　　　　$$U_r=\frac{U^2-U_1^2-U_2^2}{2U_1} \qquad U_L=\sqrt{U_2^2-U_r^2}$$

因 $I_r=I_R=\dfrac{U_1}{R}$,则 $r=\dfrac{U_r}{I_r}=\dfrac{U_r}{U_1}R$

因 $U_L = I_L \cdot X_L$，所以 $X_L = \dfrac{U_L}{I_L} = \dfrac{U_L}{I_R} = \dfrac{U_L}{U_1}R$，则 $L = \dfrac{X_L}{\omega} = \dfrac{X_L}{2\pi f}$.

3　实验内容

3.1　用三表法测量整流器的等效电阻和电感

用交流电压表、交流电流表和单相瓦特表测量整流器的等效电阻和电感. 按图 1-18-3 所示电路接线, 改变自耦调压器的输出电压 U, 使其分别为 50 V、70 V、90 V, 将相应的电流 I 和有功功率 P 记录在表 1-18-4 中, 并由此计算整流器的等效电阻 r 和电感 L.

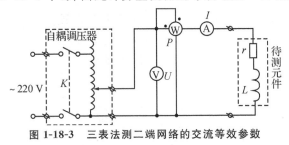

图 1-18-3　三表法测二端网络的交流等效参数

表 1-18-4　实验数据记录

次序	U/V	P/W	I/A	r/Ω	L/H
1	50				
2	70				
3	90				

在待测元件的两端并接一个 2.2 μF 的无极性电容, 观察功率表和电流表示数的变化, 将实验数据填入表 1-18-5. 分析测量数据变化的原因.

表 1-18-5　实验数据记录

U/V	未接 2.2 μF 电容		接入 2.2 μF 电容	
	I/A	P/W	I/A	P/W
40				

3.2　用一表法测量整流器的等效电阻和电感

按图 1-18-4 所示电路连接线路. 用交流电压表分别测量自耦调压器的输出电压 U、电阻 R 上的电压 U_1、待测元件上的电压 U_2. 将相应的测量值记录在表 1-18-6 中, 并以此计算待测元件的等效电阻 r 和电感 L.

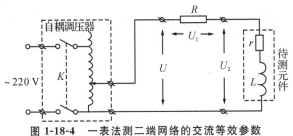

图 1-18-4　一表法测二端网络的交流等效参数

表 1-18-6 实验数据记录

次序	U/V	U_1/V	U_2/V	r/Ω	L/H
1	50				
2	70				
3	90				

4 实验仪器与器材

（1）电子技术综合实验台　　　　（2）交流电压表

（3）交流电流表　　　　　　　　（4）瓦特表

（5）三相自耦调压器　　　　　　（6）整流器

（7）1 Ω/10 W 功率电阻

5 实验报告

（1）实验原理描述.

（2）画出实验接线图,写出实验的简要过程.

（3）记录与实验有关数据,简要分析三表法和一表法的优缺点以及影响实验测量准确度的因素.

（4）总结实验过程中所遇到的问题和实验改进措施.

第二章 电路与电子技术设计性、综合性实验

实验 2-1 中小规模组合逻辑器件替代

1 实验目的

(1) 了解 PLD 器件 ATF16V8B 的基本结构及编程方法.
(2) 了解 winCUPL 的使用方法.
(3) 学会使用 PLD 器件构造自己需要的逻辑芯片.

2 实验原理

数字电路的发展与模拟电路一样经历了由电子管、半导体分立器件到集成电路等几个时代.但其发展比模拟电路更快.从 20 世纪 60 年代开始,数字集成器件以双极型工艺制成了小规模逻辑器件,随后发展到中规模逻辑器件.20 世纪 70 年代末,微处理器的出现,使数字集成电路的性能产生了质的飞跃.逻辑门是数字电路中一种重要的逻辑单元电路.TTL 逻辑门电路问世较早,其工艺经过不断改进,至今仍为主要基本逻辑器件之一.数字技术的发展历程一般以数字逻辑器件的发展为标志,数字逻辑器件经历了从半导体分立元件到集成电路的过程,集成的程度以一个芯片中所含等效门电路(或晶体管)的个数来量化,由小到大依次为小规模(SSI)集成电路、中规模(MSI)集成电路、大规模(LSI)集成电路和超大规模(VLSI)集成电路等.目前所生产的高密度超大规模集成电路(GLSI)的一个芯片内所含等效门电路的个数已超过一百万.

在过去的 30 多年中,TTL、CMOS 系列门电路是构成数字电路的主要元器件,但随着专用集成电路中可编程逻辑器件的发展,新的系统设计正愈来愈多地采用可编程逻辑器件实现,数字电路的设计已从简单的门电路集成走向数字逻辑系统集成.因此,可编程逻辑器件代表了数字技术的发展方向.

近年来,可编程逻辑器件特别是现场可编程门阵列 FPGA 的飞速进步,使数字电子技术开创了新局面.不仅规模大,而且硬件与软件相结合使器件的功能更加完善,使用更灵活.使用单片的 FPGA 芯片就可以构成单独的数字逻辑系统,使得数字逻辑的设计成为真正意义上的软件设计.

在简单的门电路渐渐退出市场的同时,TTL、CMOS 系列门电路设计产品的维护问题也渐渐地显露出来,一方面市场上不再有门电路芯片出售,另一方面设备的元件日益老化、损坏,设计师不得不思考一种经济的过渡办法,那就是以廉价的 PLD 器件来构造 TTL 门电路.

3 实验内容

3.1 用 ATF16V8B 实现 74LS51 的功能

74LS51 是一片多输入的与或非门,由于其特殊的逻辑结构,常应用于逻辑设计电路中.其引脚排列如图 2-1-1(a)所示,内部逻辑功能如图 2-1-1(b)所示,试用 ATF16V8B 实现 74LS51 的逻辑功能.定义 ATF16V8B 的引脚功能见图 2-1-1(c).

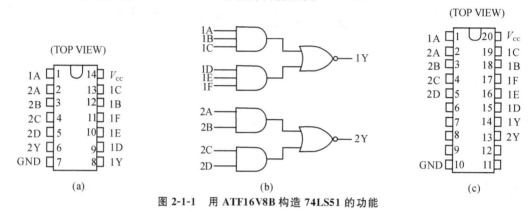

图 2-1-1 用 ATF16V8B 构造 74LS51 的功能

在实验箱上验证所设计的芯片是否符合要求,将测试结果填入表 2-1-1.

表 2-1-1 逻辑功能验证

序号	1A	1B	1C	1D	1E	1F	1Y 理论	1Y 实测	2A	2B	2C	2D	2Y 理论	2Y 实测
1	0	0	0	1	1	1			0	0	0	0		
2	0	0	1	1	1	1			0	0	0	1		
3	0	1	0	1	1	1			0	0	1	0		
4	0	1	1	1	1	1			0	0	1	1		
5	1	0	0	1	1	1			0	1	0	0		
6	1	0	1	1	1	1			0	1	0	1		
7	1	1	0	1	1	1			0	1	1	0		
8	1	1	1	1	1	1			0	1	1	1		
9	1	1	1	0	0	0			1	0	0	0		
10	1	1	1	0	0	1			1	0	0	1		
11	1	1	1	0	1	0			1	0	1	0		
12	1	1	1	0	1	1			1	0	1	1		
13	1	1	1	1	0	0			1	1	0	0		
14	1	1	1	1	0	1			1	1	0	1		
15	1	1	1	1	1	0			1	1	1	0		
16									1	1	1	1		

3.2 用 ATF16V8B 构造特殊功能的逻辑电路

图 2-1-2 所示的逻辑功能不是常规的逻辑芯片所具有的,试用 ATF16V8B 实现之.

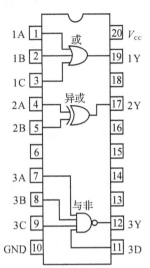

图 2-1-2 用 ATF16V8B 实现特殊的逻辑功能

在实验箱上验证所设计的芯片是否符合要求,将测试结果填入表 2-1-2.

表 2-1-2 逻辑功能验证

序号	1A	1B	1C	1Y 理论	1Y 实测	2A	2B	2Y 理论	2Y 实测	3A	3B	3C	3D	3Y 理论	3Y 实测
1	0	0	0			0	0			0	0	0	0		
2	0	0	1			0	1			0	0	0	1		
3	0	1	0			1	0			0	0	1	0		
4	0	1	1			1	1			0	0	1	1		
5	1	0	0							0	1	0	0		
6	1	0	1							0	1	0	1		
7	1	1	0							0	1	1	0		
8	1	1	1							0	1	1	1		
9										1	0	0	0		
10										1	0	0	1		
11										1	0	1	0		
12										1	0	1	1		
13										1	1	0	0		
14										1	1	0	1		
15										1	1	1	0		
16										1	1	1	1		

4 实验仪器与器材

(1) 电子技术综合实验台   (2) RF910USB 烧录器
(3) 计算机   (4) ATF16V8B

5 实验报告

(1) 设计原理描述.
(2) 画出实验接线图,写出实验的简要过程.
(3) 记录与实验有关数据,保存实验源文件和仿真文件.
(4) 总结实验过程中所遇到的问题.

附录 2-1-1 可编程逻辑器件(PLD)

1 ATF16V8B

ATF16V8B 是采用 Atmel 公司的电可擦除存储器制造工艺生产的高性能 CMOS 可编程逻辑器件,在供电电压为 5 V±10%(工业级)、5 V±5%(商业级)全温度范围内,器件的最小延迟时间可低至 7.5 ns,在不同类型的有功率限制的各种应用中,一些低功耗的器件类型可供选择,这意味着降低了整个系统的功耗和提高了系统的可靠性.

由于 ATF16V8B 是一个通用逻辑结构的集成,因此它可以直接替代 16R8 系列可编程逻辑器件和很多的 20 脚能实现组合逻辑功能的可编程逻辑器件.8 个输出引脚均可以单独地支配 8 个乘积项.通过编译软件可以自动地将器件配置为三种不同的工作模式,实现超级复杂的逻辑功能.

与 CMOS 和 TTL 逻辑兼容的输入和输出端均有上拉电阻,先进的、高可靠性的 Flash 制造工艺,可重复编程,100 次擦除和编程周期,数据保存 20 年,商业级和工业级全温度范围的产品规格,标准引脚排列的双列直插式(DIP)和表贴式(SMD)封装.

附表 2-1-1   电流消耗   单位:mA

Device	I_{CC},Stand-By	I_{CC},Active
ATF16V8B	50	55
ATF16V8BQ	35	40
ATF16V8BQL	5	20

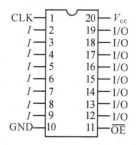

附图 2-1-1   ATF16V8B 的引脚排列图

1.1 ATF16V8B 的输入端和 I/O 端的逻辑上拉

所有的 ATF16V8B 器件其输入端和 I/O 端均有内部的上拉电阻,因此当输入端和 I/O 端没有外部驱动逻辑时,其状态将被上拉电阻牵引到 V_{CC},这就保证所有的逻辑为已知的状态. 这些微弱的上拉能力可以轻易地被与 TTL 兼容的驱动电路所驱动.

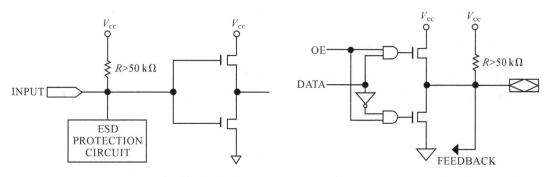

附图 2-1-2　具有输入功能端电路结构图　　　　附图 2-1-3　具有 I/O 功能端电路结构图

1.2　ATF16V8B 的输出逻辑宏单元(OLMC)

　　8 个可配置的宏单元可以配置为寄存器输出、组合输入/输出、组合输出或单纯的输入.ATF16V8B 可以配置为三种工作模式之一,这看起来 ATF16V8B 更像是不同的器件,很多PLD 编译器能自动地选择正确的工作模式,用户也可以强制命令编译器选择我们所需要的工作模式,这个决定权在于是否使用了寄存器功能、组合输出功能、单独的输出功能、具有使能控制的输出功能.未使用的乘积项编译器将其停用以降低功耗,软件编译器可以将输出逻辑宏单元(OLMC)配置为三种不同的工作模式使之看起来更像是不同的器件类型,这通常是基于寄存器的使用和输出使能功能(OE)的使用.寄存器的使用强制软件采用寄存器模式,使用了输出功能引脚的反馈输入通道将强制软件选择复杂模式;编译软件只在所有的输出仅实现无OE 功能的组合逻辑时才选择简单模式.

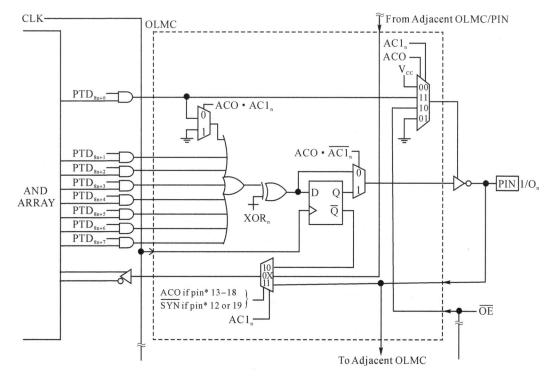

附图 2-1-4　输出逻辑宏单元的结构图

当用户使用编译软件配置器件时,应充分注意器件在不同工作模式下的种种限制.

1.3 ATF16V8B 的寄存器模式

当设计中需要一个或多个寄存器时就选择寄存器模式,每个宏单元可以分别配置为寄存器输出、组合输出、输入/输出或者单纯的输入,对于寄存器的输出,需要使能端(OE)来激活(11 脚接地),寄存器的时钟为 1 脚.每个宏单元最多可以支配 8 个乘积项.

在寄存器模式中,1 脚和 11 脚被分别用作时钟(CLK)和输出使能控制,不能再作为通用的输入脚使用.

对于多余的具有输出功能的引脚,可实现组合逻辑输出或者输入功能.对于组合逻辑输出,需要一个乘积项来控制使能功能(见附图 2-1-6),此时每个宏单元最多只可以支配 7 个乘积项.当宏单元被配置为单纯的输入功能时,其使能控制功能丧失.

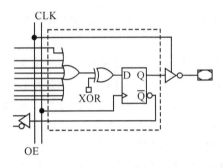

附图 2-1-5 寄存器模式下的寄存器输出配置

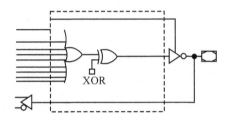

附图 2-1-6 寄存器模式下的组合输出配置

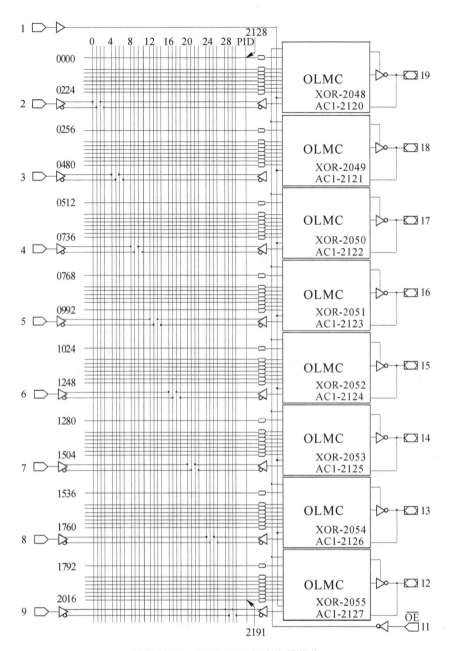

附图 2-1-7 ATF16V8B 的寄存器模式

1.4 ATF16V8B 的复杂模式

当使用了输出功能引脚(13～18 脚)的反馈输入通道将促使编译器选择复杂模式.

在复杂模式中,1 脚和 11 脚只作为输入脚使用,这两个引脚分别使用了 19 脚和 12 脚的反馈通道.由于 19 脚和 12 脚的反馈通道被占用,因此 19 脚和 12 脚只具有输出能力(而不能再用作输入).由于有 1 个乘积项要用作输出使能控制,因此每个宏单元最多可以支配 7 个乘积项.

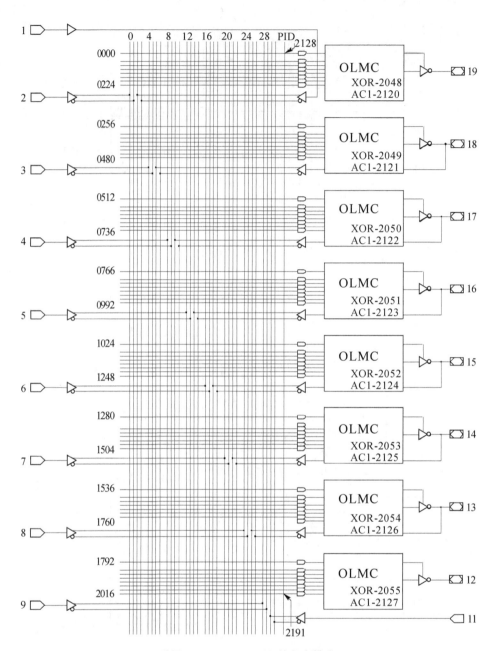

附图 2-1-8　ATF16V8B 的复杂模式

附图 2-1-9　复杂模式中宏单元的配置(13～18 脚)　　附图 2-1-10　复杂模式中宏单元的配置(12 脚,19 脚)

1.5　ATF16V8B 的简单模式

当器件仅仅用作组合逻辑控制(不具备输出使能功能)时,将配置为简单模式.在简单模式中,每个宏单元最多可以支配 8 个乘积项.1 脚,11 脚配置为输入功能,15 脚和 16 脚被配置为组合输出功能,其余的宏单元既可以软件配置为输入,也可以配置为具有反馈通道的组合输出(见附图 2-1-11 和附图 2-1-12).

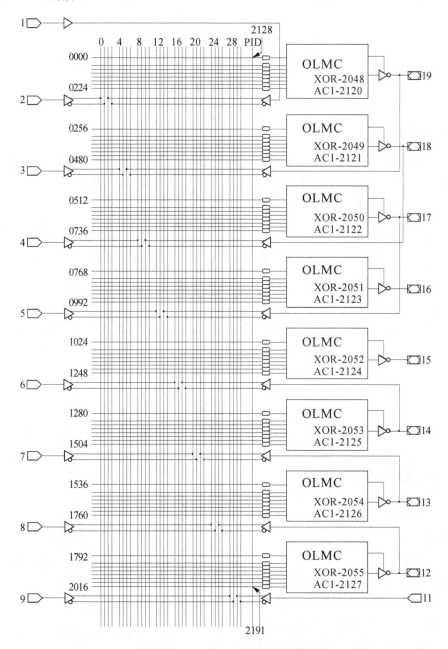

附图 2-1-11　ATF16V8 的简单模式

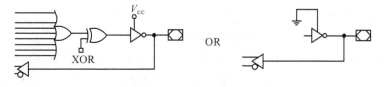

附图 2-1-12　简单模式中宏单元的配置(12~14 脚,17~19 脚)

在简单模式中,输出引脚的反馈通道连接到相邻的引脚上,这样一来,中间的两个引脚(15脚,16脚)就没有反馈通道,只能当做输出端使用(见附图 2-1-13).

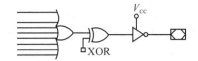

附图 2-1-13　简单模式中宏单元的配置(15 脚,16 脚)

2　GAL22V10

GAL22V10 是 LATTICE 公司生产的可编程逻辑器件,具有 100 次的擦除周期和 20 年的数据保持能力. 4 ns 的最大传输延迟时间和 3.5 ns 的时钟延迟时间使之符合高速的逻辑应用,电源电压要求:商业级 5 V±5%;工业级 5 V±10%.

GAL22V10 有 10 只输出引脚,每个引脚的输出逻辑宏单元(OLMC)所连接的乘积项的数目是不同的. 14 脚和 23 脚的宏单元乘积项的数目为 8,15 脚和 22 脚的宏单元乘积项的数目为 10,16 脚和 21 脚的宏单元乘积项的数目为 12,17 脚和 20 脚的宏单元乘积项的数目为 14,18 脚和 19 脚的宏单元乘积项的数目为 16,除此之外,每个输出引脚还有一额外的乘积项用于输出使能控制.

不管是组合逻辑模式还是寄存器模式,每个输出脚均可被单独地编程为同相输出或反相输出,这样每个输出脚可以单独地输出高电平或者低电平. GAL22V10 的每个宏单元还有异步复位(Asynchronous Reset, AR)乘积项和同步预置(Synchronous Preset, SP)乘积项,这两个乘积项对于所有的宏单元是共用的,在任何时候可以通过 AR 将所有的寄存器清零;当 SP 有效时,在下一个时钟脉冲的上升沿将所有的寄存器的输出置为逻辑"1".

这里要提醒的是:不管输出引脚的极性是如何配置的,AR 和 SP 只是将寄存器的 Q 端置成相同的状态,而输出引脚的状态是"1"还是"0",取决于输出引脚的极性配置.

2.1　输出逻辑宏单元的配置

GAL22V10 的宏单元有两个主要的操作模式:寄存器模式和组合 I/O 模式.这两个操作模式和引脚的输出极性由 S0,S1 位来设定.

2.2　寄存器模式

在寄存器模式中,输出脚由宏单元的 D 型触发器的 Q 端来驱动,其逻辑极性由通过选择 Q 或 $\bar{Q}$ 来实现.输出 3 态由单独的乘积项控制,可通过逻辑等式定义. D 触发器的 $\bar{Q}$ 作为反馈信号连接到与门阵列.

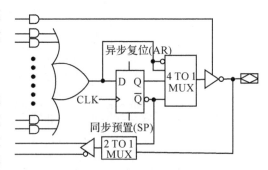

附图 2-1-14　GAL22V10 的输出逻辑宏单元结构

2.3　组合 I/O 模式

在组合 I/O 模式中,输出信号由总或门驱动,其极性控制通过选择同相缓冲或反相缓冲来实现,反馈信号直接取自输出脚.每个输出脚可以单独地设置为"ON"(仅为输出功能)、"OFF"(仅为输入功能)、"乘积项驱动"(动态 I/O 引脚).

ATMEL 公司的器件 ATF22V10 与 GAL22V10 完全兼容,可以互相替换.

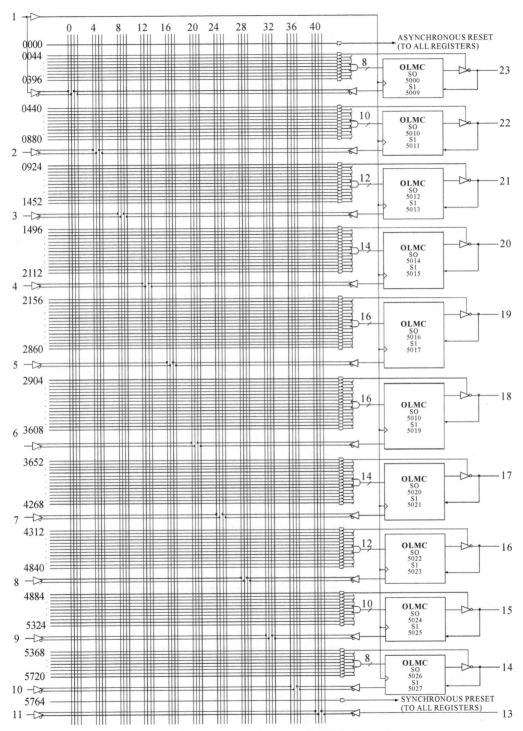

附图 2-1-15　GAL22V10 的内部结构图

附录 2-1-2　复杂可编程逻辑器件(CPLD)

ATF15××系列产品是 ATMEL 公司提供的高密度、高性能的复杂可编程逻辑器件(CPLD),目前提供的型号有 ATF1500A、ATF1502AS、ATF1504AS 和 ATF1508AS. ATF1500A 是一个具有 32 个宏单元、44 个引脚的 PLCC/TQFP 封装器件;ATF1502AS 是一个具有 32 个宏单元、44 个引脚的 PLCC/TQFP 封装的、具有在系统编程(ISP)能力的器件;ATF1504AS 是一个具有 64 个宏单元、具有在系统编程(ISP)能力的器件,器件的封装形式为 44 个引脚的 PLCC/TQFP 封装、68 个引脚的 PLCC 封装、84 个引脚的 PLCC 封装,以及 100 个引脚的 TQFP/PQFP 封装;ATF1508AS 是一个具有 128 个宏单元、具有在系统编程(ISP)能力的器件,器件的封装形式为 84 个引脚的 PLCC 封装、100 个引脚的 TQFP/PQFP 封装以及 160 个引脚的 PQFP 封装. ATMEL 公司还生产如附表 2-1-2 所示的 ATF55××系列低功耗、低电压器件.

附表 2-1-2　ATMEL 公司的 ATF15××系列产品

器件	宏单元数目	ISP 功能	性能描述
ATF1500A	32	无	5 V 标准供电
ATF1500AL	32	无	5 V 低功耗器件
ATF1500ABV	32	无	3.3 V 标准供电
ATF1502AS ATF1504AS ATF1508AS	32 64 128	有	5 V 标准供电
ATF1502ASL ATF1504ASL ATF1508ASL	32 64 128	有	5 V 低功耗器件
ATF1502ASV ATF1504ASV ATF1508ASV	32 64 128	有	3.3 V 标准供电
ATF1502ASVL ATF1504ASVL ATF1508ASVL	32 64 128	有	3.3 V 低功耗器件

1　ATF1502AS

1.1　特点

高密度、高性能电可擦除复杂可编程逻辑器件

32 个宏单元

每个宏单元有 5 个乘积项资源,最多可扩充至 40 个乘积项

44 引脚

引脚与引脚之间的最大传输延迟时间为 7.5 ns

内部寄存器最高可工作于 125 MHz

增强的路由资源

通过 JTAG 接口在系统可编程

灵活的逻辑宏单元

D/T 型可配置触发器

既共享又可单独应用的寄存器控制信号

既共享又可单独应用的输出使能

可编程输出摆率

可编程开路集电极输出选项

通过内置的带 COM 输出的寄存器实现最大的逻辑利用率

先进的电源管理特点

"L"版本 10 μA 自动待机电流

引脚控制的 1 mA 待机电流模式

输入引脚和 I/O 引脚具有可编程引脚保持功能

每个宏单元的低功耗特点

可用于商业和工业温度范围

44 引脚的 PLCC/TQFP 封装外形

先进的 E^{2}PROM 技术

100%测试

完全重复编程

10000 编程/擦除次数

20 年数据保存

2000 V ESD 保护

200 mA 闭锁免疫

1.2 增强的性能

改进的连接(额外的反馈路由,备用路由输入)

可输出使能的乘积项

D 锁存器模式

任何宏单元均有寄存器反馈的组合逻辑输出

全局时钟、输入脚、I/O 脚("L"版本)均有 ITD(Input Transition Detection)电路

从乘积项可得到快速锁存的输入信号

可编程的"引脚保持"选项

电源"上电复位"选项

JTAG 接口引脚"TMS"和"TDI"上拉选项

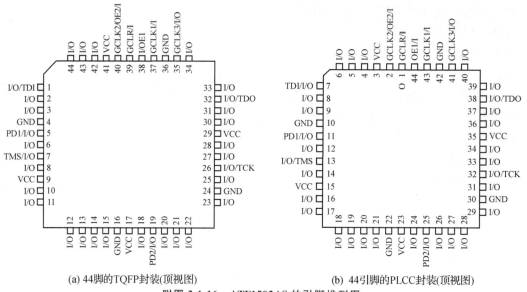

(a) 44脚的TQFP封装(顶视图)　　　　(b) 44引脚的PLCC封装(顶视图)

附图 2-1-16　ATF1502AS 的引脚排列图

1.3　描述

ATF1502AS 是采用 ATMEL 公司的电可擦除技术生产的一种高性能、高密度的复杂可编程逻辑器件(CPLD),具有 32 个逻辑宏单元和高达 36 个输入引脚,可轻松实现 TTL、SSI、MSI、LSI 逻辑器件和 PLD 系列的逻辑功能.其增强型的路由开关矩阵增加了逻辑门的应用率和引脚锁定修改设计的成功率.

ATF1502AS 使用工业界标准的 4 引脚 JTAG 接口(IEEE Std. 1149.1),并完全符合 JTAG 的边界扫描描述语言(BSDL).ISP 允许器件在不离开电路板的情况下实现编程,不仅简化了生产流程,也允许设计者在现场通过 ISP 对设计作出修改.

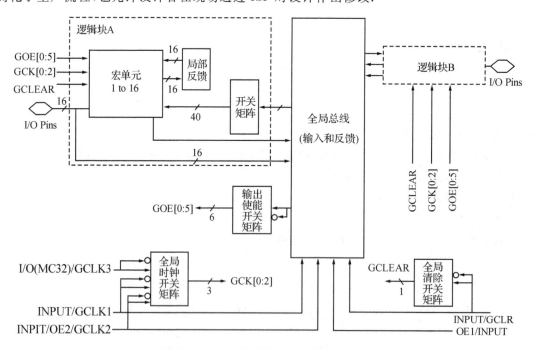

附图 2-1-17　ATF1502AS 的内部结构框图

ATF1502AS 有多达 32 个双向 I/O 脚和四个输入专用脚,取决于所选择的器件封装形式.这四个输入专用脚还可以配置为全局控制信号、寄存器时钟、寄存器复位或输出使能控制端,也可以单独地为每一个宏单元所使用.

每个宏单元都有一个内置的通往全局总线的反馈路径,每个输入和 I/O 引脚也馈入到全局总线.各个宏单元之间的级连逻辑可快速、高效地实现复杂的逻辑功能.ATF1502AS 包含四个这样的逻辑链,可以实现多达 40 个乘积项的逻辑功能.

ATF1502AS 中每个逻辑宏单元的结构如附图 2-1-18 所示.有足够的灵活性以支持高度复杂的逻辑功能工作于高速状态.ATF1502AS 拥有一个独特的宏单元架构,该架构拥有寄存器逻辑和组合逻辑的独立反馈路径,可充分利用宏单元资源.传统 CPLD 的宏单元只有一条反馈路径.如果寄存器逻辑正被用于闭锁数据,那么该单元中的组合逻辑将根本无法使用.ATMEL 双路径的架构使寄存器和组合宏单元资源几乎可被一直充分利用,从而使可用逻辑加倍.宏单元分为五个部分:乘积项和乘积项选择开关,或/异域/级连逻辑,触发器,输出选择和使能,逻辑输入阵列.

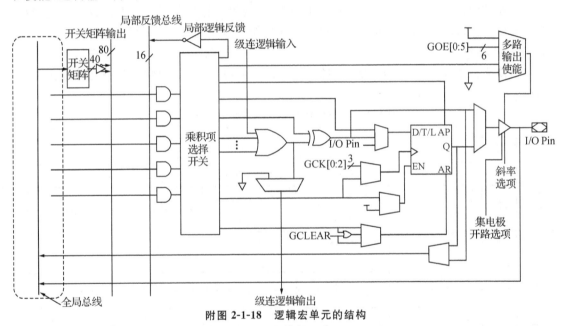

附图 2-1-18 逻辑宏单元的结构

1.3.1 乘积项和乘积项选择开关

每个宏单元有 5 个乘积项输入,每个乘积项的输入可以是来自全局总线和局部总路线的所有输入信号.乘积项选择开关(PTMUX)分配给 5 个乘积项需要的宏单元逻辑门和控制信号.编译器产生对 PTMUX 的编程逻辑,选择最佳宏单元的配置.

1.3.2 OR/XOR/级联逻辑

ATF1502AS 的逻辑结构可以有效地支持所有类型的逻辑.在单个宏单元中,所有的乘积项均可以被馈送至或门的输入端,实现一个 5 输入的积之和逻辑.加上从邻近的宏单元级连来的乘积项,在损失极小的额外传输延迟的同时,可以将乘积项的数目扩展到多达 40 项.

宏单元中的 XOR 门可以有效地实现比较和算术功能.或门的输出接到异或门的一个输入端,另外一个乘积项接到异或门的另一个输入端,当乘积项的值设置为高电平或低电平时,对于组合逻辑输出,则意味着对输出极性的选择(同相输出或反相输出);该 XOR 门也被用来模拟 T 和 JK 触发器.

1.3.3 触发器

ATF1502AS 的触发器具有非常灵活的数据和控制功能.数据输入既可以来自异或门,一个独立的乘积项或直接来自 I/O 引脚.在输出宏单元内部,通过选择独立的乘积项,可以创建一个内置的寄存器反馈通道(这一特性由适配软件自动实现).除了 D、T、JK 和 SR 操作之外,触发器也可以配置为一个电平锁存器,在这种模式下,在时钟脉冲为高时数据通过,时钟脉冲为低时数据锁存.

时钟本身可以是任何一个全局时钟信号(GCK[0:2])或个别乘积项.在时钟的上升沿触发器改变状态.当 GCK 信号被用作时钟,宏单元中的一个乘积项可被用作时钟使能.当时钟功能被激活,使能信号(乘积项)为低时,所有的时钟边沿被忽略.该 flip-flop 的异步复位信号(AR)可以是全局清除(GCLEAR)信号、一个乘积项的输出或始终关闭.AR 也可以是一个乘积项与 GCLEAR 的逻辑或.异步预置(AP)可以是一个乘积项的输出或始终关闭.

1.3.4 回授

宏单元的输出可以选择为时序逻辑或组合逻辑.内置的输出信号反馈路径既可以选择组合逻辑输出,也可以选择触发器的输出(这个增强功能是由配置软件自动实现的).

1.3.5 I/O 控制

输出使能控制复用器(MOE)输出使能信号.每个 I/O 可以单独地配置为输入、输出或双向引脚.

附表 2-1-3　ATF1502AS 的引脚和节点列表

MC	LAB	Feedback Node Number	Foldback Node Number	Signal Name	Pinout 44-Pin PLCC	Pinout 44-Pin TQFP
INPUT	none	none		(OE2/GCLK2)	2	40
INPUT	none	none		(GCLK1)	43	37
INPUT	none	none		(GCLR)	1	39
INPUT	none	none		(OE1)	44	38
1	A	601	301		4	42
2		602	302		5	43
3		603	303		6	44
4		604	304		7(TDI)	1(TDI)
5		605	305		8	2
6		606	306		9	3
7		607	307		11	5
8		No Casout 608	308		12	6
9		609	309		13(TMS)	7(TMS)
10		610	310		14	8
11		611	311		16	10
12		612	312		17	11
13		613	313		18	12
14		614	314		19	13
15		615	315		20	14
16		No Casout 616	316		21	15

MC	LAB	Feedback Node Number	Foldback Node Number	Signal Name	Pinout 44-Pin PLCC	Pinout 44-Pin TQFP
17		617	317		41	35
18		618	318		40	34
19		619	319		39	33
20		620	320		38(TDO)	32(TDO)
21		621	321		37	31
22		622	322		36	30
23		623	323		34	28
24	B	No Casout 624	324		33	27
25		625	325		32(TCK)	26(TCK)
26		626	326		31	25
27		627	327		29	23
28		628	328		28	22
29		629	329		27	21
30		630	330		26	20
31		631	331		25	19
32		No Casout 632	332		24	18

2　ATF1508AS

　　ATF1508AS 是一个具有 128 个宏单元、具有在系统编程（ISP）能力的器件. 与 ATF1502AS 不同的是,ATF1502AS 只有 A、B 两个逻辑块,而 ATF1508AS 的逻辑块的数目 是 ATF1502AS 的 4 倍,具有 A、B、C、D、E、F、G、H 8 个逻辑块. 器件的封装形式为 84 个引脚 的 PLCC 封装、100 个引脚的 TQFP/PQFP 封装以及 160 个引脚的 PQFP 封装,如图 2-1-19 所示.

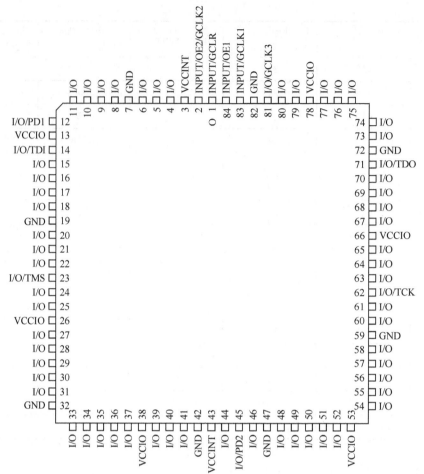

附图 2-1-19　ATF1508AS 的引脚排列图（PLCC 封装、顶视图）

附表 2-1-4　ATF1508AS 的引脚和节点列表

MC	LAB	Feedback Node Number	Foldback Node Number	Signal Name	Pinout for ATF1508××			
					84-Pin PLCC	100-Pin PQFP	100-Pin TQFP	160-Pin PQFP
INPUT		none	none	(OE2/GCLK2)	2	92	90	142
INPUT		none	none	(GCLK1)	83	89	87	139
INPUT		none	none	(GCLR)	1	91	89	141
INPUT		none	none	(OE1)	84	90	88	140

MC	LAB	Feedback Node Number	Foldback Node Number	Signal Name	Pinout for ATF1508××			
					84-Pin PLCC	100-Pin PQFP	100-Pin TQFP	160-Pin PQFP
1	A	601	301		—	4	2	160
2		602	302		—	—	—	—
3		603	303		12	3	1	159
4		604	304		—	—	—	158
5		605	305		11	2	100	153
6		606	306		10	1	99	152
7		607	307		—	—	—	—
8		No Casout 608	308		9	100	98	151
9		609	309		—	99	97	150
10		610	310		—	—	—	—
11		611	311		8	98	96	149
12		612	312		—	—	—	147
13		613	313		6	96	94	146
14		614	314		5	95	93	145
15		615	315		—	—	—	—
16		No Casout 616	316		4	94	92	144
17	B	617	317		22	16	14	21
18		618	318		—	—	—	—
19		619	319		21	15	13	20
20		620	320		—	—	—	19
21		621	321		20	14	12	18
22		622	322		—	12	10	16
23		623	323		—	—	—	—
24		No Casout 624	324		18	11	9	15
25		625	325		17	10	8	14
26		626	326		—	—	—	—
27		627	327		16	9	7	13
28		628	328		—	—	—	12
29		629	329		15	8	6	11
30		630	330		—	7	5	10
31		631	331		—	—	—	—
32		No Casout 632	332		14	6	4	9

续表

MC	LAB	Feedback Node Number	Foldback Node Number	Signal Name	Pinout for ΛTF1508××			
					84-Pin PLCC	100-Pin PQFP	100-Pin TQFP	160-Pin PQFP
33		633	333		—	27	25	41
34		634	334		—	—	—	—
35		635	335		31	26	24	33
36		636	336		—	—	—	—
37		637	337		30	25	23	31
38		638	338		29	24	22	30
39		639	339		—	—	—	—
40	C	No Casout 640	340		28	23	21	29
41		641	341		—	22	20	28
42		642	342		—	—	—	—
43		643	343		27	21	19	27
44		644	344		—	—	—	25
45		645	345		25	19	17	24
46		646	346		24	18	16	23
47		647	347		—	—	—	—
48		No Casout 648	348		23	17	15	22
49		649	349		41	39	37	59
50		650	350		—	—	—	—
51		651	351		40	38	36	58
52		652	352		—	—	—	57
53		653	353		39	37	35	56
54		654	354		—	35	33	54
55		655	355		—	—	—	—
56	D	No Casout 656	356		37	34	32	53
57		657	357		36	33	31	52
58		658	358		—	—	—	—
59		659	359		35	32	30	51
60		660	360		—	—	—	50
61		661	361		34	31	29	49
62		662	362		—	30	28	48
63		663	362		—	—	—	—
64		No Casout 664	364		33	29	27	43

MC	LAB	Feedback Node Number	Foldback Node Number	Signal Name	Pinout for ATF1508××			
					84-Pin PLCC	100-Pin PQFP	100-Pin TQFP	160-Pin PQFP
128	H	728	428		81	87	85	137
127		727	427		—	—		—
126		726	426		80	86	84	136
125		725	425		79	85	83	135
124		724	424					134
123		723	423		77	83	81	132
122		722	422		—	—		—
121		No Casout 721	421			82	80	131
120		720	420		76	81	79	130
119		719	419		—	—		—
118		718	418		75	80	78	129
117		717	417		74	79	77	128
116		716	416		—	—		—
115		715	415		73	78	76	122
114		714	414					—
113		No Casout 713	413			77	75	121
112	G	712	412		71	75	73	112
111		711	411		—	—		—
110		710	410			74	72	111
109		709	409		70	73	71	110
108		708	408		—	—	109	
107		707	407		69	72	70	108
106		706	406		—	—		—
105		No Casout 705	405		68	71	69	107
104		704	404		67	70	68	106
103		703	403		—	—		—
102		702	402			69	67	105
101		701	401		65	67	65	108
100		700	400		—	—		102
99		699	399		64	66	64	101
98		698	398		—	—		—
97		No Casout 697	397		63	64	62	99

MC	LAB	Feedback Node Number	Foldback Node Number	Signal Name	Pinout for ATF1508××			
					84-Pin PLCC	100-Pin PQFP	100-Pin TQFP	160-Pin PQFP
96	F	696	396		62	64	62	99
95		695	395		—	—		—
94		694	394		61	63	61	98
93		693	393		60	62	58	94
92		692	392					96
91		691	391		58	60	58	94
90		690	390		—	—		—
89		No Casout 689	389			59	57	93
88		688	388		57	58	56	92
87		687	387		—	—		—
86		686	386		56	57	55	91
85		685	385		55	56	54	90
84		684	384		—	—		89
83		683	383		54	55	53	88
82		682	382		—	—		—
81		No Casout 681	381			54	52	80
80	E	680	380		52	52	50	78
79		679	379		—	—		—
78		678	378			51	49	73
77		677	377		51	50	48	72
76		676	376		—	—		71
75		675	375		50	49	47	70
74		674	374		—	—		—
73		No Casout 673	373		49	48	46	69
72		672	372		48	47	45	68
71		671	371		—	—		—
70		670	370			46	44	67
69		669	369		46	44	42	65
68		668	368		—	—		64
67		667	367		45	43	41	63
66		666	366		—			—
65		No Casout 665	365		44	42	40	62

3 ATF15××AS 的编程

ATF15××AS 可以通过简易的逻辑电路和计算机并口实现编程,学生甚至可以在实验板上搭建自己的 ISP 下载器.

3.1 ISP 下载器电路图

附图 2-1-20 表示了 ATMEL 公司官方提供的下载器电路.

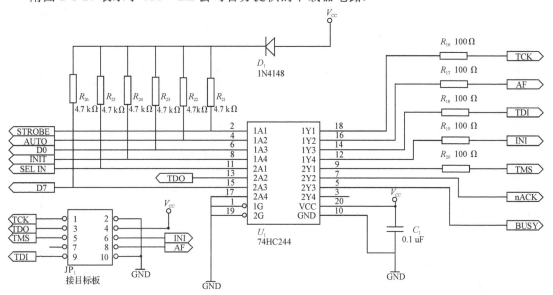

(a)缓冲/线驱动电路

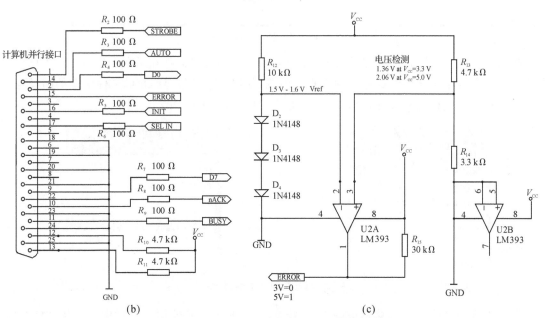

(b) (c)

附图 2-1-20　ATMEL 发布的 ISP 下载器电路图

3.2 ISP 下载软件

Atmel-ISP 软件"ATMISP"是专门为 ATMEL 公司的 ISP 器件设计的,通过下载器将目标板与计算机连接起来.通过"ATMISP"软件,你可以对你目标板上的单个 ISP 器件进行编程、校验、擦除、查空、读、加密等操作,也可以对目标板上的多个器件进行并行编程(一次编程多个器件).

你可以在 ATMEL 公司的网站上免费下载这个软件,并在你的个人电脑上安装它.

双击电脑桌面上的图标█就能启动 ISP 编程软件,出现如附图 2-1-21 所示的窗口.

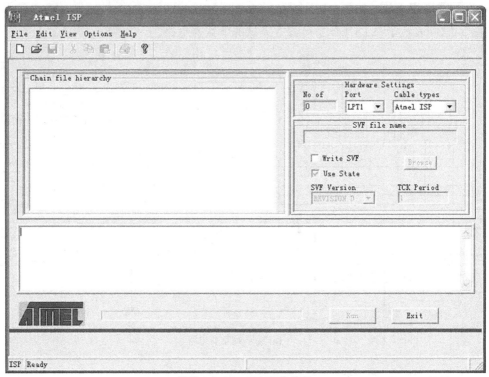

附图 2-1-21　ISP 下载软件

在对具体的器件进行编程之前,需要先建立一个与待编程器件相关的链接文件(.CHN),在这个链接文件中包含待编程器件的必需的信息,如器件的型号、JEDEC 文件所在的路径等.

要新建一个编程链接文件,有以下两种方法可以采用(见附图 2-1-22).

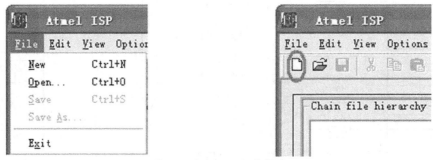

附图 2-1-22　ISP 下载软件

第一种方法是使用 File 菜单中的 New 命令,第二种方法是使用工具栏中的新建文件快捷按钮.

接着编程软件会询问此次需要编程的器件数目,如果仅仅是验证自己设计的程序是否正常,则键入"1"(见附图 2-1-23).

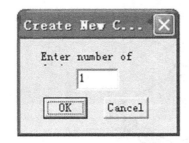

附图 2-1-23 输入要编程的器件数目

然后编程软件会询问要编程的器件的型号、编程时需要的选项、JEDEC 文件所在的路径等,单击向下的箭头会出现下拉式列表,让选择所需要的器件类型和编程功能选项(见附图 2-1-24).

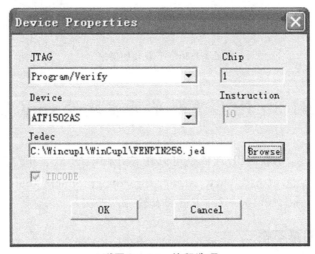

附图 2-1-24 编程选项

接着选择编程器连接的计算机接口和编程器的类型(见附图 2-1-25).

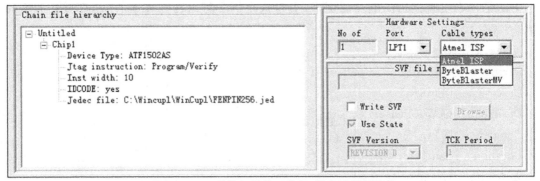

附图 2-1-25 计算机的并口选择、编程器类型选择

3.3 通过 ISP 下载器将计算机与目标板连接起来（见附图 2-1-26）

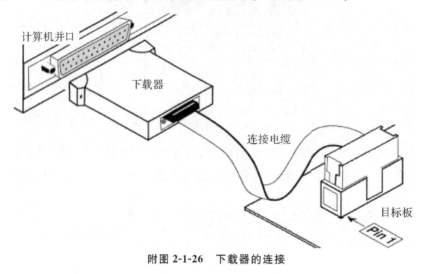

计算机并口

下载器

连接电缆

目标板

Pin 1

附图 2-1-26　下载器的连接

附录 2-1-3　PLD 器件的开发软件 winCUPL

ATMEL 公司出品的 winCUPL 软件是可以在 Windows 环境上开发 PLD/CPLD 器件的编译环境，其下载页面是 http://www. atmel. com/dyn/products/tools. asp? family_id＝653，在该页面中选择 winCUPL 的下载. 下载时会给你注册码.

1　winCUPL 文件的基本格式

winCUPL 源文件有一个固定的构成格式，源文件由头部说明、输入引脚说明、输出引脚说明和逻辑功能定义 4 部分组成，缺一不可.

下面是一个实现逻辑门电路的例子，通过这个例子可以看到基本的 winCUPL 源文件构成.

```
Name       Gates；
Partno     CA0001；
Date       07/16/87；
Designer   G Woolheiser；          头部说明
Company    ATI；
Location   San Jose, CA.；
Assembly   Example；
Device     g16v8a；
Pin 1＝a；                 输入引脚说明:定义器件引脚 1 的名称是 a
Pin 2＝b；                 输入引脚说明:定义器件引脚 2 的名称是 b
Pin 12＝and；              输出引脚说明:定义器件引脚 12 的名称是 and
and＝a & b；               逻辑功能定义:与门功能
```

①头部说明.

头部说明一般包括以下部分.

Name:关键字用来说明逻辑文件的文件名,默认的扩展名是 PLD,因此可以不写扩展名.

Partno:关键字用来说明特定的 PLD 器件对应的某个公司的部件号. 如果不知道,可以不要这个部分.

Revision:设计公司设计该源文件的版本号,可以没有.

Date:设计日期,可以没有.

Designer:设计者的名称,可以没有.

Company:设计者所在公司名称,可以没有.

Assembly:本设计用于 PC 机板卡时的名称,可以没有.

Location:本设计用于 PC 机板卡时所在的位置,可以没有.

Device:必填字段,用来选择本设计所用的具体 PLD 器件型号.

②输入/输出引脚说明.

在 winCUPL 源文件中,所用的输入输出引脚都必须说明后才能使用,参照下面的格式说明引脚:

PIN pin_n=[!]var;

PIN 是关键字,pin_n 是引脚号码,var 是引脚定义的名字,该名字用在后面的逻辑实现中. ! 是可选的,用来说明引脚的极性,如果没有!,输入是什么就是什么,为同相;如果有!,就表示输入后信号反相.

下面是一个引脚定义的实例.

Pin 2=!A;

Pin 3=B;

Pin 16=Y;

③逻辑功能定义.

逻辑功能定义用来实现引脚之间的逻辑关系. 它主要靠一些逻辑操作符来实现引脚之间的关系. 这些逻辑关系如附表 2-1-5 所示:

附表 2-1-5　逻辑关系

逻辑符号	功能说明	操作优先级	例子
!	非[NOT]	1[高]	! A
&	与[AND]	2	A & B
#	或[OR]	3	A # B
$	异或[XOR]	4[低]	A $ B

2 winCUPL 的保留字

winCUPL 像其他编程语言一样,需要预留一些字供自己使用,这些字在 winCUPL 中有特殊的含义,有具体、固定的功能含义,编程者在编程时不能再用这些字来描述自己的想法(用作其他的用途),这些字称作保留字. winCUPL 的保留字包括以下字串:

APPEND;FORMAT;OUT;ASSEMBLY;FUNCTION;PARTNO;ASSY;FUSE;PIN;
COMPANY;GROUP;PINNNODE;CONDITION;IF;PRESEN;DATE;JUMP;REV;DE-

FAULT;LOC;REVISION;DESIGNER;LOCATION;SEQUENCE;DEVICE;MACRO;SE-QUENCED；ELSE；MIN；SEQUENCE；JK；FIELD；NAME；SEQUENCERS；FLD；NODE;SEQUENCET

3 winCUPL 的算术运算与函数

winCUPL 语言提供 6 种有用的算术运算符,通常与命令符"＄repeat""＄macro"联合使用,附表 2-1-6 列出了它们的操作优先级和实际例子.

附表 2-1-6 操作优先级及实际例子

逻辑符号	功能说明	操作优先级	例子
＊＊	求幂[Exponentiation]	1[高]	2＊＊3
＊	乘[Multiplication]	2	2＊1
/	除[Division]	2	4/2
％	取模[Modulus]	2	9％8
＋	加[Addition]	3[低]	2＋4
－	减[Subtraction]	3[低]	4－1

算术函数通常与命令符"＄repeat""＄macro"一起应用于算术表达式中,附表 2-1-7 表示了算术函数及其基数(base).

附表 2-1-7 算术函数及其基数

函数	基数
LOG2	2[Binary]
LOG8	8[Octal]
LOG16	16[Hexadecimal]
LOG	10[Decimal]

LOG 函数返回的是整数值,例如：

LOG2(32)＝5＜＝＝＞2＊＊5＝32

LOG2(33)＝ceil(5.0444)＝6＜＝＝＞2＊＊6＝64

Ceil(x)返回大于 x 的最小整数值.

4 winCUPL 的变量

在 winCUPL 中,变量是字母与数字并用的字符串,它们用以描述器件引脚、内部字节、常数、输入/输出符号、中间信号或者一组信号.在 winCUPL 中命名变量时要遵循以下规则：

变量可以以数字、字母或下画线开头,但是必须包含至少一个字符；

变量名不区分大小写；

变量名中不能有空格；

变量名最长为 31 个字母长度；

变量名不能是 winCUPL 保留词或包含保留字符.

有效变量名例子如下：

a0　　A0　　8250_ENABLE　　　　Realtime_clock_interrupt_address

注意,运用下画线可以使变量名更加易读.同时,注意变量名是不区分大小写的,A0 与 a0 是相同的.

一些无效变量名的例子如下：

99　没有字母；I/O enable　包含/；　out　6a　　有空格,会被视为两个变量；tbl——2　有破折号,视为两个变量.

> winCUPL 的中间变量
>
> 在 winCUPL 中,中间变量是被赋值给等式的变量,而不是赋值给 PIN(引脚)或 NODE(节点)的.它们被用来定义包含很多变量的等式或者提供一种对设计更简单的理解.中间变量可以在 winCUPL 源文件中被任意部分使用.

5　winCUPL 的使用

winCUPL 是 ATMEL 公司出品的基于 CUPL 语言的编译环境,用于 PLD 器件的编程,支持多种器件,包括 GAL 系列和 ATF 系列.一般来说,ATF 系列的同等级产品要比 GAL 的便宜,比如 AFT16V8 就兼容 GAL16V8,可以擦写 100 次,价格上也便宜,性能都差不多.

在 ATMEL 公司的网站上,有一个 SPLD/CPLD 栏目,其中可以免费下载 winCUPL,下载完成后,可以得到一个注册码,用这个码就可以激活 winCUPL,没有使用时间的限制.

winCUPL 软件包实际包括两个部分,一个是 winCUPL,PLD 的编译环境,一个是 winSIM,用于波形仿真.

5.1　编译第一个源文件

下面的例子演示如何构造一个两输入端与门.具体步骤如下.

①启动 winCUPL.进入主界面后,单击 File 菜单的 New,从 New 中单击 Project,就是新建一个工程文件(其实还是 PLD 文件),在弹出的对话框中,可以填您的源文件名字(Name),填 MYGATE,其他的东西可以不管它.这里有个特殊的地方,就是器件(Device),系统默认的是 virtual(通用器件),就是不针对任何具体的部件,这里我们改掉,改成 g16v8a,这个关键字兼容 ATF16V8.

②单击"OK"后,系统要你输入你要用的输入引脚数(也就是你的设计中需要几个逻辑输入端),因为我们要设计的两输入与门只有两个输入端,因此填 2,单击"OK"按钮.

③系统要你输入要用到的输出引脚数,与门只有一个输出脚,填 1,单击"OK"按钮.

④系统要你输入要使用到的中间节点数,我们不需要,填 0,单击"OK"按钮.这样系统就建立了一个 PLD 文件,文件名就是 MYGATE.PLD.系统将该文件显示出来了,如附图 2-1-27 所示.

这个文件是空的,要将输入、输出引脚都填好,把逻辑表达式也写完,如附图 2-1-28 所示.

写好后,需要编译该文件.在 Run 菜单中,单击 Device Dependent Compile,就是基于器件型号的编译.如果没有出现键入错误,都能成功编译(如附图 2-1-29 所示).编译完成后,可以仿真一下看看波形.

编译完成后,有一个输出文件对我们是有用的,那就是 JED 文件(附图 2-1-30 中箭头指向的文件),这个文件通过编程器可以使 ATF16V8B 完成所需功能.

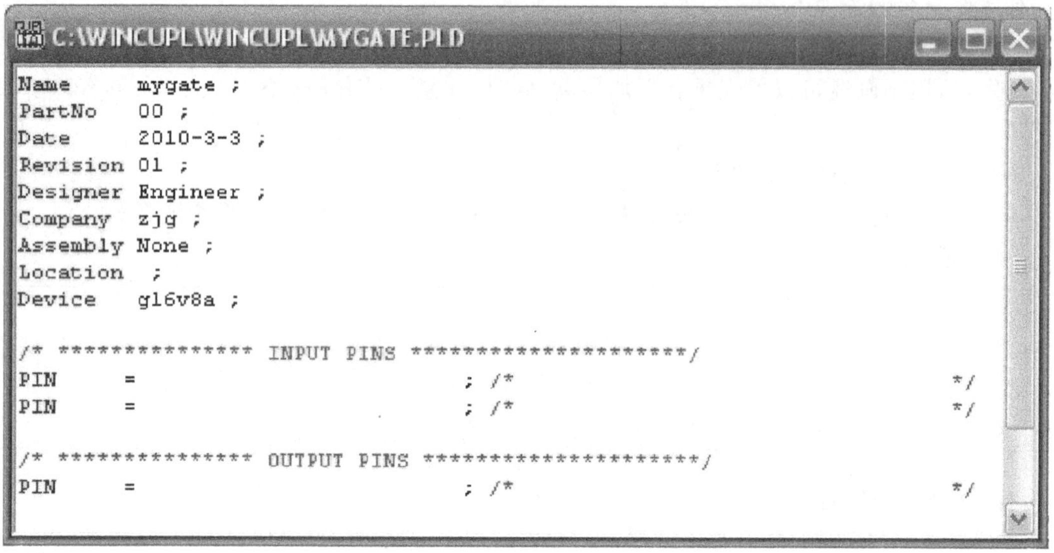

附图 2-1-27 新建的空文件

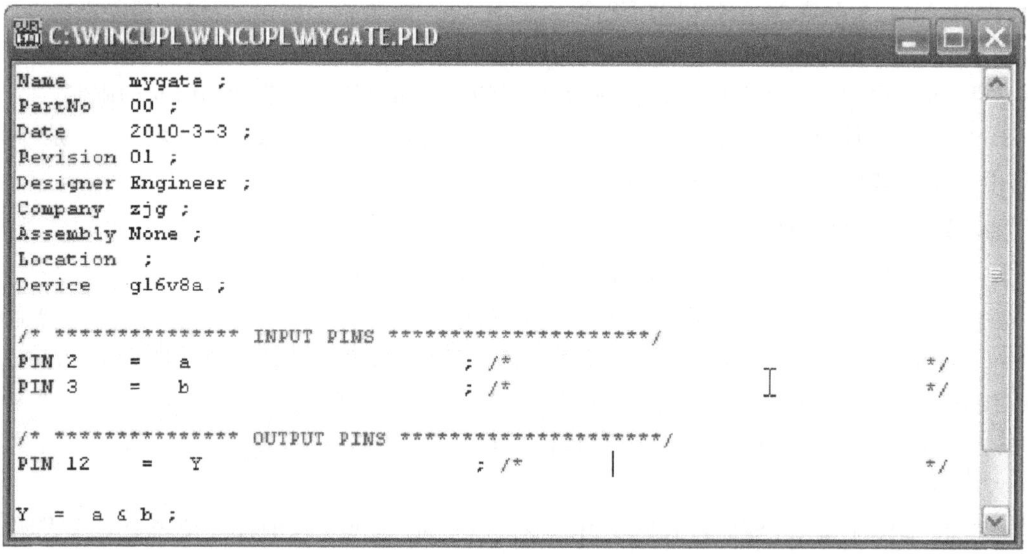

附图 2-1-28 引脚定义和逻辑表达式

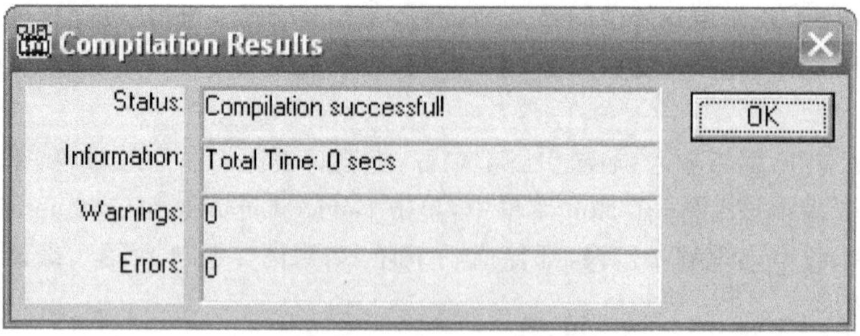

附图 2-1-29 编译结果

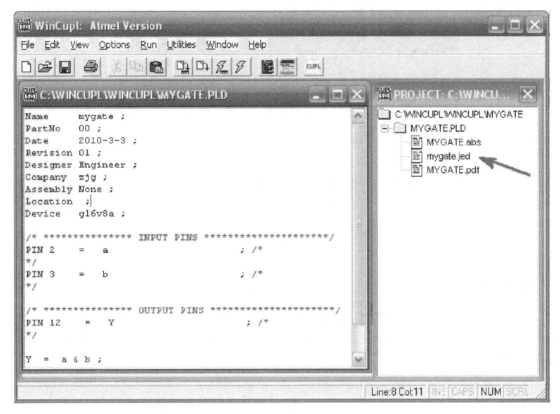

附图 2-1-30　编译器输出的文件

5.2　波形仿真

编译成功完成后,单击工具栏图标 从右侧数第 2 个图标,启动 WinSim. 启动完成后,单击 WinSim 菜单 File 中的 New.

①在弹出的 Design Properties 对话框中,单击 Design File 按钮,选择文件的摸索路径为 C:\WINCUPL\WINCUPL\MYGATE,选中 MYGATE. PLD 文件,按"确认"按钮继续. 在 Design Properties 对话框中,单击"OK"按钮确认.

②接下来 WinSim 会提示是否创建 MYGATE. SIM 文件并编译它,单击"是"继续.

③不管接下来的提示,在 WinSim 中 Signal(信号)菜单中单击"Add",在弹出的 Add Signal 对话框中不断单击"OK"按钮,将 a,b,Y 三个信号加到波形图中. 单击"Done"关闭该对话框.

④在 WinSim 的 File 菜单中单击 Save 项保存该项目. 注意保存文件的路径为 C:\WINCUPL\WINCUPL\.

⑤在黑色的网格的左上方有个 Value,Value 右边有个 1,在 1 所在的灰色条上单击鼠标右键,在弹出的菜单中的 Add Vector 上单击鼠标左键,在弹出的对话框中输入 3,表示增加波形仿真的 3 段.

⑥在 a 的右侧的波形上单击鼠标右键,依次选 0,0,1,1,在 b 的波形上单击鼠标右键,依次选 0,1,0,1.

⑦保存该工程. 在 Simulator 菜单中选择 Simulator 开始仿真,就可以看到 Y 的波形了. 如

图 2-1-31 所示.

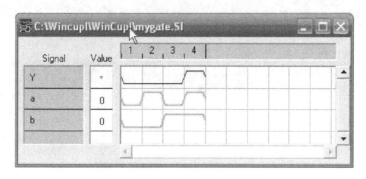

附图 2-1-31 仿真结果

附图 2-1-31 表明,只有 a,b 同时为 1 时,输出 Y 才为 1,实现的逻辑功能确实是一个两输入的与门.

6 winCUPL 的集合运算

集合是一组可作为整体运算的信号和常量.比如 Q=[Q3,Q2,Q1,Q0],其中 Q 就是含有 Q3,Q2,Q1,Q0 四个元素的集合.在设计中用集合代替多个信号或常量,可以简化逻辑设计,使设计工作大为简化.

集合的运算遵循布尔代数的一般规则,以一个信息位执行所有的运算.常用的集合运算可归纳为两大类.一类是逻辑运算,如与(&)、或(♯)、异或($)以及非(!)的运算.对集合和单个变量(或表达式)之间运算的结果是一个新集合,在新集合中,运算在集合的每个元素和单个变量(或表达式)之间实现.例如:

[D0,D1,D2,D3] & read　等价于[D0 & read, D1 & read, D2 & read, D3 & read]
[A0,A1,A2,A3] & [B0,B1,B2,B3]　等价于[A0 & B0, A1 & B1, A2 & B2, A3 & B3]

这里,运算是在两集合间执行的,集合必须是相同大小的(就是包含相同的元素个数).对 2 个集合之间的运算所得的结果是一个新集合,在新集合中,运算在集合的每个元素之间实现.

另一类是算术运算,如加(+)、减(-)、小于(<)、大于(>)、等于(==)以及不等于(!=)等.

集合运算的基本特性是,任意两个集合的运算都是对集合中相对应元素单独进行.所以,两个集合所含的元素个数必须相等,如果不等时多余的位数视为无效,不足的位数视为 0.加法运算或减法运算实际上是 K 位全加器或全减器的结构,大于或小于运算是 K 位比较器的结构.

当在集合运算中使用数字时,所有的数都化为二进制数来处理.一个单独的八进制数代表 3 位二进制数的组合.一个单独的十进制数或十六进制数代表 4 位二进制数的组合.

附表 2-1-8　二、八、十、十六进制数的等效二进制数

二进制数		八进制数		十进制数		十六进制数	
数据表达式	等效的二进制数	数据表达式	等效的二进制数	数据表达式	等效的二进制数	数据表达式	等效的二进制数
'B'X	[X]	'O'X	[X, X, X]	'D'X	[X,X,X,X]	'H'X	[X,X,X,X]
'B'0	[0]	'O'0	[0, 0, 0]	'D'0	[0,0,0,0]	'H'0	[0,0,0,0]
'B'1	[1]	'O'1	[0, 0, 1]	'D'1	[0,0,0,1]	'H'1	[0,0,0,1]
		'O'2	[0, 1, 0]	'D'2	[0,0,1,0]	'H'2	[0,0,1,0]
		'O'3	[0, 1, 1]	'D'3	[0,0,1,1]	'H'3	[0,0,1,1]
		'O'4	[1, 0, 0]	'D'4	[0,1,0,0]	'H'4	[0,1,0,0]
		'O'5	[1, 0, 1]	'D'5	[0,1,0,1]	'H'5	[0,1,0,1]
		'O'6	[1, 1, 0]	'D'6	[0,1,1,0]	'H'6	[0,1,1,0]
		'O'7	[1, 1, 1]	'D'7	[0,1,1,1]	'H'7	[0,1,1,1]
				'D'8	[1,0,0,0]	'H'8	[1,0,0,0]
				'D'9	[1,0,0,1]	'H'9	[1,0,0,1]
						'H'A	[1,0,1,0]
						'H'B	[1,0,1,1]
						'H'C	[1,1,0,0]
						'H'D	[1,1,0,1]
						'H'E	[1,1,1,0]
						'H'F	[1,1,1,1]

7　位域声明

位域声明可以用于把一组变量组成集合,用单个变量名引用.格式如下.

FIELD var＝[var, var, … , var];

这里,"FIELD"是关键词;

　　"var"是用户任意定义的有效的变量名;

　　"[var, var, … , var]"是用户已经定义的变量名列表;

　　"="是赋值运算符;

　　";"是语句结束标记符.

方括号"[　]"内的内容并不是可有可无的,它是用来定变量的范围的.

例如,对于变量 A0,A1,A2,A3 和变量 B0,B1,B2,B3 可以用位域声明如下:

FIELD a_inputs＝[A0, A1, A2, A3];

FIELD b_inputs＝[B0, B1, B2, B3];

这样就实现用 a_inputs 表示 A0,A1,A2,A3;b_inputs 表示 B0,B1,B2,B3.如在 2 个集合之间实现一个操作,比如说,一个与(AND)操作,表达为 a_inputs & b_inputs;

对于上述的例子,引脚的标号是连续的,可以用"[　]"符号更加简洁地加以说明,比如:

FIELD a_inputs＝[A0..3],等效于 FIELD a_inputs＝[A0,A1,A2,A3];

FIELD ADDRESS＝[A7..0],等效于 FIELD ADDRESS＝[A7,A6,A5,A4,A3,A2,A1,A0];

Pin[2..6]＝[A1..5],就表示引脚 2 到 6 用 A1 到 A5 来表示,比较方便.

8 函数

函数的定义对描述复杂的逻辑关系具有重要的应用价值,从结构上看,函数体包含名称定义字段、参数表和作为实体的逻辑表达式组.如下所示:

function 函数名([参数 0,…,参数 n])
　〔 函数体 〕

函数名是除去 CUPL 保留字之外的任何一组有效字符,参数是在函数中的逻辑表达式要使用的任意变量(不能是表达式),函数体是任何逻辑等式、真值表、状态机语句、条件语句或是用户定义的函数.

例如对于一个异或函数,其定义为:

FUNCTION xor(in1, in2)　〔 xor ＝ in1 & in2 # !in1 & in2; 〕

调用格式为:Y＝xor(A,B);

再看下面的实例,函数 adder_slice 是 1 比特全加器:

function adder_slice(X, Y, Cin, Cout)
　〔
　Cout＝Cin & X # Cin & Y # X & Y;　　　　　/* 计算进位 */
　adder_slice＝Cin $ (X $ Y);　　　　　/* 计算和 */
　〕

参数表中 X、Y 分别是两个加数,Cin 是输入进位,Cout 是输出进位,adder_slice 是和.
同其他高级语言一样,函数直接引用,示例:

Z2＝adder_slice(X2, Y2, C1, C2);

9 ":"操作符

CUPL 的另一个特征是它的":"操作符,它能快速有效地执行位段的比较和操作.这个特征在描述诸如地址译码器之类的问题时特别有用.当编译程序在执行位段比较时,操作符":"将一个位段与一个十六进制或八进制的列表进行比较(十六进制是缺省值).例如在描述地址译码器时,如果地址 MEMADR 落在 A000－EFFF 范围之内,语句 MEMADR:[A000..EF-FF] 就为真.

操作符":"也可用于位段操作中,例如:

IOADR:& 代替 $A_7 \& A_6 \& A_5 \& A_4 \& A_3 \& A_2 \& A_1 \& A_0$

IOADR:# 代替 $A_7 \# A_6 \# A_5 \# A_4 \# A_3 \# A_2 \# A_1 \# A_0$

假定事先定义:FIELD IOADR＝[A7..0];

10 预处理程序

CUPL 的另一个省时特征是预处理程序,它允许你书写通用的逻辑描述,经裁剪可适用于几个应用场合.

CUPL 的预处理程序对编译前的 CUPL 源文件进行操作.例如预处理程序的串替换功能可执行符号名替换直至某个条件满足为止.当预处理程序遇上语句 $DEFINE ARG1 ARG2 时,使用 ARG2 代替 ARG1,直至遇到语句 $UNDEF ARG1 为止.

11　函数表

CUPL 表提供了一种有效的处理表格数据的方式:函数表.在诸如代码转换器的设计中是很有用的,在设计中,输入、输出关系可以用表格的形式表示出来.

CUPL 的并行操作能力使你能很容易地列出这样的表格描述.利用这一特点,可说明一个位段,并且将位段用于逻辑方程的左边或右边.

下面的有关 4 选 1 开关的例子可以说明":"操作符及函数表的应用方法.

```
Name   4to1MUX;
Device  g16v8a;

PIN  [1..4]     = [a,b,c,d];      /* 四路输入信号 */
PIN  [5,6]      = [sel1,sel0];    /* 选择控制信号 */
PIN  19         =  MUX_out;       /* 4 选 1 输出   */

field select=[sel1,sel0];

MUX_out= a & select:0
       # b & select:1
       # c & select:2
       # d & select:3;
```

如果用函数表来描述 BCD 码译码器,则相对直观而又利于理解,看下面的例子:

```
Name   7_bcd_decode;
Device  g16v8a;

PIN  [1..4]  =[D0..3];            /* BCD 码输入 */
PIN  [12..18] =[A,B,C,D,E,F,G];  /* 七段数码管段码输出 */

field DATA=[D3..0];
field SEGMENT=[A,B,C,D,E,F,G];
$ define ON  'b'1
$ define OFF  'b'0
```

```
/*             A      B      C      D      E      F      G        DATA */
SEGMENT=   [ON,   ON,    ON,    ON,    ON,    ON,    OFF ]  & DATA:0
        # [OFF,  ON,    ON,    OFF,   OFF,   OFF,   OFF ]  & DATA:1
        # [ON,   ON,    OFF,   ON,    ON,    OFF,   ON  ]  & DATA:2
        # [ON,   ON,    ON,    ON,    OFF,   OFF,   ON  ]  & DATA:3
        # [OFF,  ON,    ON,    OFF,   OFF,   ON,    ON  ]  & DATA:4
        # [ON,   OFF,   ON,    ON,    OFF,   ON,    OFF ]  & DATA:5
        # [ON,   OFF,   ON,    ON,    ON,    ON,    OFF ]  & DATA:6
        # [ON,   ON,    ON,    OFF,   OFF,   OFF,   OFF ]  & DATA:7
        # [ON,   ON,    ON,    ON,    ON,    ON,    ON  ]  & DATA:8
```

```
        # [ON,    ON,    ON,    OFF,   OFF,   ON,    ON  ] & DATA：9
        # [OFF,   OFF,   OFF,   OFF,   OFF,   OFF,   OFF ] & DATA：A
        # [OFF,   OFF,   OFF,   OFF,   OFF,   OFF,   OFF ] & DATA：B
        # [OFF,   OFF,   OFF,   OFF,   OFF,   OFF,   OFF ] & DATA：C
        # [OFF,   OFF,   OFF,   OFF,   OFF,   OFF,   OFF ] & DATA：D
        # [OFF,   OFF,   OFF,   OFF,   OFF,   OFF,   OFF ] & DATA：E
        # [OFF,   OFF,   OFF,   OFF,   OFF,   OFF,   OFF ] & DATA：F;
```

再看下面 3—8 译码器的例子：

```
Name    3_8_decode;
Device  g16v8a;


PIN  [1..3]        =[D0..2];       /* 数据码输入 */
PIN  [12..19]      =[Y0..7];       /* 8 段译码输出 */


field DATA         =[D2..0];
field 8_SEGMENT    =[Y0..7];
 $ define ON   'b'1
 $ define OFF  'b'0


/*                 Y0    Y1    Y2    Y3    Y4    Y5    Y6    Y7     DATA */
8_SEGMENT=  [ON,   OFF,  OFF,  OFF,  OFF,  OFF,  OFF,  OFF ] & DATA：0
        # [OFF,   ON,    OFF,  OFF,  OFF,  OFF,  OFF,  OFF ] & DATA：1
        # [OFF,   OFF,   ON,   OFF,  OFF,  OFF,  OFF,  OFF ] & DATA：2
        # [OFF,   OFF,   OFF,  ON,   OFF,  OFF,  OFF,  OFF ] & DATA：3
        # [OFF,   OFF,   OFF,  OFF,  ON,   OFF,  OFF,  OFF ] & DATA：4
        # [OFF,   OFF,   OFF,  OFF,  OFF,  ON,   OFF,  OFF ] & DATA：5
        # [OFF,   OFF,   OFF,  OFF,  OFF,  OFF,  ON,   OFF ] & DATA：6
        # [OFF,   OFF,   OFF,  OFF,  OFF,  OFF,  OFF,  ON  ] & DATA：7;
```

12 winCUPL 变量扩展

扩展名可以加在变量名后面,指明与编译器件内部主要节点相关的特殊函数,包括触发器描述功能以及可控三态功能.编译器会检查扩展名的使用以决定它对特定的器件是否有效,以及与其他扩展名是否冲突.扩展名被用来在器件中配置宏单元.通过这个方式设计者不需要知道宏单元内部的熔丝控制.

每一个扩展名提供了通向特殊函数的路径.例如,指明一个输出功能的等式(在一个具有此功能的器件上)可用. OE 扩展名. 等式形式如下：

```
PIN    2    =    A;
PIN    3    =    B;
PIN 15      =    VARNAME;
VARNAME.OE   =A&B;
```

注意编译器只支持具有物理上可执行触发器功能的器件.举个例子,编译器不能在只有 D 型寄存器的器件上模拟 JK 型触发器.企图进行这类操作,编译器都会产生错误报告.

对于那些具有可编程输出功能 I/O 引脚,编译器根据引脚使用自动产生输出表达式.如果变量名被用在等式左边,引脚将被输出同时赋值二进制'1',也就是说,下面的输出表达式是默认的:

PIN_NAME.OE='b'1;　　　/＊　总是开启的三态缓冲器＊/

PIN_NAME.OE='b'0;　　　/＊　总是关闭的三态缓冲器＊/

当使用一个 JK 或 SR 型触发器时,等式必须同时以 J 和 K(或 S 和 R)输入.如果设计不需要输入中的某一句等式,运用以下结构删除输入:

COUNT0.J='b'0;　　/＊　J 输入不再被使用 ＊/

CUPL 语言中的引脚扩展名是一个很强大的功能.合理地使用它,可以简化逻辑的设计,这样可以为设计带来便利.

在 PLD 器件的使用过程中,由于其内部资源规模较小,大部分扩展名根本用不着(没有硬件资源),常用的扩展名如附表 2-1-9 所示.

附表 2-1-9　常用扩展名

扩展名	等式的某侧	功能描述	适用的器件
.AR	左	flip-flop 的异步复位端	22V10
.D	左	flip-flop 的 D 触发器的输入端	22V10,16V8,20V8
.OE	左	可编程输出使能	22V10,16V8,20V8
.SP	左	flip-flop 的同步预置端	22V10

13　D 触发器的使用

我们在学习 D 触发器的时候,如果全部用组合逻辑来实现,推导出来的式子会很长很长,如果用引脚扩展名来实现就显得很方便.

```
Name      D_register;
Device    g16v8a;
PIN 1        =    CLK;
PIN [2..5]      =    [A1..4];
PIN [19..16]    =      [Q1..4];
field D_reg   =  [Q1..4];
D_reg.D      =   [A1..4];
```

看最后一条语句"D_reg.D=[A1..4];"中的".D"扩展名.这个".D"表示要使用 Q1—Q4 引脚内部的 D 触发器.A1—A4 就是这 4 个 D 触发器的输入端,Q1—Q4 就是 D 触发器的输出端,ATF16V8B 的第 1 个引脚就是时钟端,这个时钟端是默认的,也就是说,只要使用了器件内部的 D 触发器,时钟端就是 1 脚.当时钟端的信号出现上升沿的时候,就将 A1—A4 引脚的状态锁存到 Q1—Q4 引脚.

14　状态机设计方法

使用状态机设计方法和使用像 CUPL 这样的编译型 PLD 设计语言,就可以绕过逻辑设计的门级和方程级阶段,从系统级描述直接进入 PLD 实现.状态机方法以用户能理解的方式编制设计软件.

实际上逻辑设计师在他们的逻辑设计中很少使用这种状态机方法.首先表现为状态机方法似乎与数字逻辑之类的教学内容不太吻合,设计师往往还习惯性地使用逻辑表达式来描述自己的设计思想;其次是这种方法似乎难以学会.实际上 CUPL 处理了许多本该由程序设计师所作的决策,使状态机方法变得不那么可怕.同时,CUPL 提供了一种通用的状态机模型,软件自动地使该模型适用于你的应用设计.利用这种模型和容易学会的语法,就能设计你的逻辑系统的状态机程序.

一般而言,状态机是一个带有触发器的逻辑电路,因为一个触发器的输出可反馈回自己或其他一些触发器的输入端,所以一个触发器的输入值可由它本身的输出和其他触发器的输出来决定.因此,一个触发器的最后输出值取决于它本身以前的值以及其他触发器的输出值.

14.1 状态机语法

为了帮助用户快速地实现这种状态机模型,CUPL 提供一种通用的、简单的状态机语法.这种语法具有单一的、简单的格式,使用户通过状态机来描述任何功能.状态机语法的一般格式是:

```
SEQUENCE State_bit_field
    {
    PRESENT present_state
    IF input_condition NEXT next_state OUT outputs;
    IF input_condition NEXT next_state OUT outputs;
    IF…
    PRESENT present_state
    IF input_condition NEXT next_state OUT outputs;
    IF …
    PRESENT …
    }
```

在这种格式中的每一个当前状态块描述异步的(当前状态)和同步的(转换)活动.利用这种格式可描绘状态机的任何成分.例如,寄存器型输出的格式是:

IF input_condition NEXT next_state   OUT outputs;
  (条件转换)   (与条件转换有关的输出)
或者
                NEXT next_state   OUT outputs;
(无条件转换)   (与条件转换有关的输出)

为了利用这些方程来描述你的系统,必须学会怎样使用 CUPL 的关键字.例如,当你使用 NEXT 语句时,你告诉编译程序,在那块的所有输出都是寄存器型输出,其值取决于转换信息(从当前状态到下一状态的转换信息).利用 IF 语句表示条件事件.当你在非寄存器型描述中使用 IF 关键字时,就表示输入和输出将有异步的依赖关系.缺少 NEXT 关键字表示非寄存器型的事件.

对于非寄存器型输出,可用如下的格式:

IF input_condition   OUT outputs;
  (输入条件)   (无状态转换)   (输出与输入条件及当前状态有关)
或者

OUT outputs；

（无输入条件）　　　　（无状态转换）　　　　（输出只与当前状态有关）

14.2 设计举例

为了更好地理解状态机模型及其语法,考虑一个简单的例子:一个自激的 2 位计数器,它有一个输入端（CLK）,两个输出端（Q0、Q1）.状态转移表如附图 2-1-32 所示.

PIN　1　＝ clk；

PIN　[19,18]　＝　[Q0,Q1]；

$ DEFINE　S0　0

$ DEFINE　S1　1

$ DEFINE　S2　2

$ DEFINE　S3　3

FIELD　count　＝　[Q1，Q0]；

SEQUENCE　count　{

　PRESENT S0　　NEXT　S1；

　PRESENT S1　　NEXT　S2；

　PRESENT S2　　NEXT　S3；

　PRESENT S3　　NEXT　S0；}

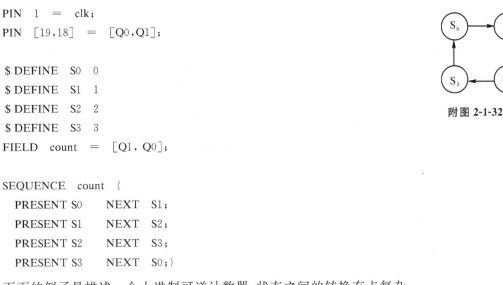

附图 2-1-32

下面的例子是描述一个十进制可逆计数器,状态之间的转换有点复杂.

Name	Count10；
Partno	CA0018；
Date	12/19/89；
Revision	02；
Designer	Kahl；
Company	Logical Devices，Inc.；
Assembly	None；
Location	None；
Device	g16v8a；

/ * *　Inputs * * /

Pin 1　　＝clk；　　　　　　　/ * Counter clock　　　　　　* /

Pin 2　　＝clr；　　　　　　　/ * Counter clear input　　　　* /

Pin 3　　＝dir；　　　　　　　/ * Counter direction input　　* /

Pin 11　　＝！oe；　　　　　　/ * Register output enable　　　* /

/ * *　Outputs　* * /

Pin [14..17]＝[Q3..0]；　　　　/ * Counter outputs　　　　　* /

Pin 18＝carry；　　　　　　　/ * Ripple carry out　　　　　* /

/ * * Declarations and Intermediate Variable Definitions * * /

field count＝[Q3..0]；　　　　/ * declare counter bit field　　* /

$ define S0 ' b ' 0000　　　　　/ * define counter states　　　* /

$ define S1 ' b ' 0001

$ define S2 ' b ' 0010

```
$ define S3 'b'0011
$ define S4 'b'0100
$ define S5 'b'0101
$ define S6 'b'0110
$ define S7 'b'0111
$ define S8 'b'1000
$ define S9 'b'1001
```

```
field mode=[clr,dir];            /* declare mode control field    */
up=mode:0;                       /* define count up mode          */
down=mode:1;                     /* define count down mode        */
clear=mode:[2..3];               /* define count clear mode       */
/* * Logic Equations * */
Sequenced count {                /* free running counter */
present S0    if up          next S1;
              if down        next S9;
              if clear       next S0;
              if down        out carry;
present S1    if up          next S2;
              if down        next S0;
              if clear       next S0;
present S2    if up          next S3;
              if down        next S1;
              if clear       next S0;
present S3    if up          next S4;
              if down        next S2;
              if clear       next S0;
present S4    if up          next S5;
              if down        next S3;
              if clear       next S0;
present S5    if up          next S6;
              if down        next S4;
              if clear       next S0;
present S6    if up          next S7;
              if down        next S5;
              if clear       next S0;
present S7    if up          next S8;
              if down        next S6;
              if clear       next S0;
present S8    if up          next S9;
              if down        next S7;
              if clear       next S0;
present S9    if up          next S0;
              if down        next S8;
```

| if clear | next S0； | |
| if up | out carry； | / * assert carry output * / |

}

实验 2-2　加法器的设计

1　实验目的

（1）掌握 PLD 器件 ATF16V8B 的结构及编程.
（2）掌握组合电路的设计方法.
（3）掌握 winCUPL 的使用方法.

2　实验原理

加法器能实现二进制加法运算.

2.1　半加器

能对两个 1 位二进制数相加而求得和及进位的逻辑电路称为半加器.半加器的真值表如表 2-2-1 所示,其逻辑表达式为：

$$S_i = \overline{A}_i B_i + A_i \overline{B}_i = A_i \oplus B_i$$
$$C_i = A_i B_i$$

表 2-2-1　半加器的真值表

A_i	B_i	S_i	C_i
0	0	0	0
0	1	1	0
1	0	1	0
1	1	0	1

逻辑图和逻辑符号如图 2-2-1 所示.

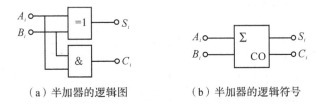

（a）半加器的逻辑图　　　　（b）半加器的逻辑符号

图 2-2-1　半加器的逻辑图和逻辑符号

2.2　全加器

能对两个 1 位二进制数相加并考虑低位的进位,即相当于 3 个 1 位二进制数相加,求得和及进位的逻辑电路称为全加器.全加器的真值表如表 2-2-2 所示,逻辑表达式为：

$$S_i = \overline{A}_i \overline{B}_i C_{i-1} + \overline{A}_i B_i \overline{C}_{i-1} + A_i \overline{B}_i \overline{C}_{i-1} + A_i B_i C_{i-1} = A_i \oplus B_i \oplus C_{i-1}$$
$$C_i = \overline{A}_i B_i C_{i-1} + A_i \overline{B}_i C_{i-1} + A_i B_i \overline{C}_{i-1} + A_i B_i C_{i-1} = (A_i \oplus B_i) C_{i-1} + A_i B_i$$

表 2-2-2　全加器的真值表

A_i	B_i	C_{i-1}	S_i	C_i
0	0	0	0	0
0	0	1	1	0
0	1	0	1	0
0	1	1	0	1
1	0	0	1	0
1	0	1	0	1
1	1	0	0	1
1	1	1	1	1

逻辑图和逻辑符号如图 2-2-2 所示.

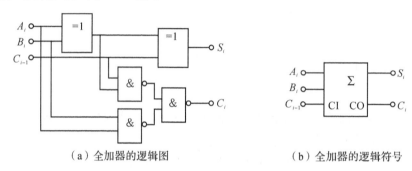

（a）全加器的逻辑图　　　　　　　（b）全加器的逻辑符号

图 2-2-2　全加器的逻辑图和逻辑符号

　　要进行多位数相加,最简单的方法是将多个全加器进行级联(把 n 个全加器串联起来),低位全加器的进位输出,连接到相邻的高位全加器的进位输入,便构成了 n 位的串行进位加法器.图 2-2-3 表示的是 4 位串行进位加法器,从图中可见,两个 4 位相加数 $A_3A_2A_1A_0$ 和 $B_3B_2B_1B_0$ 的各位同时送到相应全加器的输入端,进位数串行传送.全加器的个数等于相加数的位数.最低位全加器的 C_{-1} 端应接 0.

　　串行进位加法器的优点是电路比较简单,缺点是速度比较慢.因为进位信号是串行传递,图 2-3-3 中最后一位的进位输出 C_3 要经过四位全加器传递之后才能形成.如果位数增加,传输延迟时间将更长,工作速度更慢.

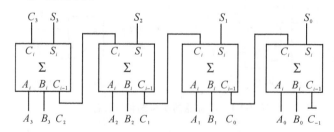

图 2-2-3　4 位串行进位加法器

2.3　超前进位加法器

　　为了提高速度,人们又设计了一种超前进位的加法器.所谓超前进位,是指加法运算过程中,各级进位信号同时送到各位全加器的进位输入端.现在的集成加法器,大多采用这种方法.

74LS283 就是一种典型的超前进位的集成加法器.

如前面所述的全加器的进位表达式 $C_i = \overline{A_i}B_iC_{i-1} + A_i\overline{B_i}C_{i-1} + A_iB_i\overline{C_{i-1}} + A_iB_iC_{i-1} = (A_i \oplus B_i)C_{i-1} + A_iB_i$ 可以写成另外一种形式:

$$C_i = A_iB_i + A_iC_{i-1} + B_iC_{i-1} = A_iB_i + (A_i + B_i)C_{i-1}$$

令 $g_i = A_iB_i$; $p_i = A_i + B_i$

则 $C_i = g_i + p_iC_{i-1}$

当 A_i 和 B_i 都等于 1 的时候,则不论上一级的进位 C_{i-1} 是多少,函数 g_i 都等于 1. 由于在这种情况下第 i 级一定会生成一个进位信号,因此 g_i 称为生成函数.就函数 p_i 而言,它的两个输入 A_i 和 B_i 至少有一个为 1 时函数 p_i 才是 1,在这种情况下,若 $C_{i-1} = 1$,则产生进位输出 $C_i = 1$. p_i 为 1 的效果相当于使进位 1 经过第 $i-1$ 级,传播到更高一位,因此 p_i 称为传播函数.

对于第 1 级: $C_0 = g_0 + p_0C_{-1}$

对于第 2 级: $C_1 = g_1 + p_1(g_0 + p_0C_{-1}) = g_1 + p_1g_0 + p_1p_0C_{-1}$

对于第 3 级: $C_2 = g_2 + p_2(g_1 + p_1g_0 + p_1p_0C_{-1}) = g_2 + p_2g_1 + p_2p_1g_0 + p_2p_1p_0C_{-1}$

对于第 4 级: $C_3 = g_3 + p_3g_2 + p_3p_2g_1 + p_3p_2p_1g_0 + p_3p_2p_1p_0C_{-1}$

将上式扩展到第 i 级,可以得到 C_i 的通用表达式为:

$$C_i = g_i + p_ig_{i-1} + p_ip_{i-1}g_{i-2} + \cdots + p_ip_{i-1}\cdots p_2p_1g_0 + p_ip_{i-1}\cdots p_1p_0C_{-1}$$

上式可以用两级与或门电路实现,该电路能够很快地计算出进位 C_i 的值.各级进位输出时的延迟是固定的,基于此表达式的加法器称为超前进位加法器.

3 实验内容

3.1 四位全加器的设计

阅读下面的程序,用 ATF16V8B 实现四位全加器的功能.

```
Name        Adder;
Partno      CA0016;
Date        10/08/85;
Rev         01;
Designer    Woolhiser;
Company     Assisted Technology;
Assembly    None;
Location    None;
Device      g16v8a;


/ * * Inputs * * /
Pin [1..4]=[X1..4];        / * First 4—bit number  * /
Pin [5..8]=[Y1..4];        / * Second 4—bit number * /


/ * * Outputs * * /
Pin [12..15]=[Z1..4];      / * 4—bit sum                * /
Pin [16..18]=[C1..3];      / * Intermediate carry vaules * /
Pin 19=Carry;              / * Carry for 4—bit sum       * /
```

```
/* Adder—slice circuit—add 2, 1—bit, numbers with carry */
function adder_slice(X, Y, Cin, Cout)
    {
    Cout      = Cin & X  #  Cin & Y  #  X & Y;      /* Compute carry */
    adder_slice = Cin $ (X $ Y);                    /* Compute sum */
    }
/* Perform 4, 1—bit, additions and keep the final carry */
Z1 = adder_slice(X1, Y1, 'h'0, C1);                 /* Initial carry='h'0 */
Z2 = adder_slice(X2, Y2, C1, C2);
Z3 = adder_slice(X3, Y3, C2, C3);
Z4 = adder_slice(X4, Y4, C3, Carry);                /* Get final carry value  */
```

在实验箱上验证设计是否正确.

3.2 超前进位加法器的设计

试用 ATF16V8B 实现五位超前进位加法器的功能.

4 实验仪器与器材

(1) 实验台(箱)　　　　　　　　　　(2) RF910USB 烧录器

(3) ATF16V8B　　　　　　　　　　(4) 电脑

5 实验报告

(1) 设计的原理、思路和方法.

(2) 源程序清单、仿真结果、实验结果.

(3) 实验总结.

实验 2-3　译码器的设计

1 实验目的

(1) 掌握 PLD 器件 ATF16V8B 的结构及编程.

(2) 掌握组合电路的设计方法.

(3) 掌握 winCUPL 的使用方法.

2 实验原理

译码器:将输入的二进制代码翻译成输出信号以表示其原来含义的逻辑电路称为译码器.

2.1 二进制译码器

二进制译码器将输入的 n 个二进制代码翻译成 $N = 2^n$ 个信号输出,又称为变量译码器. 3 位二进制译码器代码输入的是 3 位二进制代码 $A_2 A_1 A_0$,输出是 8 个译码信号 $Y_0 \sim Y_7$,真值表如表 2-3-1 所示,逻辑表达式为:

$$Y_0 = \overline{A}_2 \, \overline{A}_1 \, \overline{A}_0 \qquad\qquad Y_1 = \overline{A}_2 \, \overline{A}_1 A_0$$
$$Y_2 = \overline{A}_2 A_1 \, \overline{A}_0 \qquad\qquad Y_3 = \overline{A}_2 A_1 A_0$$
$$Y_4 = A_2 \, \overline{A}_1 \, \overline{A}_0 \qquad\qquad Y_5 = A_2 \, \overline{A}_1 A_0$$
$$Y_6 = A_2 A_1 \, \overline{A}_0 \qquad\qquad Y_7 = A_2 A_1 A_0$$

表 2-3-1　3 位二进制译码器的真值表

A_2	A_1	A_0	Y_0	Y_1	Y_2	Y_3	Y_4	Y_5	Y_6	Y_7
0	0	0	1	0	0	0	0	0	0	0
0	0	1	0	1	0	0	0	0	0	0
0	1	0	0	0	1	0	0	0	0	0
0	1	1	0	0	0	1	0	0	0	0
1	0	0	0	0	0	0	1	0	0	0
1	0	1	0	0	0	0	0	1	0	0
1	1	0	0	0	0	0	0	0	1	0
1	1	1	0	0	0	0	0	0	0	1

逻辑图如图 2-3-1 所示.

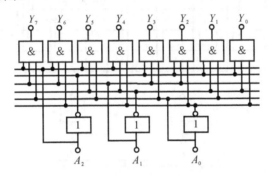

图 2-3-1　3 位二进制译码器

集成二进制译码器和门电路配合可实现逻辑函数,其方法是:首先将函数值为 1 时输入变量的各种取值组合表示成与或表达式,其中每个与项必须包含函数的全部变量,每个变量都以原变量或反变量的形式出现且仅出现一次.由于集成二进制译码器大多输出为低电平有效,所以还需将与或表达式转换为与非表达式,最后按照与非表达式在二进制译码器后面接上相应的与非门即可.

2.2　二—十进制译码器

把二—十进制代码翻译成 10 个十进制数字信号的电路称为二—十进制译码器,其输入是十进制数的 4 位二进制编码 A_3—A_0,输出的是与 10 个十进制数字相对应的 10 个信号 Y_9—Y_0.8421 码译码器的真值表如表 2-3-2 所示,逻辑表达式分别为:

$$Y_0 = \overline{A}_3 \, \overline{A}_2 \, \overline{A}_1 \, \overline{A}_0 \qquad\qquad Y_1 = \overline{A}_3 \, \overline{A}_2 \, \overline{A}_1 A_0$$
$$Y_2 = \overline{A}_3 \, \overline{A}_2 A_1 \, \overline{A}_0 \qquad\qquad Y_3 = \overline{A}_3 \, \overline{A}_2 A_1 A_0$$
$$Y_4 = \overline{A}_3 A_2 \, \overline{A}_1 \, \overline{A}_0 \qquad\qquad Y_5 = \overline{A}_3 A_2 \, \overline{A}_1 A_0$$
$$Y_6 = \overline{A}_3 A_2 A_1 \, \overline{A}_0 \qquad\qquad Y_7 = \overline{A}_3 A_2 A_1 A_0$$
$$Y_8 = A_3 \, \overline{A}_2 \, \overline{A}_1 \, \overline{A}_0 \qquad\qquad Y_9 = A_3 \, \overline{A}_2 \, \overline{A}_1 A_0$$

表 2-3-2　8421 码译码器的真值表

A_3	A_2	A_1	A_0	Y_9	Y_8	Y_7	Y_6	Y_5	Y_4	Y_3	Y_2	Y_1	Y_0
0	0	0	0	0	0	0	0	0	0	0	0	0	1
0	0	0	1	0	0	0	0	0	0	0	0	1	0
0	0	1	0	0	0	0	0	0	0	0	1	0	0
0	0	1	1	0	0	0	0	0	0	1	0	0	0
0	1	0	0	0	0	0	0	0	1	0	0	0	0
0	1	0	1	0	0	0	0	1	0	0	0	0	0
0	1	1	0	0	0	0	1	0	0	0	0	0	0
0	1	1	1	0	0	1	0	0	0	0	0	0	0
1	0	0	0	0	1	0	0	0	0	0	0	0	0
1	0	0	1	1	0	0	0	0	0	0	0	0	0

逻辑图如图 2-3-2 所示.

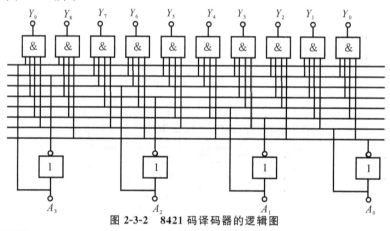

图 2-3-2　8421 码译码器的逻辑图

2.3　显示译码器

7 段 LED 数码显示器是将要显示的十进制数码分成 7 段,每段为一个发光二极管,利用不同发光段的组合来显示不同的数字,有共阴极和共阳极两种接法,如图 2-3-3 所示.发光二极管 a—g 用于显示十进制的 10 个数字 0—9,h 用于显示小数点.对于共阴极的显示器,某一段接高电平时发光;对于共阳极的显示器,某一段接低电平时发光.使用时每个二极管要串联一个约 470 Ω 的限流电阻.

驱动共阴极的 7 段发光二极管的二—十进制译码器,设 4 个输入 A_3—A_0,采用 8421 码,真值表如表 2-3-3 所示.

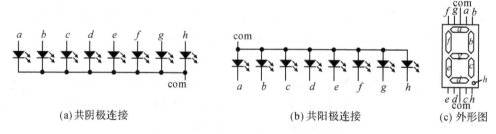

(a) 共阴极连接　　　　　　　　(b) 共阳极连接　　　　(c) 外形图

图 2-3-3　LED 数码管内部电路及外形

表 2-3-3　7 段显示译码器的真值表

A_3	A_2	A_1	A_0	a	b	c	d	e	f	g	显示字形
0	0	0	0	1	1	1	1	1	1	0	
0	0	0	1	0	1	1	0	0	0	0	
0	0	1	0	1	1	0	1	1	0	1	
0	0	1	1	1	1	1	1	0	0	1	
0	1	0	0	0	1	1	0	0	1	1	
0	1	0	1	1	0	1	1	0	1	1	
0	1	1	0	0	0	1	1	1	1	1	
0	1	1	1	1	1	1	0	0	0	0	
1	0	0	0	1	1	1	1	1	1	1	
1	0	0	1	1	1	1	0	0	1	1	

3　实验内容

3.1　BCD 码七段译码器的设计

用 ATF16V8B 实现表 2-3-4 所示的 BCD 码 7 段译码器的功能.

（1）列出数码管各段的真值表（见表 2-3-5）.

（2）通过卡诺图得出数码管各段的逻辑表达式.

$a_{(DCBA)} =$

$b_{(DCBA)} =$

$c_{(DCBA)} =$

$d_{(DCBA)} =$

$e_{(DCBA)} =$

$f_{(DCBA)} =$

$g_{(DCBA)} =$

（3）程序设计及仿真.

（4）验证程序是否达到预期的显示效果.

表 2-3-4　与输入对应的数码管显示

输入数据				数码管显示	输入数据				数码管显示
D	C	B	A		D	C	B	A	
0	0	0	0	0	1	0	0	0	8
0	0	0	1	1	1	0	0	1	9
0	0	1	0	2	1	0	1	0	消隐
0	0	1	1	3	1	0	1	1	消隐
0	1	0	0	4	1	1	0	0	消隐
0	1	0	1	5	1	1	0	1	消隐
0	1	1	0	6	1	1	1	0	消隐
0	1	1	1	7	1	1	1	1	消隐

表 2-3-5　七段译码器的真值表

输　　入				输　　　　出						
D	C	B	A	a	b	c	d	e	f	g
0	0	0	0							
0	0	0	1							
0	0	1	0							
0	0	1	1							
0	1	0	0							
0	1	0	1							

续表

输入				输出						
D	C	B	A	a	b	c	d	e	f	g
0	1	1	0							
0	1	1	1							
1	0	0	0							
1	0	0	1							
1	0	1	0							
1	0	1	1							
1	1	0	0							
1	1	0	1							
1	1	1	0							
1	1	1	1							

3.2 3—8 译码器的设计

参考表 2-3-6 所示的 3—8 译码器 74LS138 的逻辑功能表,用 ATF16V8B 实现 74LS138 的功能.

表 2-3-6　74LS138 的逻辑功能表

输入					输出							
Enable		Select										
G_1	G_2	C	B	A	Y_0	Y_1	Y_2	Y_3	Y_4	Y_5	Y_6	Y_7
×	H	×	×	×	H	H	H	H	H	H	H	H
L	×	×	×	×	H	H	H	H	H	H	H	H
H	L	L	L	L	L	H	H	H	H	H	H	H
H	L	L	L	H	H	L	H	H	H	H	H	H
H	L	L	H	L	H	H	L	H	H	H	H	H
H	L	L	H	H	H	H	H	L	H	H	H	H
H	L	H	L	L	H	H	H	H	L	H	H	H
H	L	H	L	H	H	H	H	H	H	L	H	H
H	L	H	H	L	H	H	H	H	H	H	L	H
H	L	H	H	H	H	H	H	H	H	H	H	L

4　实验仪器与器材

（1）实验台（箱）　　　　　　　　（2）RF910USB 烧录器

（3）ATF16V8　　　　　　　　　　（4）电脑

5　实验报告

（1）设计的原理、思路和方法.

（2）源程序清单、仿真结果、实验结果.

（3）实验总结.

实验 2-4　数值比较器的设计

1　实验目的

(1) 掌握用 PLD 器件 ATF16V8B 构造 74LS 系列集成电路的方法.
(2) 掌握用 CUPL 语言设计复杂逻辑电路的方法.
(3) 掌握 winCUPL 中"："操作符的使用方法.

2　实验原理

数值比较器：用来完成两个二进制数大小比较的逻辑电路. 一位数值比较器的真值表如表 2-4-1 所示，逻辑表达式为：

$$F_1 = A\bar{B}$$
$$F_2 = \bar{A}B$$
$$F_3 = \bar{A}\bar{B} + AB = \overline{\bar{A}B + A\bar{B}}$$

表 2-4-1　一位数值比较器的真值表

A	B	$F_1(A>B)$	$F_2(A<B)$	$F_3(A=B)$
0	0	0	0	1
0	1	0	1	0
1	0	1	0	0
1	1	0	0	1

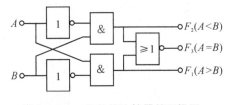

图 2-4-1　一位数值比较器的逻辑图

逻辑图如图 2-4-1 所示.

在一位数值比较器的基础上，可以设计多位数值比较器. 设两个数据：$A = A_3A_2A_1A_0$，$B = B_3B_2B_1B_0$ 作大小比较，输出有三个结果，为：$L(A>B)$，$L(A=B)$，$L(A<B)$，其真值如表 2-4-2 所示.

表 2-4-2　四位数值比较器

A_3B_3	A_2B_2	A_1B_1	A_0B_0	$L(A>B)$	$L(A=B)$	$L(A<B)$
$A_3>B_3$	X	X	X	1	0	0
$A_3<B_3$	X	X	X	0	0	1
$A_3=B_3$	$A_2>B_2$	X	X	1	0	0
$A_3=B_3$	$A_2<B_2$	X	X	0	0	1
$A_3=B_3$	$A_2=B_2$	$A_1>B_1$	X	1	0	0
$A_3=B_3$	$A_2=B_2$	$A_1<B_1$	X	0	0	1
$A_3=B_3$	$A_2=B_2$	$A_1=B_1$	$A_0>B_0$	1	0	0
$A_3=B_3$	$A_2=B_2$	$A_1=B_1$	$A_0<B_0$	0	0	1
$A_3=B_3$	$A_2=B_2$	$A_1=B_1$	$A_0=B_0$	0	1	0

逻辑表达式为：

$$L(A>B) = A_3\bar{B}_3 + (A_3 \odot B_3)A_2\bar{B}_2 + (A_3 \odot B_3)(A_2 \odot B_2)A_1\bar{B}_1$$

$$+(A_3 \odot B_3)(A_2 \odot B_2)(A_1 \odot B_1)A_0\overline{B_0}$$

$$L(A<B)=\overline{A_3}B_3+(A_3 \odot B_3)\overline{A_2}B_2+(A_3 \odot B_3)(A_2 \odot B_2)\overline{A_1}B_1$$

$$+(A_3 \odot B_3)(A_2 \odot B_2)(A_1 \odot B_1)\overline{A_0}B_0$$

$$L(A=B)=(A_3 \odot B_3)(A_2 \odot B_2)(A_1 \odot B_1)(A_0 \odot B_0)$$

3 实验内容

3.1 参考图 2-4-2 所示的集成电路内部结构,用 ATF16V8B 实现 8 位数值比较器 74LS688 的功能

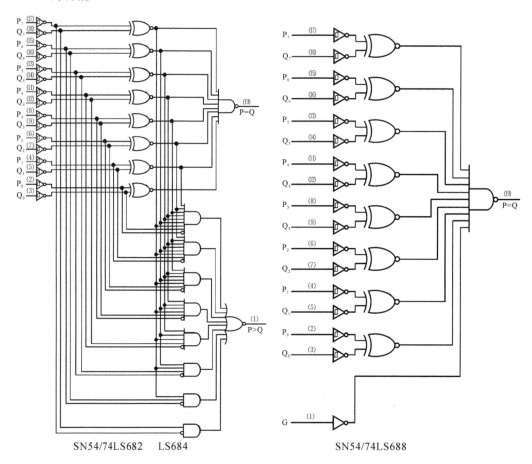

图 2-4-2 数值比较器的内部结构

3.2 设计一个数值判别电路

要求判断 4 位二进制数 DCBA 的大小属于 0—5,6—10,11—15 三个区间的哪一个之内.

当 $DCBA$ 介于 0—5 之间时,Y_0 输出 1;当 $DCBA$ 介于 6—10 之间时,Y_1 输出 1;当 $DCBA$ 介于 11—15 之间时,Y_2 输出 1.

表 2-4-3　真值表

十进制数	二进制数				Y_0	Y_1	Y_2	十进制数	二进制数				Y_0	Y_1	Y_2
	D	C	B	A					D	C	B	A			
0	0	0	0	0	1	0	0	8	1	0	0	0	0	1	0
1	0	0	0	1	1	0	0	9	1	0	0	1	0	1	0
2	0	0	1	0	1	0	0	10	1	0	1	0	0	1	0
3	0	0	1	1	1	0	0	11	1	0	1	1	0	0	1
4	0	1	0	0	1	0	0	12	1	1	0	0	0	0	1
5	0	1	0	1	1	0	0	13	1	1	0	1	0	0	1
6	0	1	1	0	0	1	0	14	1	1	1	0	0	0	1
7	0	1	1	1	0	1	0	15	1	1	1	1	0	0	1

4　实验仪器与器材

（1）实验台（箱）　　　　　　　　　（2）RF910USB 烧录器

（3）GAL16V8（ATF16V8）　　　　　（4）电脑

5　实验报告

（1）设计的原理、思路和方法.

（2）源程序清单、仿真结果、实验结果.

（3）实验总结.

实验 2-5　组合逻辑应用设计

1　实验目的

（1）掌握 ATF16V8B 的结构及内部资源的整合、配置方法.

（2）具备依据设计任务确定所需硬件资源的能力,从而选择合适的 PLD 器件型号.

2　实验内容

2.1　血型匹配指示电路设计

人类有四种基本血型:A 型、B 型、AB 型、O 型.其中:

O 型血可以输给任意血型的人,但只能接收 O 型血.

AB 型血只能输给 AB 血型的人,可以接收任意血型.

A 型血可以输给 A 型或 AB 血型的人,可以接收 A 型或 O 型血;

B 型血可以输给 B 型或 AB 血型的人,可以接收 B 型或 O 型血.

图 2-5-1 可以准确描述这种输血与受血的关系.

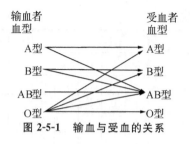

图 2-5-1　输血与受血的关系

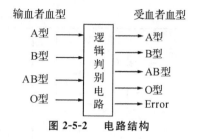

图 2-5-2　电路结构

试用 ATF16V8B 设计一个电路,自动实现输血者血型与受血者血型的匹配指示,电路结构如图 2-5-2 所示,四路输入端与输血者血型(A 型、B 型、AB 型、O 型)相对应,高电平有效.四路输出端与受血者血型(A 型、B 型、AB 型、O 型)相对应,高电平有效.要求:

当输血者血型输入的逻辑状态有效时,输出端输出有效的逻辑,指示与之对应的受血者血型.例如:当输血者血型中的 A 型输入为"1"时,受血者血型中 A 型和 AB 型输出端为"1";当输血者血型中的 B 型输入为"1"时,受血者血型中 B 型和 AB 型输出端为"1".

输血者血型的四路输入端(A 型、B 型、AB 型、O 型)只有一路是有效的,当出现两路以上的输入端逻辑为"1"时,电路的"Error"输出端应输出"1"提示输入错误,提醒操作人员重新输入.

(1)根据题意可列出该电路的真值表,如表 2-5-1 所示.

表 2-5-1　逻辑真值表

序号	输血者血型(1有效)				受血者血型(1有效)				Error (1有效)
	A_i	B_i	AB_i	O_i	A_o	B_o	AB_o	O_o	
1	1	0	0	0	1	0	1	0	0
2	0	1	0	0	0	1	1	0	0
3	0	0	1	0	0	0	1	0	0
4	0	0	0	1	1	1	1	1	0
5	0	0	0	0	0	0	0	0	0
6	0	0	1	1	0	0	0	0	1
7	0	1	0	1	0	0	0	0	1
8	0	1	1	0	0	0	0	0	1
9	0	1	1	1	0	0	0	0	1
10	1	0	0	1	0	0	0	0	1
11	1	0	1	0	0	0	0	0	1
12	1	0	1	1	0	0	0	0	1
13	1	1	0	0	0	0	0	0	1
14	1	1	0	1	0	0	0	0	1
15	1	1	1	0	0	0	0	0	1
16	1	1	1	1	0	0	0	0	1

(2)卡诺图化简.

(3)经卡诺图化简,得到"A_o""B_o""AB_o""O_o"的逻辑表达式.

(4)程序设计及仿真.

（5）器件编程.

（6）实验验证.在实验箱上验证设计是否正确,将结果填入表 2-5-2.

表 2-5-2　实验结果验证

序号	输血者血型（1 有效）				受血者血型（1 有效）				Error（1 有效）
	A_i	B_i	AB_i	O_i	A_o	B_o	AB_o	O_o	
1	0	0	0	0					
2	1	0	0	0					
3	0	1	0	0					
4	0	0	1	0					
5	0	0	0	1					
6	0	0	1	1					
7	0	1	0	1					
8	0	1	1	0					
9	0	1	1	1					
10	1	0	0	1					
11	1	0	1	0					
12	1	0	1	1					
13	1	1	0	0					
14	1	1	0	1					
15	1	1	1	0					
16	1	1	1	1					

2.2　血型遗传规律显示电路设计

自从 1900 年奥地利学者 Landsteiner 发现血型以来,人们认为"血型"是人体的一种遗传性状.在人类第二代里,可获得上一代的某些特征,这种现象叫做遗传.人类血型的遗传规律可以用表 2-5-3 来表示.

表 2-5-3　人类血型的遗传规律

双亲血型		子女可能出现的血型	子女中不能出现的血型
A	A	A,O	B,AB
A	O	A,O	B,AB
A	B	A,B,AB,O	
A	AB	A,B,AB	O
B	B	B,O	A,AB
B	O	B,O	A,AB
B	AB	A,B,AB	O
AB	O	A,B	AB,O
AB	AB	A,B,AB	O
O	O	O	A,B,AB

155

试用 ATF16V8B 设计一个电路,当输入双亲的血型时,自动显示其子女的可能血型,电路结构如图 2-5-3 所示.八路输入端分别与父母的血型(A 型、B 型、AB 型、O 型)相对应,高电平有效.四路输出端为后代的血型(A 型、B 型、AB 型、O 型),高电平有效.要求如下:

当父母血型输入的逻辑状态有效时,输出端输出有效的逻辑,指示后代与之对应的血型.例如:当父母的血型为 AA 时,后代血型的指示为 A 型和 O 型,输出端为"1";当父母的血型为 BB 时,后代血型的指示为 B 型和 O 型,输出端为"1".

表示父母血型的四路输入端(A 型、B 型、AB 型、O 型)只有一路是有效的,当出现两路以上的输入端逻辑为"1"时,"输入错误提示"端应输出"1"提示输入错误,提醒操作人员重新输入.

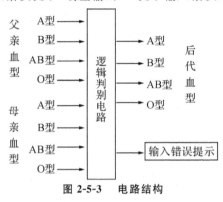

图 2-5-3　电路结构

(1)根据题意可列出该电路的真值表,如表 2-5-4 所示.

表 2-5-4　逻辑真值表

序号	输血者血型(1 有效)				受血者血型(1 有效)				后代血型(1 有效)				输入错误提示(1 有效)
	A_F	B_F	AB_F	O_F	A_M	B_M	AB_M	O_M	A_B	B_B	AB_B	O_B	
1	1	0	0	0	1	0	0	0					
2	1	0	0	0	0	1	0	0					
3	1	0	0	0	0	0	1	0					
4	1	0	0	0	0	0	0	1					
5	0	1	0	0	0	1	0	0					
6	0	1	0	0	0	0	1	0					
7	0	1	0	0	0	0	0	1					
8	0	0	1	0	0	0	1	0					
9	0	0	1	0	0	0	0	1					
10	1	0	0	1	0	0	0	1					

(2)卡诺图化简.

(3)经卡诺图化简,得到"A_B""B_B""AB_B""O_B"的逻辑表达式.

(4)程序设计及仿真.

(5)器件编程.

(6)实验验证.在实验箱上验证设计是否正确,将结果填入表 2-5-5.

表 2-5-5 实验结果验证

序号	输血者血型(1 有效)				受血者血型(1 有效)				后代血型(1 有效)				输入错误提示(1 有效)
	A_F	B_F	AB_F	O_F	A_M	B_M	AB_M	O_M	A_B	B_B	AB_B	O_B	
1	1	0	0	0	1	0	0	0					
2	1	0	0	0	0	1	0	0					
3	1	0	0	0	0	0	1	0					
4	1	0	0	0	0	0	0	1					
5	0	1	0	0	0	1	0	0					
6	0	1	0	0	0	0	1	0					
7	0	1	0	0	0	0	0	1					
8	0	0	1	0	0	0	1	0					
9	0	0	1	0	0	0	0	1					
10	1	0	0	1	0	0	0	1					

3 实验仪器与器材

(1) 电子技术综合实验台   (2) RF910USB 烧录器

(3) GAL16V8(ATF16V8)   (4) 电脑

4 实验报告

(1) 设计的原理、思路和方法.

(2) 源程序清单、仿真结果、实验结果.

(3) 实验总结.

实验 2-6 中小规模时序逻辑器件替代

1 实验目的

(1) 掌握 PLD 器件 ATF16V8B 输出逻辑宏单元(OLMC)的基本结构.

(2) 掌握用 CUPL 语言实现时序逻辑功能的方法.

(3) 学会使用 PLD 器件构造自己需要的时序逻辑芯片.

2 实验内容

2.1 用 ATF16V8B 实现 74LS74A 中 D 触发器的功能

2-D 触发器 74LS74A 的引脚排列图如图 2-6-1 所示，其逻辑功能表如表 2-6-1 所示.

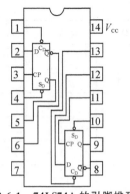

图 2-6-1　74LS74A 的引脚排列图

表 2-6-1　74LS74A 的逻辑功能表

输入				输出	
预置 S_D	清除 C_D	时钟 C_P	D	Q	Q
0	1φ	φ	1	0	
1	0	φ	φ	0	1
0	0	φ	φ	1 *	1 *
1	1	↑	1	1	0
1	1	↑	0	0	1
1	1	0	φ	O_n	O_n

2.2　用 ATF16V8B 实现二进制计数器 74LS161 的功能

参考表 2-6-2 所示的逻辑功能,用 ATF16V8B 实现之.

表 2-6-2　74LS161 的逻辑功能表

CP	$\overline{CR}$	$\overline{LD}$	CT_P	CT_T	D_3	D_2	D_1	D_0	Q_3	Q_2	Q_1	Q_0
×	0	×	×	×	×	×	×	×	0	0	0	0
↑	1	0	×	×	A	B	C	D	A	B	C	D
×	1	1	0	×	×	×	×	×	保　持			
×	1	1	×	0	×	×	×	×				
↑	1	1	1	1	×	×	×	×	计　数			

3　实验仪器与器材

(1) 电子技术综合实验台　　　　　(2) RF910USB 烧录器

(3) 计算机　　　　　　　　　　　(4) ATF16V8B

4　实验报告

(1) 设计的原理、思路和方法.

(2) 源程序清单、仿真结果、实验结果.

(3) 实验总结.

实验 2-7　环形计数器的设计

1　实验目的

(1) 了解 PLD 器件 ATF16V8B 输出逻辑宏单元(OLMC)的结构.

(2) 掌握 ATF16V8B 中 D 触发器的作用方法.

(3) 学会使用 PLD 器件构造简单的时序逻辑电路.

2 实验原理

2.1 环形计数器

如果将几个 D 触发器按照图 2-7-1 所示连接成电路,就构成了类似于移位寄存器的功能,所不同的是最后一个 D 触发器的输出又回送到第一个 D 触发器的数据输入端,也就是说所有的触发器首尾相接成了一个环.

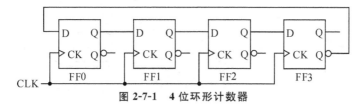

图 2-7-1 4 位环形计数器

设法使该电路中的每个触发器只有在特定计数值时 $Q_i=1$,而其他所有的计数值时 $Q_i=0$(也就是说触发器中只有一个输出是逻辑"1").那么当 CLK 的上升沿到来时,所有触发器的输出状态都会依次向右移动一位,每一个时钟唯一对应着一组触发器的状态值.因此 $Q_i=1$ 直接表明了某对应计数值的发生.在一个 4 位的环形结构中,则可能产生的码 Q_0,Q_1,Q_2,Q_3 将是 1000,0100,0010,0001,如表 2-7-1 所示.

表 2-7-1 环形计数器的状态转换表

CLK	Q_0	Q_1	Q_2	Q_3
0	1	0	0	0
1	0	1	0	0
2	0	0	1	0
3	0	0	0	1
4	1	0	0	0

这种电路称为环形计数器.必须保证所有的触发器输出的逻辑状态中只有一个是逻辑"1",才能实现上述的环形计数器,否则将得不到预期的时序输出.

在电路通电的初始时刻,所有 D 触发器的输出状态是随机的,当 Q_0,Q_1,Q_2,Q_3 处于不同的状态组合时,其下一个状态的变化也是不固定的.图 2-7-2 描述了 Q_0,Q_1,Q_2,Q_3 所有的状态组合,其中符合预期的状态只有 4 个.其余 12 个状态都是我们所不期望的.

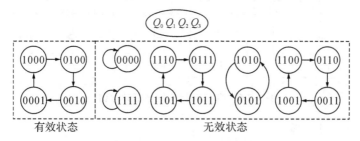

图 2-7-2 4 位环形计数器所有的输出状态

在 12 个无效状态中,有 4 个封闭的状态环,一旦进入此 4 个环中的一个,计数器将无法跳出当前的循环.为了使这个电路能够正常工作,当出现无效状态时,必须强制其退出该循环进入到有效状态.

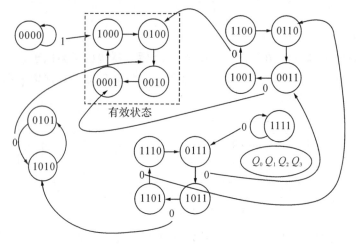

图 2-7-3　状态转移示意图

如果在 4 个无效的循环中设法改变其中一个 D 触发器的数据输入状态(例如 D_0),则会打破原有的循环规律,就从无效循环进入有效循环(图 2-7-3 所示).

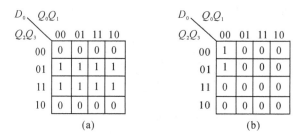

图 2-7-4　D_0 状态转移规律

图 2-7-4(a)为 D_0 的原有转移规律,图 2-7-4(b)为按照图 2-7-3 打破循环处理后 D_0 的转移规律,不难得到 D_0 的逻辑表达式为:$D_0 = \overline{Q_0} \cdot \overline{Q_1} \cdot \overline{Q_2} = \overline{Q_0 + Q_1 + Q_2}$.

在图 2-7-1 的基础上按照 D_0 表达式改进后,就得到了如图 2-7-5 所示的自启动型环形计数器,不管电路通电时计数器的状态如何,经过几个时钟脉冲以后,电路就会正常工作.

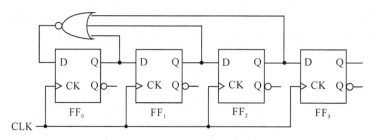

图 2-7-5　自启动型 4 位环形计数器

2.2　Johnson(扭环)计数器

若把环形计数器的最后一个触发器的 $\overline{Q}$(而不是 Q)作为反馈接到第一个触发器的输入,就可以得到一个有趣的改变,如图 2-7-6 所示.这个电路就是著名的 Johnson 计数器. n 位的这种类型的电路可以产生长度位 $2n$ 的计数序列.例如,一个 4 位的计数器可以产生计数序列

0000,1000,1100,1110,0111,0011,0001,0000 等. 请注意:在这个序列中,相邻的两个码之间只有一位不同.

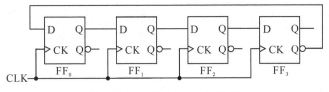

图 2-7-6　4 位 Johnson 计数器

Johnson 计数器在正常使用之前必须进行初始化. 否则,很难得到想要的计数序列.

3　实验内容

3.1　用 ATF16V8B 构造 8 位环形计数器

通过相应的措施使电路具有自启动功能.

在实验台上测试设计的计数器是否实现了预期的功能.

3.2　用 ATF16V8B 构造 4 位扭环计数器

通过相应的措施使电路具有自启动功能.

在实验台上测试设计的计数器是否实现了预期的功能.

4　实验仪器与器材

（1）电子技术实验台　　　　　　　（2）RF910USB 烧录器

（3）GAL16V8(ATF16V8)　　　　　（4）电脑

5　实验报告

（1）设计的原理、思路和方法.

（2）源程序清单、仿真结果、实验结果.

（3）实验总结.

实验 2-8　二进制计数器的设计

1　实验目的

（1）掌握 PLD 器件 ATF16V8B 输出逻辑宏单元(OLMC)的结构.

（2）掌握用 CUPL 语言实现时序逻辑功能的方法.

（3）学会使用 PLD 器件实现复杂的时序逻辑功能.

2　实验原理

2.1　二进制计数器

计数器是数字逻辑系统中的基本部件,它是数字系统中用得最多的时序逻辑电路,其主要功能是用不同的状态组合来记忆输入脉冲的个数.通常把计数值$=2^n$的计数器称为二进制计数器.当$n=3$时,计数器的状态转移表如表 2-8-1 所示.

表 2-8-1　二进制计数器的状态转移表

计数值 原状态			时钟	计数值 次状态		
Q_2^n	Q_1^n	Q_0^n	CLK	Q_2^{n+1}	Q_1^{n+1}	Q_0^{n+1}
0	0	0	↑	0	0	1
0	0	1	↑	0	1	0
0	1	0	↑	0	1	1
0	1	1	↑	1	0	0
1	0	0	↑	1	0	1
1	0	1	↑	1	1	0
1	1	0	↑	1	1	1
1	1	1	↑	0	0	0

表 2-8-2　数据输入端 D_0 的逻辑电平设置规律

计数值 原状态			D触发器 输入状态			时钟	计数值 次状态		
Q_2^n	Q_1^n	Q_0^n	D_2	D_1	D_0	CLK	Q_2^{n+1}	Q_1^{n+1}	Q_0^{n+1}
0	0	0	0	0	1	↑	0	0	1
0	0	1	0	1	0	↑	0	1	0
0	1	0	0	1	1	↑	0	1	1
0	1	1	1	0	0	↑	1	0	0
1	0	0	1	0	1	↑	1	0	1
1	0	1	1	1	0	↑	1	1	0
1	1	0	1	1	1	↑	1	1	1
1	1	1	0	0	0	↑	0	0	0

当采用 D 触发器来构造计数器时,由于 D 触发器的特征方程 $Q=D.CLK↑$,因此当 D 触发器的状态输入端按照计数规律设置相应的逻辑电平后,在时钟脉冲的作用下,计数器就会按照预定的计数规律工作,表 2-8-2 描述了二进制计数器中 D 触发器的数据输入端的逻辑电平设置规律.

对于 D_0 数据输入端的状态设置规律,与计数器的原状态 Q_2^n,Q_1^n,Q_0^n 满足固定的对应关系,通过图 2-8-1 所示的卡诺图可以得到 D_0,Q_2^n,Q_1^n,Q_0^n 的逻辑表达式为 $D_0=\bar{Q}_0^n=Q_0^n \oplus 1$.

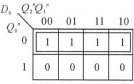

图 2-8-1　D_0 的卡诺图

同样道理,对于 D_1 数据输入端的状态设置规律,与计数器的原状态 Q_2^n,Q_1^n,Q_0^n 也满足固定的对应关系(见表 2-8-3),通过图 2-8-2 所示的卡诺图可以得到 D_1 与 Q_2^n,Q_1^n,Q_0^n 的逻辑表达式 $D_1=Q_1^n\bar{Q}_0^n+\bar{Q}_1^n,Q_0^n=Q_1^n \oplus Q_0^n$.

表 2-8-3　数据输入端 D_1 的逻辑电平设置规律

计数值 原状态			D触发器 输入状态			时钟	计数值 次状态		
Q_2^n	Q_1^n	Q_0^n	D_2	D_1	D_0	CLK	Q_2^{n+1}	Q_1^{n+1}	Q_0^{n+1}
0	0	0	0	0	1	↑	0	0	1
0	0	1	0	1	0	↑	0	1	0
0	1	0	0	1	1	↑	0	1	1
0	1	1	1	0	0	↑	1	0	0
1	0	0	1	0	1	↑	1	0	1
1	0	1	1	1	0	↑	1	1	0
1	1	0	1	1	1	↑	1	1	1
1	1	1	0	0	0	↑	0	0	0

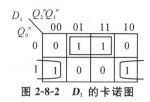

图 2-8-2　D_1 的卡诺图

对于 D_2 数据输入端的状态设置规律(表 2-8-4),通过图 2-8-3 所示的卡诺图可以得到 D_2 与 Q_2^n,Q_1^n,Q_0^n 的逻辑表达式 $D_2=Q_2^n\bar{Q}_0^n+Q_2^n\bar{Q}_1^n+\bar{Q}_2^nQ_1^nQ_0^n=Q_2^n\oplus Q_1^nQ_0^n$.

表 2-8-4 数据输入端 D_2 的逻辑电平设置规律

计数值原状态			D触发器输入状态			时钟	计数值次状态		
Q_2^n	Q_1^n	Q_0^n	D_2	D_1	D_0	CLK	Q_2^{n+1}	Q_1^{n+1}	Q_0^{n+1}
0	0	0	0	0	1	↑	0	0	1
0	0	1	0	1	0	↑	0	1	0
0	1	0	0	1	1	↑	0	1	1
0	1	1	1	0	0	↑	1	0	0
1	0	0	1	0	1	↑	1	0	1
1	0	1	1	1	0	↑	1	1	0
1	1	0	1	1	1	↑	1	1	1
1	1	1	0	0	0	↑	0	0	0

D_2 \ Q_0^n \ $Q_2^nQ_1^n$	00	01	11	10
0	0	0	1	1
1	0	1	0	1

图 2-8-3 D_2 的卡诺图

对于 n 位二进制计数器,其 D 触发器的状态输入端 D_{n-1} 的逻辑表达式为:$D_{n-1}=Q_{n-1}^n\oplus Q_{n-2}^nQ_{n-3}^n\cdots Q_1^nQ_0^n$.

2.2 可控二进制计数器

上述的计数器在时钟脉冲的作用下会按照 0、1、2…7、0、1…的计数规律自动工作.如果在时钟脉冲有效的情况下,控制计数器的启动、停止,就需要有一个额外的控制端(w)来控制它.

仍然以三位计数器为例.令计数器的当前状态变量分别为 Q_2^n、Q_1^n 和 Q_0^n,Q_2^{n+1}、Q_1^{n+1}、Q_0^{n+1} 表示对应的下一个状态.最方便(而且最简单)的状态分配方式是把计数器在该状态下应该输出的二进制数分配给对应的状态作为状态编码,那么所需的输出逻辑将与表示状态变量的编码一致.这就产生了表 2-8-5 所示的状态转移表.

表 2-8-5 可控二进制计数器的状态转移表

当前状态		下一状态	
		$w=0$	$w=1$
计数值	$Q_2^nQ_1^nQ_0^n$	$Q_2^{n+1}Q_1^{n+1}Q_0^{n+1}$	$Q_2^{n+1}Q_1^{n+1}Q_0^{n+1}$
0	0 0 0	0 0 0	0 0 1
1	0 0 1	0 0 1	0 1 0
2	0 1 0	0 1 0	0 1 1
3	0 1 1	0 1 1	1 0 0
4	1 0 0	1 0 0	1 0 1
5	1 0 1	1 0 1	1 1 0
6	1 1 0	1 1 0	1 1 1
7	1 1 1	1 1 1	0 0 0

如果依然选用 D 触发器作为计数器的时序单元,那么该 D 触发器的状态输入端状态 D_i 就是其要输出的值 Q_i^{n+1}(表 2-8-5 所示).用图 2-8-4 所示的卡诺图,可以得到下面的逻辑表达式:

$$D_0=Q_0^{n+1}=\bar{w}Q_0^n+w\bar{Q}_0^n$$

$$D_1 = Q_1^{n+1} = \overline{w}Q_1^n + Q_1^n\overline{Q}_0^n + wQ_1^n Q_0^n$$

$$D_2 = Q_2^{n+1} = \overline{w}Q_2^n + Q_2^n\overline{Q}_0^n + Q_2^n\overline{Q}_1^n + wQ_2^n Q_1^n Q_0^n$$

上述表达式对于设计更多位数的计数器提供不了太大的帮助,因为并没有从 D_0, D_1, D_2 的表达式中得到明确的设计规律.可以把这些公式作如下变形:

$$D_0 = \overline{w}Q_0^n + w\overline{Q}_0^n = w \oplus Q_0^n$$

$$D_1 = \overline{w}Q_1^n + Q_1^n\overline{Q}_0^n + w\overline{Q}_1^n Q_0^n = Q_1^n(\overline{w} + \overline{Q}_0^n) + w\overline{Q}_1^n Q_0^n = Q_1^n\overline{wQ_0^n} + \overline{Q}_1^n wQ_0^n = Q_1^n \oplus wQ_0^n$$

$$D_2 = \overline{w}Q_2^n + Q_2^n\overline{Q}_0^n + Q_2^n\overline{Q}_1^n + w\overline{Q}_2^n Q_1^n Q_0^n = Q_2^n(\overline{w} + \overline{Q}_1^n + \overline{Q}_0^n) + \overline{Q}_2^n wQ_1^n Q_0^n$$

$$= Q_2^n(\overline{wQ_1^n Q_0^n}) + \overline{Q}_2^n wQ_1^n Q_0^n = Q_2^n \oplus wQ_1^n Q_0^n$$

因此,对于 n 位可控计数器,其 D 触发器的状态输入端 D_{n-1} 的逻辑表达式为:

$$D_{n-1} = Q_{n-1}^n \oplus wQ_{n-2}^n Q_{n-3}^n \cdots Q_1^n Q_0^n$$

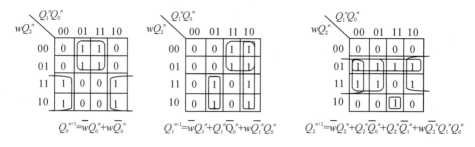

图 2-8-4 由 D 触发器构成可控计数器的卡诺图

3 实验内容

3.1 用 ATF16V8B 构造 4 位二进制加计数器

通过增加相应的控制引脚使电路具有清零功能.

在实验台上测试设计的计数器是否实现了预期的功能.

3.2 用 ATF16V8B 构造 4 位二进制可控加计数器

要求电路具有上电清零功能.

在实验台上测试设计的计数器是否实现了预期的功能.

4 实验仪器与器材

(1) 电子技术实验台　　　　　　(2) RF910USB 烧录器

(3) GAL16V8(ATF16V8)　　　　(4) 电脑

5 实验报告

(1) 设计的原理、思路和方法.

(2) 源程序清单、仿真结果、实验结果.

(3) 实验总结.

实验 2-9　可编程计数器的设计

1　实验目的

（1）掌握 GAL22V10 内部资源的使用方法.

（2）学会用 GAL22V10 实现复杂的时序逻辑功能.

2　实验原理

一般情况下,计数器的设计有以下四种方法.

2.1　基于二进制计数器基础上的反馈置零法

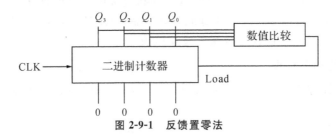

图 2-9-1　反馈置零法

在二进制计数器的基础上,如果对计数器输出的状态进行检测,当计数器的值为预期的结果时,产生一个置数(Load)信号电平,如果此时预置的数据为 0000,则计数器即从 0 开始新一轮的计数循环.

2.2　基于二进制计数器基础上的反馈置数法

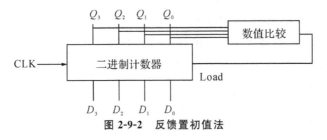

图 2-9-2　反馈置初值法

此种计数器的工作机理与反馈置零法相同,所不同的是当进行置数操作时,预置的数据为任意值,计数器计数的起点和终点均可设置,比较灵活.

2.3　基于二进制计数基础上的异步复位法

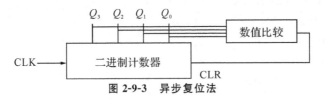

图 2-9-3　异步复位法

异步复位法也是在二进制计数器的基础上,对计数器输出的状态进行检测,当计数器的值为预期的结果时,产生一个异步清零(CLR)信号,将计数器强制清 0,开始新一轮的计数循环.

2.4 基于 M 序列发生器基础上的反馈置零法

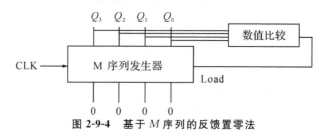

图 2-9-4 基于 M 序列的反馈置零法

基于 M 序列发生器基础上的反馈置零法与反馈置零法大同小异,只是计数器的计数规律不同而已.

反馈置数法和反馈置零法均是基于 D 触发器的同步计数器结构,硬件资源完全相同.只是基于表达习惯单独表述,实际上当反馈置数法置入的初值为 0 时就是反馈置零法.PLD 逻辑器件内部 D 触发器的结构非常适合构造此类计数器,通用性最强,因此我们使用 PLD 器件设计各类计数器时,均是基于反馈置数法的设计思想.

2.5 同步计数器的构造规律

n 位同步二进制计数器的构造非常有规律,当构造加法计数器时,其各级触发器的状态转移方程为:

$$Q_i^{n+1}=Q_i^n \oplus (Q_{i-1}^n Q_{i-2}^n \cdots Q_1^n Q_0^n) \quad i=(0,1,2\cdots n-1)$$

从低位开始分别为:

$$Q_0^{n+1}=Q_0^n \oplus 1$$
$$Q_1^{n+1}=Q_1^n \oplus Q_0^n$$
$$Q_2^{n+1}=Q_2^n \oplus Q_1^n Q_0^n$$
$$\cdots\cdots$$
$$Q_{n-1}^{n+1}=Q_{n-1}^n\oplus(Q_{n-2}^n Q_{n-3}^n \cdots Q_1^n Q_0^n)$$

当构造减法计数器时,其各级触发器的状态转移方程为:

$$Q_i^{n+1}=Q_i^n \oplus (\bar{Q}_{i-1}^n \bar{Q}_{i-2}^n \cdots \bar{Q}_1^n \bar{Q}_0^n) \quad i=(0,1,2,\cdots,n-1)$$

从低位开始分别为:

$$Q_0^{n+1}=Q_0^n \oplus 1$$
$$Q_1^{n+1}=Q_1^n \oplus \overline{Q_0^n}$$
$$Q_2^{n+1}=Q_2^n \oplus \bar{Q}_1^n \bar{Q}_0^n$$
$$\cdots\cdots$$
$$Q_{n-1}^{n+1}=Q_{n-1}^n\oplus(\bar{Q}_{n-2}^n \bar{Q}_{n-3}^n \cdots \bar{Q}_1^n \bar{Q}_0^n)$$

用 CUPL 语言实现二进制计数器的例子如下:

```
Name        binaryCNT;
Device      g22v10;
PIN  1          =   clk;
PIN  [12..15]   =   [Q3..0];
Q0.D=Q0 $ 'b'1;
Q1.D=Q1 $ Q0;
```

Q2.D＝Q2 $ Q1 & Q0；

Q3.D＝Q3 $ Q2 &Q1 & Q0；

2.6 任意模值计数器

上面的例子是构造二进制的计数器,限制了它的应用场合.如欲构造一个模 M 分频器($M \neq 2^n$),应先选择二进制计数器的位数 n,n 的选择应满足:$2^{n-1} < M \leqslant 2^n$.

例如,构造一个 6 进制计数器,$M = 6$,则选 $n = 3$,写出模为 2^3 计数器的方程:

$$Q_0^{n+1} = Q_0^n \oplus 1$$

$$Q_1^{n+1} = Q_1^n \oplus Q_0^n$$

$$Q_2^{n+1} = Q_2^n \oplus Q_1^n Q_0^n$$

然后采用反馈置零法,将此模为 2^3 的计数器改成模 M 计数器,为此选择 $M-1$ 作为反馈码 F.当 $M = 6$ 时,$M-1 = 5$,即选 101 作为反馈码,有:$F = Q_2^n \overline{Q_1^n} Q_0^n$.

这样将上述模 8 计数器的方程改为下面形式即可实现模 6 计数:

$$Q_0^{n+1} = \overline{F}(Q_0^n \oplus 1)$$

$$Q_1^{n+1} = \overline{F}(Q_1^n \oplus Q_0^n)$$

$$Q_2^{n+1} = \overline{F}(Q_2^n \oplus Q_1^n Q_0^n)$$

显然采用此法设计的任意模值计数器具有自启动特性.

用 CUPL 语言实现 M＝9 的计数器的例子:

Name   module9CNT；

Device   g22v10；

PIN   1 ＝clk；

PIN [12..15] ＝ [Q3..0]；

Feedback9 ＝ Q3 & ! Q2 & ! Q1 & ! Q0；

Q0.D＝! feedback9 & ! Q0；

Q1.D＝! feedback9 & (Q1 $ Q0)；

Q2.D＝! feedback9 & (Q2 $ Q1 & Q0)；

Q3.D＝! feedback9 & (Q3 $ Q2 &Q1 & Q0)；

3 实验内容

3.1 用 ATF16V8 实现表 2-9-1 所示的计数器功能.

表 2-9-1 计数器功能表

模式控制 1 (CTL1)	模式控制 0 (CTL0)	时钟输入 (CLK)	功　能
0	0	↑	8 进制计数 (0—7)
0	1	↑	9 进制计数 (0—8)
1	0	↑	32 进制计数 (0—31)
1	1	↑	33 进制计数 (0—32)

3.2 用 GAL22V10 实现表表 2-9-2 所示的双十进制同步计数器的功能.

表 2-9-2 双十进制同步计数器功能

控制输入	数据输入	逻辑电平	时钟输入	功能
清零端 (CLR)		0	↑	计数器置零
		1	↑	计数器计数
预置端(PS)	$D_{H3} \cdots D_{H0}$ $D_{L3} \cdots D_{L0}$	1	↑	$Q_{H3} \cdots Q_{H0} = D_{H3} \cdots D_{H0}$ $Q_{L3} \cdots Q_{L0} = D_{L3} \cdots D_{L0}$
		0		计数

4 实验仪器与器材

(1) 实验台(板)　　　　　　　(2) RF910USB 烧录器
(3) GAL22V10(ATF22V10)　　(4) 电脑

5 实验报告

(1) 设计的原理、思路和方法.
(2) 源程序清单、仿真结果、实验结果.
(3) 实验总结.

实验 2-10　8×8 LED 显示屏的静态图案显示

1 实验目的

(1) 掌握用 PLD 器件实现复杂控制逻辑的方法.
(2) 掌握 8×8 LED 显示器的工作原理和使用方法.

2 实验原理

　　点阵式 LED 显示器作为现代信息显示的重要器件,在金融证券、体育、机场、交通、商业、广告宣传等许多领域中得到了广泛应用.点阵式 LED 显示器件的研制、生产也得到了迅速的发展,并逐步形成产业,成为光电子行业的新兴产业.在一些显示的信息量不是很大,分辨率要求不是很高,成本相对较低的场合,使用 LED 点阵显示器是比较经济适用的理想方案,它可以显示字符、数字、汉字和简单图形,可以根据需要使用不同字号、字形,显示亮度较高,并且对环境条件要求比较低.

2.1 LED 点阵显示屏显示原理

　　我们可以从图 2-10-1 所显示的单基色 8×8 LED 显示器结构图来描述其显示原理.
　　8×8 LED 显示器共有 64 个 LED,呈 8 行×8 列的布局,从图 2-10-1 所示的结构图上可以看出,每一行中的 8 个发光二极管的阳极接在一起,共用一根行线;每一列中的 8 个 LED 的阴极接在一起,共用一根列线.当与 LED 对应的行线接高电平、列线接低电平时,对应的发光二极管被点亮.

当某一行线接高电平时,与该行 LED 对应的 8 根列线接低电平时,则对应的 LED 点亮,否则不亮.这就是说,8 根列线起到控制该行中 8 只 LED 的作用,所有点亮的 LED 的电流经该行线构成回路,因此要求行线的驱动能力远大于列线.当另一行线接高电平时(其余的行线为低电平),通过列线可以控制另一行 LED 的亮灭.此种显示方式称为行扫描显示方式(见图 2-10-2).

当某一列线接低电平时,与该列 LED 对应的 8 根行线接高电平时,则对应的 LED 点亮,否则不亮.这就是说,8 根行线起到控制该列中 8 只 LED 的作用,所有点亮的 LED 的

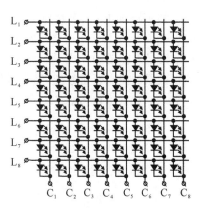

图 2-10-1 单基色 8×8LED 点阵
显示屏结构原理图

电流经该列线构成回路,因此要求列线的驱动能力远大于行线.当另一列线接低电平时(其余的列线为高电平),通过行线可以控制另一列 8 只 LED 的亮灭.此种显示方式称为列扫描显示方式(见图 2-10-3).

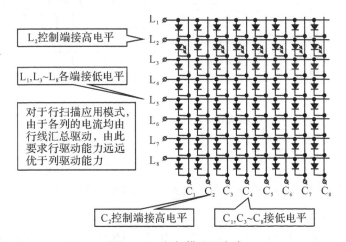

图 2-10-2 行扫描显示方式

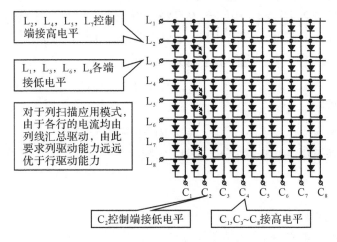

图 2-10-3 列扫描显示方式

通常情况下,一块 $8 \times 8 = 64$ 个像素点的 LED 电子显示屏是不能显示一个汉字的(最粗糙的汉字点阵为 $16 \times 16 = 256$ 点),只能用来显示字符或简单的图形. 在显示过程中,不管是用行扫描还是列扫描的方式,每一个时刻只有一行(或列)LED 在显示,为了显示一个平面图案,必须利用人眼的视觉暂留效应,每一行显示一段很短的时间,依次重复(重复频率不低于 24 Hz).

2.2 具体的应用电路

从图 2-10-4 所示的应用电路原理图中可以看出,该电路的列驱动电路为 ULN2803A,为达林顿结构的功率驱动电路,驱动电流大于 500 mA. 行驱动电路为缓冲门,驱动电路为数 mA 数量级,因此在选择扫描方式时应选择列扫描方式.

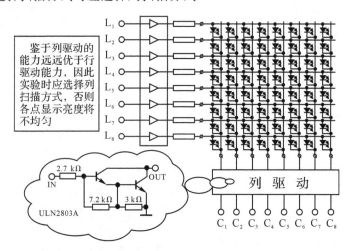

图 2-10-4　应用电路原理图

3 实验内容

用 8×8 LED 显示屏显示图 2-10-5 所示的英文字符"R"(或者自己喜欢的一个 8×8 点阵图案).

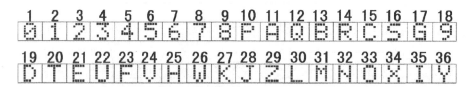

图 2-10-5　5×7 字符点阵图

4 实验仪器与器材

(1) 实验台(箱)　　　　　　　　(2) RF910USB 烧录器

(3) ATF16V8,GAL22V10　　　(4) 电脑

5 实验报告

(1) 设计的原理、思路和方法.

(2) 源程序清单、仿真结果、实验结果.

(3) 实验总结.

实验 2-11　8×8 LED 显示屏的动态图案显示

1　实验目的

（1）掌握用 PLD 器件实现复杂控制逻辑的方法.

（2）掌握 8×8 LED 显示器的工作原理和使用方法.

2　实验内容

（1）用 8×8 LED 显示屏显示图 2-11-1 所示的动态变化的正方形（或自己喜欢的动态图案，但至少包括 4 个图案）.

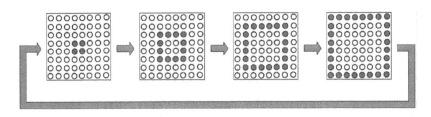

图 2-11-1　显示图案的动态变化规律

（2）试用 8×8 LED 显示屏演示镜面反射现象.示意图如图 2-11-2 所示.

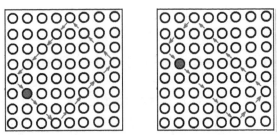

图 2-11-2　8×8 点阵的镜面反射现象

要求：

① 亮点停留时间 0.1 秒左右；

② 发光二极管的起始点可任意设定；

③ 亮点光迹的旋转方向（顺时针、逆时针）可预先设定.

（3）在实验 2.2 的基础上，完成 X×Y LED 点阵（不再是 8×8 点阵）的镜面反射现象.示意图如图 2-11-3 所示.

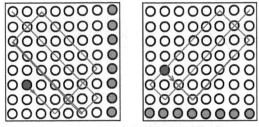

图 2-11-3　任意点阵的镜面反射现象

要求：

① 满足实验的所有要求；

② 显示屏中可显示的行、列数可预先设置.

3 实验仪器与器材

(1) 实验台(箱)　　　　　　　　　　(2) RF910USB 烧录器

(3) ATF16V8,GAL22V10　　　　　　(4) 电脑

4 实验报告

(1) 设计的原理、思路和方法.

(2) 源程序清单、仿真结果、实验结果.

(3) 实验总结.

实验 2-12　小汽车尾灯控制电路设计

1 实验目的

掌握用 PLD 器件实现复杂控制逻辑的方法.

2 实验内容

试设计一个小汽车尾灯控制电路,小汽车左、右两侧各有 3 个尾灯,要求：

(1) 右转弯时,在右转弯开关控制下,右侧三个灯按图 2-12-1 所示的次序周期性地亮灭；

图 2-12-1　右转向灯的变化规律

(2) 左转弯时,在左转弯开关控制下,左侧三个灯按图 2-12-2 所示的次序周期性地亮灭；

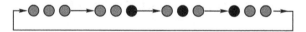

图 2-12-2　左转向灯的变化规律

(3) 当汽车制动(刹车)时,在制动开关的控制下,6 个尾灯同时亮(若在转弯情况下制动,三个转向指示灯正常工作,另外三个灯同时亮).

3 实验仪器与器材

(1) 实验台(箱)　　　　　　　　　　(2) RF910USB 烧录器

(3) ATF16V8,GAL22V10　　　　　　(4) 电脑

4 实验报告

(1) 设计的原理、思路和方法.

(2) 源程序清单、仿真结果、实验结果.

(3) 实验总结.

实验 2-13　集成运算放大器的综合应用

1　实验目的

（1）通过实验,学习用集成运放构成正弦波发生器、方波和三角波发生器的工作原理.

（2）学习波形发生器的调整和主要性能指标的测试方法.

（3）了解运算放大器在实际应用时应考虑的一些问题,以及运放的性能指标对波形发生器性能参数的影响.

2　实验原理

2.1　正弦波发生器

图 2-13-1 为 RC 桥式正弦波振荡器.其中 RC 串、并联电路构成正反馈支路,同时兼作选频网络,R_1,R_2,R_W 及二极管等元件构成负反馈和稳幅环节.调节电位器 R_W,可以改变负反馈深度,以满足振荡的振幅条件和改善波形,利用两个反向并联二极管 D_1,D_2 正向电阻的非线性特性来实现稳幅.D_1,D_2 采用硅管(温度稳定性好),且要求特性匹配,才能保证输出波形正、负半周对称.R_2 的接入是为了削弱二极管非线性的影响,以改善波形失真.

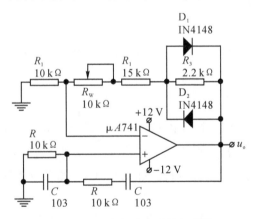

图 2-13-1　RC 桥式正弦波振荡器

电路的振荡频率为:$f_0 = \dfrac{1}{2\pi RC}$.

起振的幅值条件为:$\dfrac{R_F}{R_1} \geqslant 2$.

式中:$R_F = R_W + R_2 + (R_3 \parallel r_{VD})$,$r_{VD}$ 为二极管的正向导通电阻.

调整反馈电阻 R_F(即调整 R_W),使电路起振,且波形失真最小.如果不能起振,则说明负反馈太强,应适当加大 R_F.如果波形失真严重,则应适当减小 R_F.

改变选频网络的参数 C 或 R,即可调节振荡频率.一般采用改变电容 C 作振荡频率量程切换,而调节 R 作量程内的频率细调.

2.2 三角波和方波发生器

如果把迟滞比较器和积分器首尾相接形成正反馈闭环系统,如图 2-13-2 所示,则比较器输出的方波经积分器积分可得到三角波,三角波又触发比较器自动翻转形成方波,这样即可构成三角波、方波发生器.由于采用运放组成的积分电路,因此可实现恒流充电,使三角波线性度大大改善.

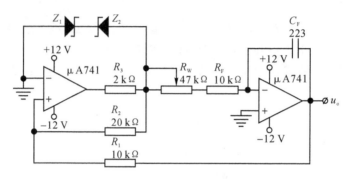

图 2-13-2 三角波和方波发生器

电路的振荡频率为:$f_{\circ}=\dfrac{R_2}{4R_1(R_F+R_W)C_F}$.

方波的幅值:$U'_{om}=\pm U_Z$.

三角波的幅值:$U_{om}=\dfrac{R_1}{R_2}U_Z$.

调节 R_W 可以改变振荡频率,改变 $\dfrac{R_1}{R_2}$ 比值可调节三角波的幅值.

3 实验内容

3.1 按图 2-13-1 连接实验电路,接通±12 V 电源,输出端接示波器

(1) 调节电位器 R_W,使输出波形从无到有,从正弦波到出现失真.描绘 $u_{\circ}$ 的波形,记下临界起振、正弦波正常输出及正弦波失真情况下的 R_W 值,分析负反馈强弱对起振条件及输出波形的影响.

(2) 调节电位器 R_W,使输出电压 $u_{\circ}$ 幅值最大且不失真,用交流毫伏表分别测量输出电压 $u_{\circ}$、反馈电压 U_+ 和 U_-,分析研究振荡的幅值条件.

(3) 用示波器(或频率计)测量振荡频率 $f_{\circ}$,然后在选频网络的两个电阻 R 上并联同一阻值电阻,观察记录振荡频率的变化情况,并与理论值进行比较.

(4) 断开二极管 D_1,D_2,重复(2)的内容,将测试结果与(2)进行比较,分析 D_1,D_2 的稳幅作用.

3.2 按图 2-13-2 连接实验电路

(1) 将电位器 R_W 调至合适位置,用双踪示波器观察并描绘三角波输出 $u_{\circ}$ 及方波输出 $u_{\circ}{}'$,测其幅值、频率及 R_W 值,记录之.

(2) 改变 R_W 的值,观察对 $u_{\circ}$,$u_{\circ}{}'$ 幅值及频率的影响.

(3) 改变 R_1(或 R_2),观察对 $u_{\circ}$,$u_{\circ}{}'$ 幅值及频率的影响.

4 实验仪器与器件

(1) 电子技术实验台　　　　　　　(2) 数字万用表

(3) 函数信号发生器　　　　　　　(4) 双踪示波器

(5) 晶体管毫伏表

(6) μA741×2，BXZ6.2×2，1N4148×2，电阻、电容若干

5 实验报告

5.1 正弦波发生器

(1) 列表整理实验数据，画出波形，把实测频率与理论进行比较；

(2) 根据实验分析 RC 振荡器的振幅条件；

(3) 讨论二极管 D_1，D_2 的稳幅作用.

5.2 三角波及方波发生器

(1) 整理实验数据，把实测频率与理论值进行比较；

(2) 在同一坐标纸上，按比例画出三角波及方波的波形，并标明时间和电压幅值；

(3) 分析电路参数变化（R_1，R_2 和 R_w）对输出波形频率及幅值的影响.

实验 2-14　跟踪式 A/D 转换实验

1 实验目的

(1) 了解可逆计数器的工作原理和使用方法.

(2) 了解 DAC0832 和 R－2R 网络实现 D/A 转换的工作原理.

(3) 设计一个 8 位跟踪式 A/D 转换电路，并通过实验来检验该电路的性能.

2 实验原理

A/D 转换的目的是将模拟电压进行量化得到一串数字，数字的大小与模拟电压存在着对应关系. D/A 转换的目的是将数字量还原为模拟电压.

目前，各式各样的 A/D，D/A 转换器件品种繁多，功能各异. 这些器件均提供有完整的I/O接口和控制器相连接，使用方便灵活.

2.1 基本原理

本实验提出另一种 A/D 转换的方法，通过一个可逆计数器和 D/A 转换电路来实时输出A/D 转换的结果，具体实现如图 2-14-1 所示.

可逆计数器在计数时钟的驱动下进行加计数或减计数，具体是进行加计数还是减计数是由模拟比较器的输出决定的，当模拟比较器输出高电平时进行加计数，输出低电平时进行减计数. 可逆计数器输出的结果（数字量）通过 R－2R 电阻网络后转换为相应的模拟电压（进行D/A变换），该电压与输入的模拟电压进行比较，当输入的模拟信号大于 D/A 转换的结果时，比较器输出高电平，可逆计数器进行加计数；反之，当输入的模拟信号小于 D/A 转换的结果

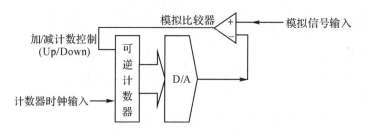

图 2-14-1　跟踪式 A/D 转换器功能框图

时,比较器输出低电平,可逆计数器进行减计数. 这就是说,D/A 的输出是时刻跟着输入信号变化的,可逆计数器输出的值就是输入信号对应的数字量,跟踪式 A/D 转换即由此而来.

2.2　使用器件说明

(1) 可预置 4 位可逆计数器 CD4029,其引脚功能如图 2-14-2 所示.

引脚说明:
①脚:计数器初始值预置端,高有效;
③、④、⑫、⑬脚:预置数据输入端;
⑥、⑪、⑭、②脚:计数器输出;
⑤脚:进位输入端;
⑦脚:进位输出端;
⑮脚:计数时钟输入;
⑩脚:加/减计数控制端;
⑨脚:二/十进制控制端.

图 2-14-2　引脚排列图

CD4029 的真值表如表 2-14-1 所示.

表 2-14-1　CD4029 的真值表

控制输入	逻辑电平	功能
二/十进制控制端(B/D)	1	二进制计数
	0	十进制计数
加/减计数控制端(U/D)	1	加计数
	0	减计数
预置端(PE)	1	预置数据输入
	0	不预置
进位输入端(CI)	1	停止计数
	0	计数

CD4029 的时序如图 2-14-3 所示.

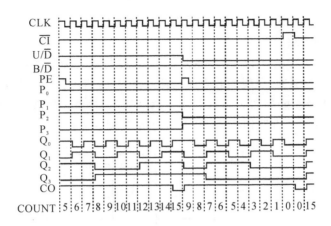

图 2-14-3　CD4029 的时序图

在具体使用中,如果 CD4029 不能满足实际的需要,可通过多个 CD4029 进行级连,以达到所需的数据长度.图 2-14-4 展示出了多个 CD4029 级连的方法.

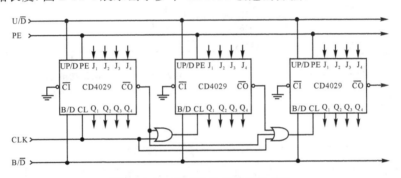

图 2-14-4　CD4029 的多级使用方法

(2) 模拟比较器 LM393.其引脚排列如图 2-14-5 所示,内部电路如图 2-14-6 所示。

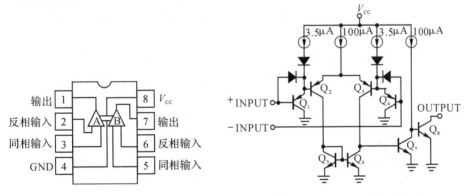

图 2-14-5　LM393 引脚排列图　　　　图 2-14-6　LM393 内部电路图

LM393 的输出是 OC 门开路输出(Q_8 的集电极没有接上拉电阻),因此使用 LM393 时其输出端应外接一上拉电阻到正电源,以保证输出结果的正确.

(3) 或门实际上使用两个二极管和一个电阻也可以实现或门的功能,当你的电路中只用一个或门(或者是与门)时使用二极管实现或门的方案会显得既经济又方便.图 2-14-7 所示的电路会给你一些启发.

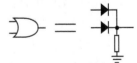

图 2-14-7　使用二极管取代或门的方法

（4）数模转换器件.实现的功能是完成数字量到模拟量的转换.

① DAC0832 原理介绍.

DAC0832 是 CMOS 型的 8 位 D/A 转换器,可直接与微处理器连接.由于该电路采用双缓冲寄存器,使它具有双缓冲、单缓冲和直通三种工作方式,使用起来具有更大的灵活性.

DAC0832 的引脚及功能如图 2-14-8 和图 2-14-9 所示,它由 8 位输入寄存器、8 位 DAC 寄存器、8 位 DAC 和转换控制电路构成;采用 20 只引脚双列直插封装.

图 2-14-8　DAC0832 引脚排列图

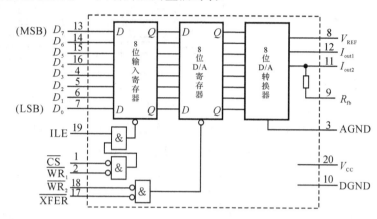

图 2-14-9　DAC0832 功能框图

其各个管脚的功能如下.

$\overline{CS}$:输入寄存器选通信号,低电平有效,同 ILE 组合选通 $\overline{WR_1}$.

ILE:输入寄存器允许信号,高电平有效,与 $\overline{CS}$ 组合选通 $\overline{WR_1}$.

$\overline{WR_1}$:输入寄存器写信号,低电平有效,在 $\overline{CS}$ 与 ILE 均有效的条件下,$\overline{WR_1}$ 为低,则将输入数字信号装入输入寄存器.

$\overline{XFER}$:传送控制信号,低电平有效,用来控制 $\overline{WR_2}$ 选通 DAC 寄存器.

$\overline{WR_2}$:DAC 寄存器写信号,低电平有效,当 $\overline{WR_2}$ 和 $\overline{XFER}$ 同时有效时,将输入寄存器的数据装入 DAC 寄存器.

$D_0 \sim D_7$:8 位数字信号输入端.D_0 是最低位(LSB),D_7 是最高位(MSB).

I_{out1}:DAC 电流输出端 1,对于 DAC 寄存器输出全为"1"时,I_{out1} 最大;而 DAC 寄存器输出全为"0"时,I_{out1} 为零.

I_{out2}:DAC 电流输出端 2,对于 DAC 寄存器输出全为"0"时,I_{out2} 最大;反之,I_{out2} 为零,即满足 $I_{out1} + I_{out2} = I$(常数).

R_{fb}:反馈电阻连接端,与外接运算放大器输出端短接,用来做这个外部输出运算放大器的反馈电阻.

V_{REF}:参考电压(基准电压)输入端,电压范围为 $-10 \sim +10$ V.

V_{CC}:电源电压,可以从 $+5 \sim +15$ V 选用,用 $+15$ V 是最佳工作状态.

AGND:模拟地.

DGND:数字地.

DAC0832 中的 8 位 D/A 转换器是由倒 T 型电阻网络和电子开关组成,内部没有参考电压,工作时需外接参考电压;并且该芯片为电流输出型 D/A 转换器件,要获得模拟电压输出时,需外加运算放大器组成模拟电压输出电路,如图 2-14-10 所示.

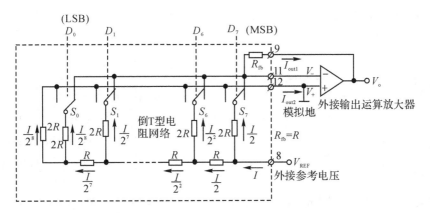

图 2-14-10 DAC0832 中的 8 位 D/A 转换器原理图

由图可知:$I = \dfrac{V_{REF}}{R}$

$$I_{out1} = \frac{V_{REF}}{2^8 R}(2^7 D_7 + 2^6 D_6 + 2^5 D_5 + \cdots + 2^1 D_1 + 2^0 D_0)$$

若用 $(B)_{10}$ 来表示输入的 8 位二进制数,即 $(B)_{10} = D_7\ D_6\ D_5\ D_4\ D_3\ D_2\ D_1\ D_0$.
则有

$$I_{out1} = \frac{V_{REF}}{2^8 R}(B)_{10}$$

同理可得

$$I_{out2} = \frac{V_{REF}}{2^8 R}(\overline{B})_{10}$$

通过外接运算放大器将模拟电流输出变为模拟电压输出,其输出电压为:

$$V_o = -I_{out1} R = -\frac{V_{REF}}{2^8}(2^7 D_7 + 2^6 D_6 + \cdots + 2^1 D_1 + 2^0 D_0)$$

② R−2R 电阻网络.

使用 R−2R 电阻网络也可以实现 D/A 变换,若 2R 输入端输入的逻辑电平是固定的电压,则 R−2R 电阻网络输出的电压值与输入的逻辑电平满足一一对应的关系.使用这种电阻网络可以得到低成本的数模转换.实验时将 R−2R 电阻网络做成电路模块,按照 IC 集成电路的封装形式制作.如图 2-14-11 所示.

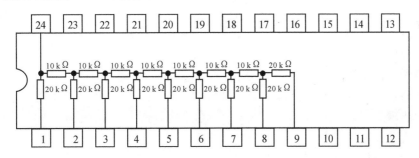

图 2-14-11 R−2R 电阻网络示意图

(5) 数据锁存器.

有可能你还需要一个触发器之类的器件来锁存某一个信号,以保证在一定的时间间隔内你的系统是稳定的,如果这样的话,双 D 触发器 74LS74A 会是一个不错的选择.74LS74A 的引脚排列如图 2-14-12 所示.

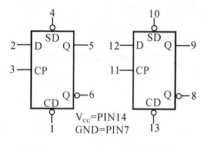

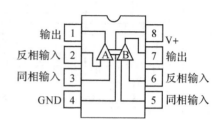

图 2-14-12 74LS74 引脚排列图   图 2-14-13 LM358 引脚排列图

（6）运算放大器 LM358,其引脚排列如图 2-14-13 所示.

3 实验内容

（1）设计一个 16 级阶梯波发生器.画出实验电路图并测试其输入、输出波形.

（2）设计一个 256 级阶梯波发生器.画出实验电路图并测试其输入、输出波形.

（3）参考图 2-14-1,设计一个 8 位跟踪式 A/D 转换电路,验证电路的性能是否达到预期的目的,比较输入信号和 D/A 信号的波形.

（4）提高.你在测试 8 位跟踪式 A/D 转换电路时遇到了什么问题？能分析其中的原因吗？如何改进你的电路？

4 实验仪器

（1）数字电路实验台   （2）双踪示波器
（3）函数发生器   （4）数字万用表

5 实验器材

（1）CD4029 2 片   （2）LM393 1 片
（3）R-2R 模块   （4）电阻若干
（5）二极管 1N4148 2 只   （6）74LS74A 1 片
（7）DAC0832 1 片   （8）LM358 1 片

6 实验报告

（1）实验目的.
（2）实验器材及仪器.
（3）实验原理.
（4）实验步骤.
（5）实验现象及波形记录.
（6）实验现象分析,数据整理.
（7）改进与提高.
（8）总结.

第三章　电路与电子技术创新性实验

实验 3-1　微小电感测量电路设计

1　实验目的

（1）了解施密特触发器的工作原理,熟悉 74HC14 的性能参数.

（2）培养学生绘制电路特性曲线的能力,掌握特性曲线所表达的技术含义.

（3）培养学生发现、分析、讨论实验现象的能力以及解决和排除电路故障的能力.

2　实验原理

本实验所介绍的电路可以测量电感量范围为 $0.5\sim50~\mu\mathrm{H}$ 之间的微小电感的值.

对于图 3-1-1 所示的电路,当开关 K 掷于上方时,电源＋E 接 R,L 回路,在接通的瞬间,电感中的电流为 0,u_L 等于电源＋E,此后,电感中的电流呈指数规律增加并最终固定于一点,此时 $i_L=\dfrac{E}{R}$. 根据有关电路定律,u_L 的变化规律满足:$u_L=L\dfrac{\mathrm{d}i}{\mathrm{d}t}=E-\dfrac{R}{L}\mathrm{e}^{-\frac{R}{L}t}$.

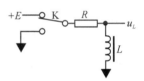

图 3-1-1　测量电路原理图

接着,如果将开关 K 掷于下方,由于电感 L 中的电流不能突变,u_L 的变化规律变为:$u_L=L\dfrac{\mathrm{d}i}{\mathrm{d}t}=\dfrac{R}{L}\mathrm{e}^{-\frac{R}{L}t}-E$. 当开关 K 周而复始地上、下切换时,$u_L$ 就呈现图 3-1-2 所示的波形.

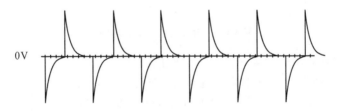

图 3-1-2　u_L 的波形

图 3-1-2 波形的上半部分,u_L 满足表达式 $u_L=L\dfrac{\mathrm{d}i}{\mathrm{d}t}=E-\dfrac{R}{L}\mathrm{e}^{-\frac{R}{L}t}$,可见 u_L 的变化规律与电感 L 的值相关.

如果将图 3-1-2 的波形与一参考电压 V_F 相比较,则输出的是脉冲波,脉冲波的宽度反映了电感 L 的大小(见图 3-1-3).

如果将脉冲波经一 RC 回路滤波,则会将脉冲波转化为直流电压,直流电压与脉冲波的宽度呈线性关系(见图 3-1-4).

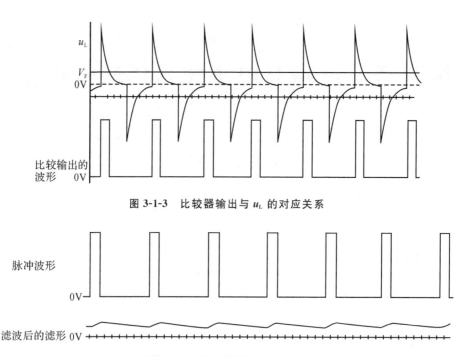

图 3-1-3　比较器输出与 u_L 的对应关系

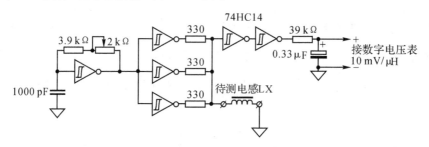

图 3-1-4　脉冲波变为直流电压

因此,测量电感的实现思路为:将一定宽度的脉冲信号加到待测电感上,并保持脉冲的频率和幅度稳定,低通滤波器的作用仅仅产生平均直流电压输出,作为结果的直流电压与待测电感的大小成正比(具体的测量电路如图 3-1-5 所示).

图 3-1-5　实现电感测量的电路

图 3-1-1 中的开关用一个脉冲信号源来取代,因为任何一个机械开关却很难达到数十千赫的切换速度,脉冲信号源的输出脉冲频率是由一个包括反馈电阻(2 kΩ 可调电阻+3.9 kΩ 固定电阻)、一个 1000 pF 对地连接的电容和一个施密特触发器构成的施密特触发振荡器决定的.施密特触发器的滞后作用允许简单的反馈电路产生振荡.其振荡频率为 $\dfrac{1}{0.8RC}$(见图3-1-6).

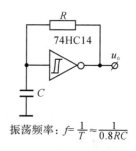

振荡频率:$f=\dfrac{1}{T}\approx\dfrac{1}{0.8RC}$

图 3-1-6　施密特振荡器电路

脉冲信号通过一个电阻驱动未知电感时会产生锯齿波(图 3-1-2 所示),该锯齿波被接到另一个施密特触发器的输入端,由于施密特触发器高速的开关能力,此施密特触发器会输出很好的矩形波(图 3-1-3 所示),矩形波的脉宽正比于未知电感的电感量.保证脉冲宽度远大于施密特触发器的上升时间和下降时间,这是保证良好线性度的必要条件.当电感量在 500 nH 量程时,必须用很小的电阻,因此图 3-1-5 使用了三个并行的驱动器和三个 330 Ω 电阻.最后的一级(额外的)反相器使输出脉冲极性反转以保证 *RC* 滤波器输出的电压随着电感的增加而增加.

最后的要求是,这个电路还要依靠一个毫伏级、高输入阻抗的电压表显示电感的值.

下面进行校准.

校准的过程是简单明了的,连上电源和数字电压表,在待测电感 LX 的位置接上已知电感量的电感,调节电位器直到数字电压表上显示了预期的(已知电感的值)数字.例如用一个 10 μH 的电感接在 LX 的位置上,调节电位器使数字电压表显示 100 mV.

当电感 LX 被短路时,整个电路的输出应非常接近于零伏(电压表显示接近于零),否则就是 LX 回路的寄生(分布)电感太大或 LX 的接地点有噪声干扰.74HC14 损坏导致显示错误的可能性极小,实在没有办法应检查 74HC14 是否损坏.

如果 LX 开路,输出电压应在 2.5 V 左右(电源的 50%),否则可能是 74HC14 的门限电平不是对称地分布在 2.5 V.不过没关系,只要调节振荡器的振荡频率应可以校准电路.如果你发现输出电压很低,比如说小于 1 V,则可能存在布线错误或电池有问题、74HC14 损坏或者使用的电压表的内阻太低.数字电压表具有 10 MΩ 的输入电阻,而指针式电压表的输入电阻在 10~20 kΩ 的范围内,因此不太适合做这一方面的应用.

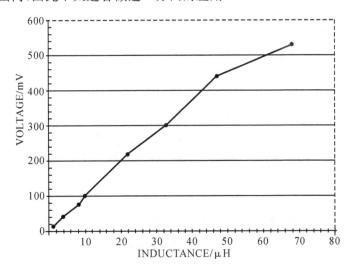

图 3-1-7　实测的电路表现的 10 mV/μH 的特性

3　实验内容

(1) 按照图 3-1-5 所示的实验电路设计电路板(或在通用实验板上连接电路).

(2) 接通电源,调整 2 kΩ 电位器,使振荡器工作频率在 170 kHz 左右.

(3) 在 LX 的位置接上 100 μH 标准电感,调整 2 kΩ 电位器使电压表的示数为 1000 mV.如果达不到这个要求,则需更换 3.9 kΩ 电阻.

(4) 更换标准电感,参照图 3-1-7 绘制电感/电压特性曲线.

4　实验所需的仪器

(1) 电子技术实验台　　　　　　　　　　　(2) 数字万用表

（3）电烙铁、斜口钳等焊接工具　　　　　　（4）电路板制作工具

5　实验所需的器件

74HC14,电路板（或通用实验板）,电阻、电容、电感若干.

6　实验报告

（1）自行查阅施密特触发器的工作原理以及 74HC14 的应用资料,总结电路的工作原理.

（2）整理实验数据,绘制电感/电压特性曲线,分析这些曲线所表达的实际意义.观察所绘制曲线的线性度,分析非线性产生的原因以及提高线性度的措施.

（3）元器件清单描述.

（4）分析讨论实验过程中出现的现象和解决方法.

实验 3-2　电容测量电路设计

1　实验目的

（1）熟悉、掌握电容测量电路的工作原理.

（2）学习、掌握复杂数字系统的调试及故障排除方法.

2　实验原理

电容作为常用的电子元件,广泛应用于各种电路中,常用的电容测量方法有谐振法、电桥法、电流法等.本实验提出了一种用 555 电路来测量电容的方法.

电路原理如图 3-2-1 所示.分为脉冲信号产生电路、单稳态触发器电路、低通滤波器电路、数字显示器等部分.

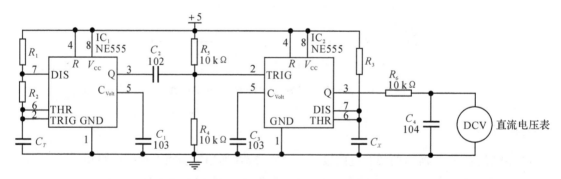

图 3-2-1　数字式电容测试仪电路原理图

脉冲信号产生电路由一片 555 定时器及其外围电路构成.其振荡频率 $f = \dfrac{1.44}{(R_1 + 2R_2)C_T}$.

单稳态触发器电路由另一片 555 定时器来完成.待测电容 C_X 与 555 组成一典型单稳态触发器,其输出脉冲的宽度 $T_W \approx 1.1 R_3 C_X$.

低通滤波电路(R_6, C_4)可以滤除单稳态触发器输出信号的交流成分,仅保留直流成分,可

以用直流电压表来测量这个直流电压.

下面证明直流电压表的测量值与待测电容 C_X 存在对应关系.

对于方波脉冲波形,其函数关系为

$$f(t) = \begin{cases} 1 & 0 \leqslant t < +\dfrac{T}{2} \\ 0 & -\dfrac{T}{2} \leqslant t \leqslant 0 \end{cases}$$

将其展开为傅立叶级数,得其表达式为

$$f(t) = \frac{a}{2} + \sum_{n=1}^{\infty} (An\cos nt + Bn\sin t).$$

其中直流分量为 $\dfrac{a}{2}$,而

$$\frac{a}{2} = \frac{1}{2} \cdot \frac{1}{T} \int_0^T f(t)\,\mathrm{d}t = \frac{1}{T}\left[\int_0^{\frac{T}{2}} 1 \cdot \mathrm{d}t + \int_0^{-\frac{T}{2}} 0 \cdot \mathrm{d}t\right] = \frac{1}{T} \cdot \frac{T}{2} = \frac{1}{2}\,(\text{常数}).$$

若 $f(t)$ 为一般的矩形脉冲波(即占空比不是 50%),则直流分量不同.例如:

$$f(t) = \begin{cases} 1 & 0 \leqslant t < t_\mathrm{d} \\ 0 & t_\mathrm{d} \leqslant t < T \end{cases}$$

则 $\dfrac{a}{2} = \dfrac{1}{2} \cdot \dfrac{1}{T}\left[\int_0^{t_\mathrm{d}} 1 \cdot \mathrm{d}t + \int_{t_\mathrm{d}}^T 0 \cdot \mathrm{d}t\right] = \dfrac{1}{T} \cdot t_\mathrm{d} = \dfrac{t_\mathrm{d}}{T} = \dfrac{1.1R_3 C_X}{T} = \dfrac{1.1R_3}{T} \times C_X.$

当周期 T 固定时,单稳态触发器输出脉冲波形的直流分量 $\dfrac{a}{2} \propto C_X$.

因此直流电压表显示的电压值反映了电容 C_X 的大小.只要脉冲信号产生电路输出信号的频率合适,不用经过数据转换即可直接读取 C_X 的值.

3　实验内容

(1) 在通用实验板上将各功能模块电路连接完成,初步通电后,测试脉冲信号产生电路、单稳态触发器电路是否能正常工作.

(2) 将低通滤波器的输出接上数字万用表,在 C_X 的位置上接上标准电容(比如说 10 nF),调节 R_1,使万用表的显示与电容的值相匹配(如果无法达到匹配,则需调整电容 C_T 的值).

(3) 更换标准电容的值,绘制电容/电压特性曲线.观察该电路测量的结果是否是线性的.

4　实验所需的仪器

(1) 电子技术实验台　　　　　　　　　(2) 数字万用表

(3) 电烙铁、斜口钳等焊接工具　　　　(4) 电路板制作工具

(5) 双踪示波器

5　实验所需的器件

NE555×2,电路板(或通用实验板),电阻、电容若干.

6　实验报告

(1) 简述总体方案,画出框图.

(2) 各单元电路设计思路及仿真结果.

(3) 画出总体逻辑电路图.

(4) 简述调试中遇到过哪些问题,是如何解决的.

(5) 整理测试数据,分析是否满足设计要求,如何完善你的设计.

实验 3-3 8 路抢答器设计

1 实验目的

(1) 熟悉、掌握抢答器电路的工作原理.

(2) 培养学生使用 PLD 器件设计复杂数字逻辑的能力,掌握 D 触发器、分频电路、CP 时钟脉冲源等设计方法.

(3) 学习、掌握复杂数字系统的调试及故障排除方法.

2 实验原理

智力抢答比赛是一种生动活泼的大众化学习形式,其开放、全面、娱乐的特点使人们在极短时间内,既学习了科学知识,又愉悦了心情.实际进行比赛时,一般分为若干组,各组对主持人提出的问题,分必答和抢答两种:必答有时间限制,计时时间到了要告警;抢答要判定和显示哪组优先,并予以声、光报警.回答问题正确与否,由主持人判别加分还是减分,每组的成绩评定结果要用电子装置显示.因此,要完成以上功能的智力竞赛抢答器,至少应包括以下四个部分:时间累加、显示部分;分数累加、显示部分;抢答逻辑控制部分;声、光报警部分.

2.1 时间累加、显示部分

此部分电路用于必答题目时的时间控制,以防止回答时间超时.计时时间一到,启动声、光报警电路提醒答题者.

实际上,采用十进制的计数器 74LS160 可以满足设计的要求.时间的最小计数单位是秒,60 秒为 1 分钟,一般而言,十分钟的计时时间已经比较长了,那么用 3 片 74LS160 可以达到 10 分钟的计时长度.实现电路如图 3-3-1 所示.

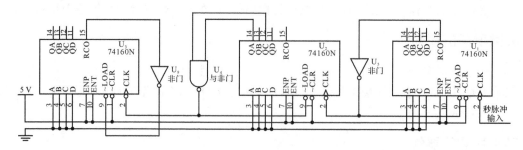

图 3-3-1 时间(10 分钟)计数电路

2.2 分数累加、显示部分

分数累加(累减)电路由主持人控制,主持人根据每一组的答题情况,判别是加分还是减分,当然了,根据竞赛的要求,有可能加分(减分)的量不是唯一的,比如说,第一个问题是加 1

分,第二个问题是加 5 分,这样的话,要求分数累加(减)电路有不同档次的加分按钮.

对于按一次键加 1 分的问题,比较容易解决,只要将一个单脉冲发生器和图 3-3-1 所示的电路组合在一起就可以了,这在脉冲与数字电路之类的教科书中已有相当细致的描述.而按一次键加 5 分的问题就有点复杂了,解决的思路依然来源于单脉冲发生器,先看图 3-3-2 所示的单脉冲发生器电路.

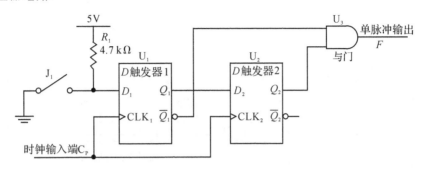

图 3-3-2　单脉冲发生器电路

当常开开关未按下时,D 触发器 1 的输出 $Q_1=1,\overline{Q}_1=0$;D 触发器 2 的输出 $Q_2=1$,与门的输出 $F=0$.当常开开关按下时,在 C_p 上升沿的作用下,$Q_1=0,\overline{Q}_1=1$,于是 $F=1$;在下一个 C_p 的上升沿到来时,由于 $Q_1=0$,于是 $Q_2=0,F=0$.详细的波形如图 3-3-3 所示.F 的高电平脉冲宽度为 1 个 C_p 周期,这是靠 D 触发器 2 的计数功能来实现的.

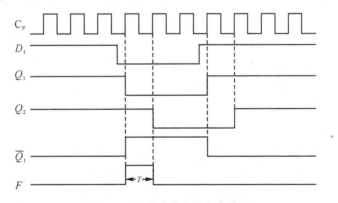

图 3-3-3　单脉冲发生器各点波形

如果能设计一个电路,当按下常闭开关时,F 的高电平脉冲宽度为 5 个 C_p 周期,则通过门电路的控制作用实现按一下键输出 5 个脉冲的效果.

看图 3-3-4 所示的电路.

U_4(74LS160),U_1C(74LS00),U_3B(74LS08)构成置数型 5 进制计数器电路,U_1A,U_1B(74LS00)构成 R–S 触发器电路,R_3,C_2,U_3C(74LS08),U_3B(74LS08)为上电初始化电路.电路上电时,电容 C_2 的端电压为零,则 U_3C 的输出为 0,U_1A 的输出为 0,D 触发器 U_2A 的输出为 0,U_3A 的输出为 0(即无脉冲输出).

当开关 Key1 按下时,由于电容 C_1 的耦合作用,U_1A 的输入端为 0,U_1A 输出 1,在输出脉冲的控制下,D 触发器 U_2A 的输出 1,则 U_3A 的输出与输入脉冲同步,5 进制计数器电路开始计数,当计满 5 个脉冲时,U_1C 输出置数(初始)脉冲,计数器置位,同时置数脉冲经电容 C_3,与门 U_3C 将 U_1B 的输入端置 0,于是 U_1A 的输出翻转,由 1 变为 0,D 触发器 U_2A 的输出也由 1

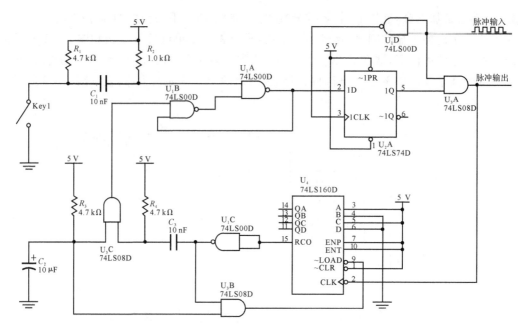

图 3-3-4　74LS160 为核心的多脉冲产生电路

变为 0(需输入脉冲同步触发),U_3A 的输出为 0.

由此可见,当按键 Key1 按下时,U_3A 输出的脉冲个数是由 5 进制计数器电路控制的,如果将 5 进制计数器电路的初始置数值修改为 6,则按下 Key1 时,U_3A 会输出 4 个脉冲.输出脉冲个数与初始置数值之间的关系为:输出脉冲个数＝10－初始置数值.

如果用移位寄存器作脉冲计数器,电路会显得更加简洁,如图 3-3-5 所示的电路.

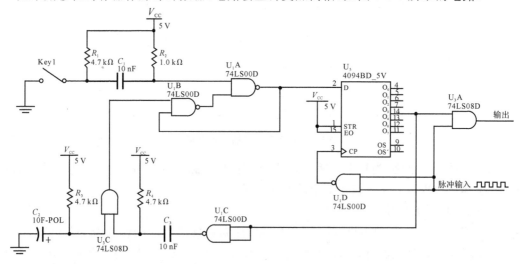

图 3-3-5　4094 为核心的多脉冲产生电路

电路上电时,8 位移位寄存器 U_5(CD4094)的 D 输入端为 0,在时钟脉冲的作用下,其输出端 $Q_0 \sim Q_7$ 均为 0,U_3A 输出 0.

按下 Key1 时,8 位移位寄存器 U_5(CD4094)的 D 输入端为 1,此后,每来一个时钟脉冲时,$Q_0, Q_1, \cdots, Q_4$,会依次为 1.当第 5 个脉冲来时,Q_4 变为 1,此时 U_3A 的输出与输入脉冲信号同步,同时 U_1C 的输出由 1 变为 0(输出一个下降沿),经过电容 C_3、与门 U_3C,此下降沿会将

U_1A 的输出由 1 变为 0(即移位寄存器 U_5 的 D 输入端为 0),此后,每来一个时钟脉冲时,Q_0,Q_1,$\cdots$,Q_4,会依次为 0.当第 5 个脉冲来时,Q_4 变为 0,此时 U_3A 的输出为 0(不再输出脉冲).可见,这个电路也可以实现按一下键输出 5 个脉冲的目的.当门控门 U_3A 的门控输入端接 U_5 的不同输出端时,则输出的脉冲个数可作任意调整.

2.3 抢答逻辑控制部分

抢答逻辑的目的是做优先判别,判断哪一组是最先按键的,同时封锁以后的按键.

图 3-3-6 所示的电路表示了一个四位抢答逻辑的实现电路.按键开关 J_2,J_3,$\cdots$,J_5 为抢答按键,J_1 为复位按键(由主持人控制,用于重新开始新一轮的抢答).U_1、U_2、U_3、U_4、U_5、U_6、U_7、U_8 构成 4 个 R-S 触发器,当主持人按下 J_1 后,所有的 R-S 触发器都输出 0,4 输入端与非门 U_9,U_{10},$\cdots$,U_{12} 均输出高电平(逻辑 1),逻辑指示灯 X_1,X_2,$\cdots$,X_4 均亮.当有人按下开关 J_2,J_3,$\cdots$,J_5 中的一个时(例如 J_5),则 U_8 的输出为 1,此时 U_{12} 的所有输入端均为 1,U_{12} 输出 0,X_4 指示灭,U_{12} 输出的逻辑 0 同时封锁了 U_9,U_{10},U_{11} 的一个输入端,此后 J_2,J_3,$\cdots$,J_4 再被按下,U_9,U_{10},U_{11} 的输出逻辑也不会再发生变化了.

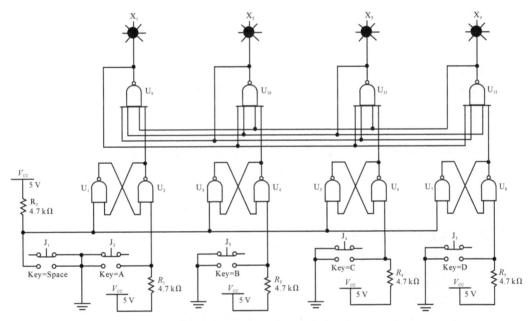

图 3-3-6 四位抢答器逻辑电路

2.4 声、光报警部分

当有定时的功能要求时,定时计数器按减计数(或加计数)方式工作,定时时间一到,输出一控制脉冲,驱动音响电路工作,并使指示灯亮、灭一段时间.

3 实验要求

仔细阅读上面的内容,设计一个抢答器电路,要求如下.

(1) 该抢答器能同时供 8 名选手或 8 个代表队比赛,分别用 8 个按钮 S_0~S_7 表示.

(2) 设置一个系统清零开关和抢答(开始)控制开关,由主持人控制.

(3) 抢答器具有锁存与显示功能.即选手按动按钮,锁存相应的编号,并在 LED 数码管上显示.优先抢答选手的编号一直保持到主持人将系统清除为止.

189

(4) 抢答器具有定时抢答功能,且抢答的时间可由主持人设定(如 10 秒). 当主持人启动"开始"键后,定时器每进行一个(秒)减计时,扬声器发出短暂的声响,声响持续的时间 0.3 秒左右,频率 500 Hz 左右.

(5) 参赛选手在设定的时间内进行抢答时,定时器停止工作,显示器上显示选手的编号和抢答的时间,并保持到主持人将系统清除为止.

(6) 如果定时时间已到,无人抢答,本次抢答无效,系统报警并禁止抢答,定时显示器上显示 00.

(7) 具备各组抢答分数累加功能,提供至少两种分数累加档次(如加 1 分,加 5 分).

4 实验内容

(1) 根据实验要求设计符合要求的抢答器电路.

(2) 在通用实验板上将各功能模块电路连接完成,初步通电后,测试单元电路是否符合要求(各实验小组可分工协作).

(3) 将调试完成的各单元电路连接起来后,进行系统统调.

(4) 功能测试.

5 本实验所需的仪器

(1) 电子技术实验台   (2) 数字万用表

(3) 电烙铁、斜口钳等焊接工具   (4) 电路板制作工具

6 本实验所需的器件

ATF16V8(或者 74LS00,74LS04,74LS08,74LS20,74LS74,74LS160),电路板(或通用实验板),按键开关,发光二极管,数码管,电阻、电容若干.

7 实验报告

(1) 简述总体方案,画出框图.

(2) 各单元电路设计思路及仿真结果.

(3) 画出总体逻辑电路图.

(4) 简述调试中遇到了哪些问题,是如何解决的.

(5) 整理测试数据,分析是否满足设计要求,如何完善你的设计.

实验 3-4 可编程脉冲信号源的设计

1 实验目的

(1)培养学生设计和实现复杂数字逻辑电路的能力.

(2)培养排除复杂数字逻辑电路故障的能力.

2 实验原理

2.1 设计要求

设计一个多脉冲发生器电路,要求输出脉冲的个数和周期可预设置.电路如图 3-4-1 所示。

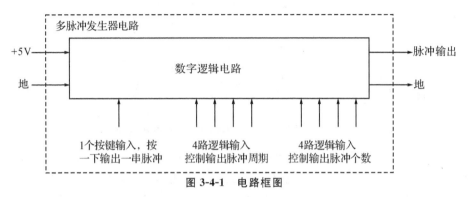

图 3-4-1 电路框图

要求:

(1) 输出脉冲周期可调.通过四路逻辑开关控制,分别为 1ms、2ms、3ms、4ms…15ms;

(2) 输出脉冲的数目可调.输出脉冲个数由四路逻辑开关控制,分别为 1~15.

2.2 设计方案

(1) 脉冲信号源的设计.题目要求输出脉冲信号的周期可调,且满足整数倍的递进关系,因此振荡电路的时间参数与控制脉冲周期值的四路逻辑开关的状态应满足一一对应的关系.

555 定时器是最常用的 RC 振荡电路,其作为多谐振荡器时外围电路简单.图 3-4-2(a)为 555 多谐振荡器电路图,图 3-4-2(b)为各参考点工作波形.输出脉冲的周期 T 的表达式为:$T=0.7(R_1+2R_2)C$,由此可见,555 多谐振荡电路输出脉冲的周期与 RC 时间常数满足正比关系,当 (R_1+2R_2) 或 C 成倍变化时,T 将成倍变化.由于 (R_1+2R_2) 是由两个电阻组合而成的,调整起来比较复杂,而改变电容 C 比较方便.

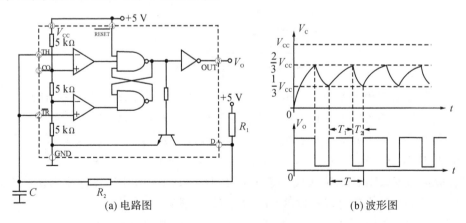

(a) 电路图　　　　　　　　　　(b) 波形图

图 3-4-2 555 多谐振荡电路

555 定时器另外一个更加简单的用法是实验 1-15 中图 1-15-6 所示的电路,在这个电路中,输出脉冲的周期 $T=t_{oH}+t_{oL}=1.38RC$.由于此电路中的电阻和电容各只有一个,因此零件参数选择起来比较容易.

符合设计要求中题目要求(1)的脉冲信号源如图 3-4-3 所示.

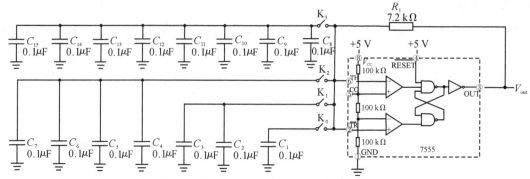

图 3-4-3　输出脉冲周期可变的 555 多谐振荡电路

开关 K_0、K_1、K_2、K_3 分别控制 4 组电容(C_1、C_2+C_3、$C_4+C_5+C_6+C_7$、$C_8+C_9+C_{10}+C_{11}+C_{12}+C_{13}+C_{14}+C_{15}$)是否接入振荡电路,当上述所有的电容取值相同时,这四组电容的容量分别为 $0.1\mu F$、$0.2\mu F$、$0.4\mu F$、$0.8\mu F$. 当 K_0、K_1、K_2、K_3 分别处于不同的状态(断开或闭合)时,产生的电容量分别为 $0.1\mu F$、$0.2\mu F$、$0.3\mu F$、$0.4\mu F\cdots 1.4\mu F$、$1.5\mu F$. 当电阻 R_1 取 $7.2k\Omega$ 时,V_{out} 的脉冲周期可以为 1ms、2ms、3ms、4ms$\cdots$15ms.

这种电路的缺点是,当要求输出脉冲周期的变化范围越宽时(比如从 1~15 扩展到 1~31),所需电容的个数将成倍增加.采用可编程分频电路可以解决这个问题.

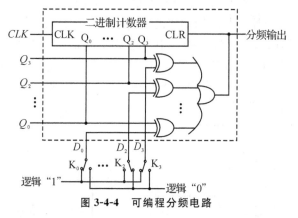

图 3-4-4　可编程分频电路

四位二进制计数器输出值为 $Q_3Q_2Q_1Q_0$,开关 K_0、K_1、K_2、K_3 分别处于不同的状态(断开或闭合)时,产生相应的逻辑电平值("0"或"1"),分别定义为 D_0、D_1、D_2、D_3,Q_3 与 D_3、Q_2 与 $D_2\cdots Q_0$ 与 D_0 分别进行异或运算的目的是判断 Q_3 与 D_3、Q_2 与 $D_2\cdots Q_0$ 与 D_0 的状态是否相等,只有当 Q_3 与 D_3、Q_2 与 $D_2\cdots Q_0$ 与 D_0 都相等时,CLR 的状态才为"0". 也就是说,当计数器的值 $Q_3Q_2Q_1Q_0$ 与 K_0、K_1、K_2、K_3 设定的逻辑状态 $D_3D_2D_1D_0$ 相等时就会对计数器产生一次清'0'操作,计数器的最大值可以通过 K_0、K_1、K_2、K_3 来设置.

若采用 GAL22V10 来实现上述功能,用 CUPL 语言编制的源程序如下:

```
Name      PointsFrequency ;

PartNo    00 ;

Date      2012-4-24 ;
```

Revision 01 ；

Designer Engineer ；

Company　zjg ；

Assembly None ；

Location　 ；

Device　g22v10 ；

/ ＊　＊＊ INPUT PINS ＊＊＊＊＊＊＊＊ /

PIN　1　＝clk；

PIN　2　＝D3 ；

PIN　3　＝D2 ；

PIN　4　＝D1 ；

PIN　5　＝D0 ；

PIN　11　＝single_puls_in ；

/ ＊　＊＊＊ OUTPUT PINS ＊＊＊＊＊＊ /

PIN　18　＝Q3 ；

PIN　19　＝Q2 ；

PIN　20　＝Q1 ；

PIN　21　＝Q0 ；

PIN　23　＝pulse_output；

field CNT＝[Q3..0]；

pulse_output＝! (Q3 $ D3＋Q2 $ D2＋Q1 $ D1＋Q0 $ D0)；

Q3.D＝Q3 $ Q2 &Q1 & Q0；

Q2.D＝Q2 $ Q1 & Q0；

Q1.D＝Q1 $ Q0；

Q0.D＝Q0 $ 'b'1；

CNT .sp＝'b'0；

CNT .ar＝pulse_output ；

(2)输出脉冲数目的控制.图 3-4-5 表示了一个基于二进制减计数器的脉冲控制电路框图.二进制减计数器有两个工作状态：置数状态和计数状态,由逻辑控制脚 RS_R 决定.当计数器的值从置入值减至 0 时,四输入或门输出逻辑"0",在时钟 CLK 的同步下,D 触发器的输出为"0",RS 触发器的输出 RS_R 为"1",计数器执行"置数"功能,将由 K_0、K_1、K_2、K_3 设定的逻辑状态 D_3,D_2,D_1,D_0 置入计数器,但由于 RS 触发器的输出 RS_R 必须由另一个输入端 sinle_pulse_in 来清"0"后,才能进入下一轮的计数周期,因此,sinle_pulse_in 每出现一个负脉冲,就会触发一轮新的计数循环,而计数脉冲的个数由初始置入的数据 D_3,D_2,D_1,D_0 决定.从波形上看,开始计数时,RS_R＝"0",停止计数时,RS_R＝"1".将 RS_R 通过一个非门倒相后接到一个与门的输入端,CLK 接与门的另一个输入端,这样,当 RS_R＝"0"时,与门就输出与 CLK 相同的脉冲,当 RS_R＝"1",与门就输出逻辑"0".也就是说,当计数器执行计数操作时,与门就输出脉冲,当计数器执行置数操作时,与门就不输出脉冲.

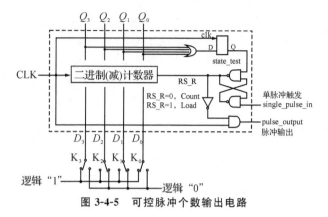

图 3-4-5　可控脉冲个数输出电路

若采用 GAL22V10 来实现上述功能，用 CUPL 语言编制的源程序如下：

Name　　　N_pulse ;

PartNo　00 ;

Date　　　2012-4-24 ;

Revision 01 ;

Designer Engineer ;

Company　zjg ;

Assembly None ;

Location　;

Device　g22v10 ;

/* ** INPUT PINS * * * * * * * */

PIN　1　=clk；

PIN　2　=D3 ;

PIN　3　=D2 ;

PIN　4　=D1 ;

PIN　5　=D0 ;

PIN　11　=single_puls_in ; /* * * * * OUTPUT PINS * * * * * */

PIN　18　=Q3 ;

PIN　19　=Q2 ;

PIN　20　=Q1 ;

PIN　21　=Q0 ;

PIN　22　=RS_R ;

PIN　14　=state_test；

PIN　15　=pulse_output；

field CNT=[Q3..0]；

state_test.d=Q3 # Q2 # Q1 # Q0；

RS_R=! [! (RS_R & single_puls_in) & state_test]；

Q3.D=RS_R & D3 # ! RS_R & (Q3 $! Q2 & ! Q1 & ! Q0)；

Q2.D=RS_R & D2 # ! RS_R & (Q2 $! Q1 & ! Q0)；

Q1.D=RS_R & D1 # ! RS_R & (Q1 $! Q0)；

Q0.D=RS_R & D0 # ! RS_R & (Q0 $ 'b'1)；

pulse_output=clk & ! RS_R；

（3）单脉冲生成电路由于机械按键在按下或松开时会发生机械抖动,会输出一系列的短脉冲波形,为了保证电路工作可靠,在用机械按键产生触发脉冲时,必须作去抖动处理,最常用的就是单脉冲产生电路.

请参考实验 3-3 中图 3-3-2 所示的单脉冲发生器电路.

3　实验内容

（1）参照实验要求和实验原理,完成电路原理设计.

（2）在实验台上验证设计的每个单元电路（包括可编程逻辑器件）.

（3）在通用实验板上连接电路.保证焊接可靠,电路工作正常,符合设计要求.

4　本实验所需的仪器

（1）电子技术实验台　　　　（2）电脑

（3）编程器 RF910　　　　　（4）电烙铁、斜口钳等焊接工具

（5）双踪示波器

5　本实验所需的器件

7555,GAL22V10,通用实验板,电阻、电容若干,逻辑开关.

6　实验报告

（1）总结电路的工作原理和设计思路.

（2）分析、讨论实验过程中出现的现象和解决方法,总结设计经验.

（3）查阅相关的文献资料,分析、总结设计过程所遇到的问题和技术难题,提出对设计作品作进一步完善的措施.

实验 3-5　功率恒流源

1　实验目的

（1）了解功率恒流源的工作原理.

（2）掌握用运算放大器和功率有源器件设计功率恒流源的方法.

2　实验原理

根据晶体三极管的工作状态,晶体三极管有三个工作区:放大区、截止区和饱和区（如图 3-5-1 所示）,截止区和饱和区是三极管工作状态的两个极限.在放大区中,当三极管的基极电流 I_B 一定时,三极管的集电极电流 I_C 与集电极电压 U_{CE} 之间的关系曲线基本上是一条水平直线,也就是说不管 U_{CE} 如何变化,集电极电流 I_C 基本上趋于恒定.这就是三极管的恒流特性.

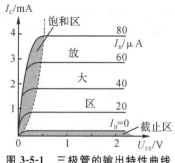

图 3-5-1　三极管的输出特性曲线

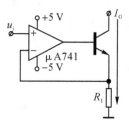

图 3-5-2　小功率恒流源电路

如何能实现流过三极管基极的电流 I_B 恒定呢？当三极管工作于放大状态时，三极管发射极的电流 I_E 是基极 I_B 电流的 $1+\beta$ 倍．因此，只要能保证 I_E 是恒流的，那么 I_B 就是恒流的，当然，集电极电流 I_C 也就是恒流的．

图 3-5-2 所示的电路，当运放正常工作时，其同相端与反相端是虚短的，也就是说，加在电阻 R_1 上的电压就是运放的同相输入电压 u_i，当 u_i 固定时，加在电阻 R_1 上的电压是定值，也即是流过电阻 R_1 的电流 $I_{R1}=\dfrac{u_i}{R_1}$ 为定值，三极管集电极的工作电流 $I_C=\dfrac{\beta}{1+\beta}\times I_E$ 也是定值（流过运放反相输入端的电流为零）．

由于运算放大器输出电流的能力不强（μA741 输出电流的能力在 ± 10 mA 量级），当要求恒流源电路输出较大的电流（安培级）时，则要求三极管的电流放大倍数 $\beta=\dfrac{1000\text{ mA}}{10\text{ mA}}=100$．对于功率三极管而言，这么大的放大倍数往往显得力不从心，因此，当要求恒流源电路输出较大的电流（安培级）时，应采用三极管复合（达林顿）电路以保证输出电流指标对于三极管放大倍数 β 的要求．

功率恒流源在实际使用的过程中，其工作电流往往不是唯一的，通常有一个电流调节范围，以满足不同的工作环境的要求．通过前面的描述，恒流源的输出电流 $I_o=\dfrac{u_i}{R_1}$，也就是说，只要输入电压 u_i 能调节，则输出电流就可调节．我们可以通过一个电位器来实现 u_i 的调节（见图 3-5-3）．

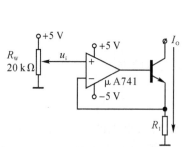

图 3-5-3　通过电位器调节 U_i

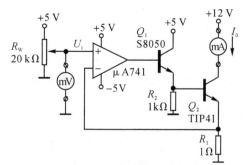

图 3-5-4　完整的实验电路

3　实验内容

（1）在实验台上按图 3-5-4 所示连接电路．调节电位器的旋钮，使 $u_i=0$．

图 3-5-4 中的直流毫伏表用来测量 u_i 的直流电压值，电流表用来测量输出电流值．

R_1 选择 5 W 的水泥电阻,Q_2(TIP41)要加散热器.

通电后,调节电位器的旋钮,使 u_i 按照表 3-4-1 所示的值变化,将对应的输出电流值 I_o 填入表 3-5-1 中.

表 3-5-1　测量 $I_o - U_i$ 关系曲线

U_i/V	0.1	0.2	0.3	0.4	0.5	0.6	0.7	0.8	0.9	1.0	1.1	1.2	1.3	1.4
I_o/mA														

(2)调节电位器的旋钮,使 $U_i = 1.0$ V.

在功率管 Q_2 的集电极接一直流毫伏表(图 3-5-5 所示),用来测量 Q_2 集电极的直流电压值 V_{C2},调节 Q_2 的供电电压,从 $1 \sim 12$ V,观察 Q_2 集电极电压的变化对输出电流的影响.将实验结果填入表 3-5-2 中.

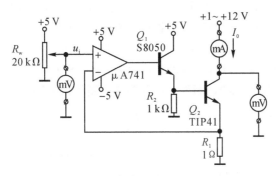

图 3-5-5　实验电路

表 3-5-2　测量 $I_o - U_{C2}$ 关系曲线

U_{C2}/V	0.8	0.9	1.0	2.0	3.0	4.0	5.0	6.0	7.0	8.0	9.0	10.0	11.0	12.0
I_o/mA														

4　实验仪器与器件

(1)电子技术实验台　　　　　　　　(2)数字万用表 3 台

(3)μA741,S8050,功率三极管 TIP41,电阻若干

5　实验报告

(1)有关功率恒流源的应用资料总结,功率恒流源的性能指标及测量方法描述.

(2)整理实验数据,绘制 $I_o - U_i$ 关系曲线、绘制 $I_o - U_{C2}$ 关系曲线,分析这些曲线所表达的实际意义.

(3)元器件清单描述.

(4)分析讨论实验过程中出现的现象和解决方法.

实验 3-6　恒温电路设计

1　实验目的

(1) 了解恒温电路的工作原理及设计方法.
(2) 了解、掌握运算放大器应用电路的设计原理,了解功率器件的使用要求.

2　实验原理

在进行科学研究和生物培养过程中,常常需要一定体积的恒温活动空间,大的空间如冷藏室、老化室,小的空间如恒温箱、恒温槽等.保持温度恒定的方式有的是通过热水加热(水温式),有的通过电加热式,有的通过制冷的机器(压缩机等),另外还有用一个温度调节控制器来调节和控制温度.

实现恒温的原理其实比较简单,关键的控制部件大致有三个:一是温度探测器(或称温度传感器、温度探头),二是制冷(加热)部件,三是调节控制器.图 3-6-1 所示的结构图表明了温度控制器大致的结构原理.

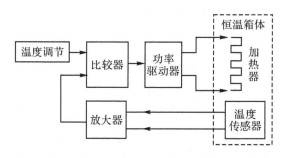

图 3-6-1　温度控制器的结构图

图 3-6-1 中,温度传感器的测量端伸在恒温箱内部的空气中,不能与物体或箱壁接触,实时监测箱内的温度,温度传感器输出的电压值比较小,经过放大器放大后,与设定的电压值进行比较,通过比较的结果(通过功率驱动器)来控制加热器是否工作.

图 3-6-1 中,温度调节的功能实际上是设置比较器的参考电压值,参考电压的范围就是设置恒温箱的恒温范围,即允许的温度上限和下限.

2.1　PN 结温度传感器电路

在模拟电子电路课程中讲过,PN 结随着温度的变化有两项参数将发生相应的变化:一是其反向饱和电流呈正温度系数变化趋势,二是其正向电压降呈负温度系数变化趋势.在 0 ℃ 附近,当 PN 结的工作电流(正向电流)恒定的情况下,温度每升高 1 ℃,PN 结的正向电压降降低约 2~2.5 mV,同样道理,温度每降低 1 ℃,PN 结的正向电压降升高约 2~2.5 mV,在大约 100 ℃ 温差范围内,其正向压降线性度优于 1%.图 3-6-2 表示了一个 PN 结的典型伏安特性曲线.

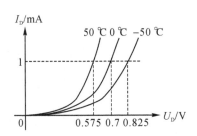

图 3-6-2　PN 结的典型伏安特性曲线

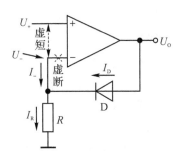

图 3-6-3　压控恒流源电路

从图 3-6-2 可以看出,在 PN 结正向工作电流为 1 mA 的情况下:环境温度为 0 ℃时,正向电压降为 0.7 V;环境温度为 ＋50 ℃时,正向电压降为 0.575 V;环境条件为 －50 ℃时,正向电压降为 0.825 V.

那么如何保证 PN 结上的工作电流恒定呢?请看图 3-6-3 所示的压控恒流源电路.

图 3-6-3 中,根据运算放大器两个输入端"虚短"的概念,运算放大器的 U_+ 和 U_- 电位相等,则流过 R 电阻的电流是 $I_R = \dfrac{U_-}{R} = \dfrac{U_+}{R}$. 而 $I_R = I_- + I_D$,又根据运算放大器输入端"虚断"的概念,$I_- = 0$,因此流过电阻 R 的电流必须完全由二极管 D 提供,即 $I_D = I_R = \dfrac{U_+}{R}$. 只要 U_+ 为固定值,则 I_D 恒定.

因此,该电路是电压－电流变换器,只要同向输入端所加的电压 U_+ 和电阻 R 下方电位是恒定的,则流过二极管 D(PN 结)上的电流也是恒定的.

2.2　放大器的设计

由上所述,当温度从 －50 ℃变化到 ＋50 ℃时,PN 结的压降从 0.825 V 变化到 0.575 V,即呈现负温度系数变化,变化幅度为 0.825 V－0.575 V＝0.25 V,这么小的电压变化幅度很难用于检测控制,必须进行放大.

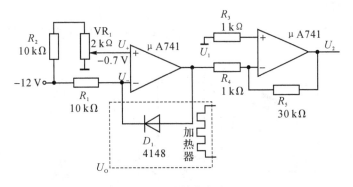

图 3-6-4　放大电路

图 3-6-4 电路中,左边的运算放大器用于给测温二极管提供合适的工作电流,右侧的运算放大器用于信号放大.通过调节电位器 VR_1 可以给运算放大器的同相输入端提供合适的偏置电压,以保证其输出电压 U_1 有一个合适的起始零点,例如,零度时调节 VR_1 使 $U_1＝0$ V,则当温度上升时,U_1 的电压就会下降,降到 0 V 以下,右侧的运算放大器是一个反相放大器,刚好可以把负电压 U_1 放大到正电压 U_2,U_2 与 U_1 的关系为:$U_2 = -\dfrac{R_5}{R_4} \times U_1 = -30 U_1$. 当温度从 0

℃变化到 50 ℃时,U_2 从 0 V 变化到 0.125 V×30＝3.75 V.

2.3 迟滞比较器

图 3-6-2 中 U_2 的电压范围为 0～3.75 V,对应着温度 0～50 ℃,当 U_2 大于 3.75 V 时,意味着温度已经超过 50 ℃了,因此只要将 U_2 与一个参考电压 U_{REF} 作比较,就可以判断温度是否超过某一个数值. 当运算放大器开环应用时(见图 3-6-5),由于其开环增益很大(10^5),其同相输入端和反相输入端之间电压差值最大

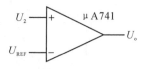

图 3-6-5 运放的开环应用

为 $\dfrac{10\text{ V}}{10^5}=\dfrac{10^7\ \mu\text{V}}{10^5}=100\ \mu\text{V}$(假定运放的最大输出电压 U_o 为±10 V)时,运放输出级的晶体管就会饱和(输出最大电压),此时运放可以认为是工作在比较器状态,其比较灵敏度为 100 μV 的,这是一个非常小的电压.

如果直接用开环运放来检测温度值,会遇到麻烦. 由于运放两输入端的电压差值一旦大于 100 μV,输出端的状态就要发生翻转,很小的环境波动(温度变化)足以使 U_2 产生 100 μV 的变化,这样温度检测系统就会频繁地动作,这是非常糟糕的事情.

一个有用的设计是当比较器的输出翻转时相应地改变参考电压 U_{REF} 的值,$U_{REF}＝2$ V 所对应的温度为 26.6 ℃,当温度低于 26.6 ℃时,输出＋10 V,当温度高于 26.6 ℃时,输出－10 V(假定运放±12 V 电源供电),如果此时的 U_{REF} 从 2 V 调整到 1.9 V,运放的输出电压肯定会稳定在－10 V,即便温度有小的起伏,只要 U_2 不低于 1.9 V,运放的输出就不会翻转到＋10 V,保证了系统的稳定性. 由于比较器有一个回差电压(2.0 V－1.9 V＝0.1 V),因此这种比较器称为迟滞比较器.

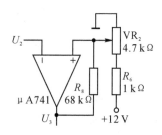

图 3-6-6 迟滞比较器

实用的迟滞比较器如图 3-6-6 所示,电位器 VR_2 用于调节参考电压 U_{REF},电阻 R_8 可以调节回差电压的大小.

2.4 加热器及其驱动电路

迟滞比较器输出的是小功率信号,不能直接用来控制加热器(电阻丝)工作,需要增加功率驱动电路(见图 3-6-7).

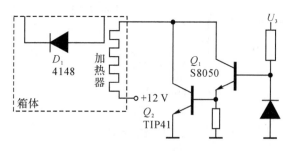

图 3-6-7 加热器及其驱动电路

当测温传感器检测到温度低于设定的温度下限值时,开启加热器加热(三极管 Q_2 饱和),温度开始上升;当测温传感器检测到温度高于上限时关闭加热器(三极管 Q_2 截止),温度下降. 如此反复循环,保持温度恒定于某一范围之内.

3 实验内容

设计并制作一个小型恒温槽. 电路工作稳定时, 恒温槽温度介于 39～41 ℃ 之间.
电路原理图如图 3-6-8 所示.

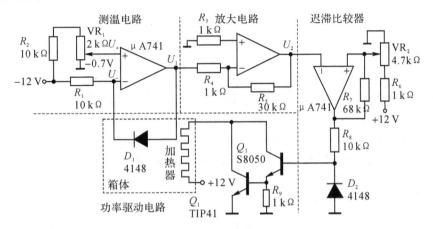

图 3-6-8 实验原理图

4 实验仪器与器件

（1）电子技术实验台　　　（2）数字万用表
（3）温度计　　　　　　　（4）双踪示波器
（5）μA741, S8050, 功率三极管 TIP41, 电阻、电容若干, 小型恒温槽一只, 实验电路板

5 实验报告

（1）有关恒温控制器设计资料总结, 温控器的性能指标及测量方法描述.
（2）元器件清单描述.
（3）分析讨论实验过程中出现的现象和解决方法.

第四章　Multisim 与电子线路仿真

在当代社会中,计算机技术发展迅猛,并在全世界得到了广泛的普及,人类的许多活动都或多或少地依赖或借助于计算机的应用.与这个趋势相对应,用于使电子设计自动化的 EDA 技术随之而产生.EDA 技术借助于计算机的强大功能,使电子电路的设计、性能参数的仿真以及印刷电路板的设计等繁琐的工作变得轻而易举.

用于电路仿真的 EDA 工具有很多种,Multisim 8 是早期的 Electronic Workbench(EWB)的升级换代产品.早期的 EWB 与 Multisim 8 在功能上已不能同日而语.Multisim 8 提供了功能更强大的电子设计仿真界面,能进行射频、PSPICE 和 VHDL 等方面的仿真.Multisim 8 提供了更为方便的电路图和文件管理功能.更重要的是,Multisim 8 使电路原理图的仿真与完成 PCB 设计的 Ultiboard 8 仿真软件结合构成了新一代的 EWB 软件,使电子电路的仿真与印刷电路板的设计更为高效.

第一节　Multisim 8 的操作

如图 4-1-1 所示,Multisim 8 的操作界面包括以下几个方面的内容:电路工作区(相当于实验台)、菜单栏、工具栏、元器件选择栏、仪器仪表栏、状态显示栏等,整个操作界面相当于一个虚拟的电子实验平台.

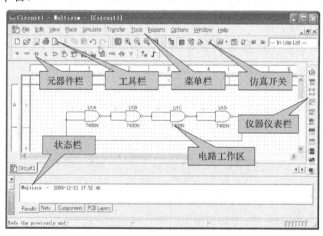

图 4-1-1　Multisim 8 的操作界面

操作界面最上面的区域就是菜单栏,提供了软件工作过程中所必须的操作功能.如图 4-1-2 所示.

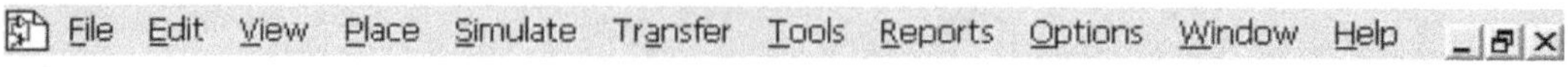

图 4-1-2　菜单栏

菜单栏包括了该软件的所有操作命令.从左至右为:File(文件)、Edit(编辑)、View(视窗)、Place(放置)、Simulate(仿真)、Transfer(格式转换)、Tools(各种工具)、Reports(报告)、Options(选项)、Window(窗口)和 Help(帮助).

1　File(文件)菜单(见图 4-1-3)

New:建立一个新文件.
Open:打开一个已存在文件.
Open Samples:打开样例文件.
Close:关闭当前电路工作区的文件.
Close All:关闭所有打开的文件.
Save:保存电路工作区的文件.
Save As:将当前电路工作区的文件以指定的文件名保存.
Save All:保存所有打开的文件.
New Project:新建一个项目.
Open Project:打开一个项目.
Save Project:保存一个项目.
Close Project:关闭一个项目.
Version Control:
Print:打印.
Print Preview:打印预览.
Print Options:打印选项设置.
Recent Circuits:最近曾打开过的电路文件.
Recent Projects:最近曾打开过的项目文件.
Exit:退出并关闭 Multisim 8.

图 4-1-3　文件菜单栏

2　Edit(编辑)菜单(见图 4-1-4)

Undo:取消前一次操作.
Redo:恢复前一次操作.
Cut:剪切选择的元器件到剪切板.
Copy:复制选择的元器件到剪切板.
Paste:剪切板的元器件粘贴到指定位置.
Delete:删除选择的元器件.
Select All:选择电路工作区中的所有器件、导线、仪表等.
Delete Multi-Page:删除多页电路图中的某一页.
Paste as Subcircuit:以子电路的格式粘贴到指定位置.
Find:查找电路原理图中的元器件.
Comment:(编辑)仿真电路的注释.
Graphic Annotation:(编辑)图形注释.
Order:(编辑)图形在电路工作区中的顺序.
Assign to Layer:层分配.
Layer Settings:层设置.
Title Block Position:标题栏在电路工作区中的位置设置.
Orientation:调整电路元件的放置方向.
Edit Symbol/Title Block:编辑电路元件的外形或标题栏.
Font:字体设置.
Properies:显示属性编辑窗口.

图 4-1-4　编辑菜单栏

3　View(视图)菜单(见图 4-1-5)

Full Screen：全屏显示电路工作区的电路图．

Zoom In：放大电路窗口．

Zoom Out：缩小电路窗口．

Zoom Area：以 100％的比例显示电路窗口．

Zoom Fit to Page：以页面大小为标准缩放窗口．

Show Grid：显示栅格．

Show Border：显示电路的边界．

Show Page Bounds：显示纸张的边界．

Ruler Bars：显示或隐藏电路工作区左上角的标尺栏．

Status Bar：状态条．

Design Toolbox：显示或隐藏"设计工具盒"．

Spreadsheet View：显示数据表格．

Circuit Description Box：电路功能描述(文本框)．

Toolbars：显示或隐藏各种工具栏选项．

Comment/Probe：显示或隐藏"电路功能文本框描述"．

Grapher：显示或隐藏"仿真结果的图表"．

图 4-1-5　视图菜单栏

4　Place(放置)菜单(见图 4-1-6)

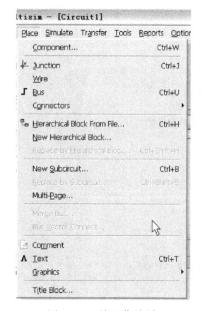

Component：放置相应的元器件．

Junction：放置节点．

Wire：放置导线．

Bus：放置创建的总线．

Connectors：放置电路连接器．

Hierarchical Block…：用分层结构放置一个电路．

New Hierarchical Block：新建的分层电路．

Replace by…：以分层结构替换．

New Subcircuit：新建子电路．

Replace by Sub…：以子电路替换．

Multi—Page：新建多页电路．

Merge Bus：连接两条总线．

Bus Vector Con…：放置总线矢量连接．

Comment：放置功能描述文本．

Text：为电路增加文本文件．

Graphics：放置各种图形．

Title Block：放置标题块．

图 4-1-6　放置菜单栏

5 Simulate(仿真)菜单(见图 4-1-7)

图 4-1-7 仿真菜单栏

Run:仿真创建的电路.

Pause:暂停仿真.

Instruments:虚拟仪器工具栏.

Interactive Sim…:(与瞬态分析有关)仪表默认设置.

Digital Simulati…:仿真环境设置(理想/实际两种情况).

Analyses:电路分析种类(19 种)选择.

Postprocessor:电路分析后处理.

Simulation Error…:仿真错误记录/审计追踪.

XSpice Command…:显示 Xspice 命令行窗口.

Load Simulation…:调用(过去的)仿真设置.

Save Simulation…:保存(当前的)仿真设置.

VHDL Simulation:运行 VHDL 软件(需另外安装).

Verilog HDL Si…:运行 Verilog HDL 软件(需另外安装).

Probe Properties:显示探针属性对话框.

Reverse Probe…:探针的极性反接.

Clear Instru…:清除虚拟仪表的数据.

Global Component…:设置全局元件的容差.

6 Transfer(格式转换)菜单(见图 4-1-8)

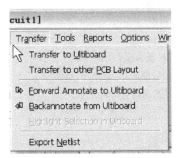

图 4-1-8 格式转换菜单栏

Transfer to Ultiboard:将仿真电路图转换给 Ultiboard 软件.

Transfer to other PCB…:将仿真电路图转换给其他的 PCB 软件.

Forward Annotate…:将注释变动转换给 Ultiboard 软件.

Backannotate from…:将 Ultiboard 软件注释变动转换给 MultiSIM.

Highlight Selection…:高亮显示所选元件(Ultiboard).

Export Netlist:导出网表文件.

7　Tools(工具)菜单(见图4-1-9)

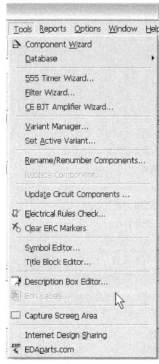

图4-1-9　工具菜单栏

Component Wizard：元件创建向导.

Database：用户数据库管理.

555 Timer Wizard：555 定时器创建向导.

Filter Wizard：滤波器创建向导.

CE BJT Amplifer Wizard：射极放大器创建向导.

Variant Manager：变量设置.

Set Active Variant：设定需激活的变量.

Rename/Renumber…：元件重命名/重编号.

Replace Componence：替换元件.

Update Circuit…：更新电路元件.

Electronic Rules…：电气性能测试.

Clear ERC Markers：清除错误标志.

Symbol Editor：符号编辑器.

Title Block…：标题块编辑器.

Describtion Box…：电路功能文本描述.

Edit Labels：编辑标签.

Capture Screen…：设定捕获屏幕的区域.

Internet Designsharing：网络设计共享.

EDAparts.com：登录"电子工作台"官方网站.

8　Reports(报告)菜单(见图4-1-10)

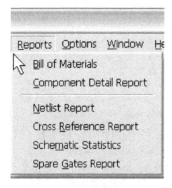

图4-1-10　报告菜单栏

Bill of Materials：产生当前电路的元件清单.

Component Detail…：元件所有信息报表.

Netlist Report：网表文件报表.

Cross Reference…：所有元件的详细参数报告.

Schematic Statistics：产生电路图的统计信息.

Spare Gates Report：电路文件中未使用的门电路的报告.

9　Options(选项)菜单(见图4-1-11)

图4-1-11　选项菜单栏

Global Preferences：用于设置全局的电路参数.

Sheet Properties…：参数是否显示/显示方式/参数设置.

Customize User Interface…：设计个人化的用户界面.

10　Window(窗口)菜单(见图 4-1-12)

New Window:创建一个与当前文件格式完全相同的电路文件.

Cascade:电路文件层叠.

Title Horizontal:水平调整,在工作区中显示所有电路.

Title Vertical:垂直调整,在工作区中显示所有电路.

Close All:关闭并退出仿真系统.

Windows:关闭或激活窗口.

图 4-1-12　窗口菜单栏

第二节　Multisim 8 的虚拟仪器的使用

Multisim 8 中提供了 19 种在电子线路的分析中常用的仪器仪表,它们分别是:数字万用表、瓦特表、双通道示波器、四通道示波器、波特图仪、频率计、字信号发生器、逻辑分析仪、逻辑转换仪、伏安特性分析仪、失真分析仪、频谱分析仪、网络分析仪、安捷伦函数发生器、安捷伦万用表、安捷伦示波器、Tektronix 示波器和探针.

这些虚拟的仪器仪表的参数设置、使用方法与外观设计与实验室中的真实仪器基本一致. 在 Multisim 8 中单击 Simulate/Instrument 后,便可使用它们. 通过虚拟仪器工具栏也可以实现快捷的仪器导入方法. 虚拟仪器工具栏如图 4-2-1 所示.

图 4-2-1　虚拟仪器工具栏

下面一一介绍 Multisim 8 中的虚拟仪器使用方法.

1　数字万用表

数字万用表(Multi-meter)可以用来测量交流电压(电流)、直流电压(电流)、电阻以及电路中两个节点间的分贝损耗.其量程可以自动调整.

单击 Simulate/Instrument/Multimeter 后,有一个万用表虚影　跟随鼠标移动在电路窗口的相应位置,单击鼠标,完成虚拟仪器的放置,得到图 4-2-2(a)所示的数字万用表图标.双击该图标,便可以得到图 4-2-2(b)所示的数字万用表参数设置控制面板.该控制面板的各个按钮的功能如下.

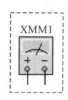

图 4-2-2(a)　万用表图标

图 4-2-2(b)　万用表面板图

图 4-2-2(b)上面的黑色条形框用于测量数值的显示.下面为测量类型选取栏.

(1) A:测量对象为电流.

(2) V:测量对象为电压.

(3) Ω:测量对象为电阻.

(4) dB:将万用表切换到分贝显示.

(5) ～:表示万用表的测量对象为交流参数.

(6) —:表示万用表的测量对象为直流参数.

(7) ＋:对应数字万用表的正极;—:对应数字万用表的负极.

(8) Set:单击该按钮可弹出如图 4-2-3 所示的对话框.在其中可以对数字万用表的各量程、内阻等参数进行设置.

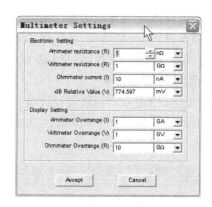

图 4-2-3　Multimeter Setting 对话框

• Ammeter resistance:设置电流表的表头内阻.

• Voltmeter resistance:设置电压表的表头内阻.

• Ohmmeter current:设置欧姆表的表头内阻.理想的电表的内部电阻对测量结果无影响,在 Multisim 8 中可以通过内部参数的设置来模拟实际测量的结果.

• Display Setting:数字万用表的显示设置,用来设定各类表的测量量程.

虚拟仪器使用练习一

下面以图 4-2-4(a)中所示的基本分压电路为例来介绍万用表的使用.如果按照图 4-2-3 中的参数分别设置电压表的内阻(Voltmeter resistance)为 1GΩ 和 1MΩ 时,单击 Simulate 按钮

⚡ 开始仿真,则测量结果如图 4-2-4(b)和(c)所示.从图 4-2-4(b)和(c)可以看出电压表的内阻对测量结果的影响.

注意事项 1:元器件的选取,按图 4-2-5 所示的途径选取器件.

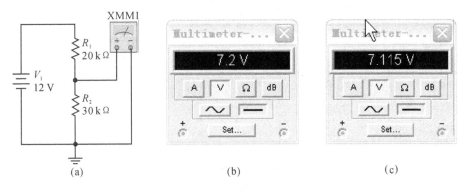

图 4-2-4　分压电路参数测量

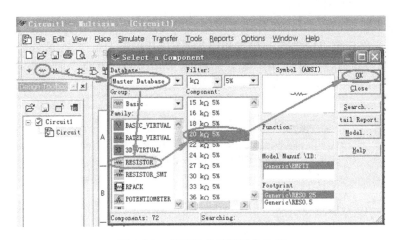

图 4-2-5　元器件的选取操作次序

注意事项 2：元器件的翻转、移动.

如图 4-2-6 所示，先用鼠标器左键单击器件（如图 4-2-6 中的万用表），然后单击鼠标器右键，出现图 4-2-6 中所示菜单. Flip Horizontal 为水平方向翻转，Flip Vertical 为垂直方向翻转，90 Clockwise 为顺时针转 90°，90 CounterCW 为逆时针转 90°.

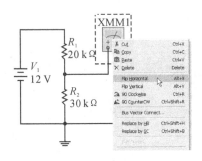

图 4-2-6　器件的旋转

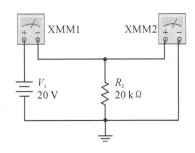

图 4-2-7　验证欧姆定律

虚拟仪器使用练习二

在电路窗口中建立如图 4-2-7 所示的电路，其中 XMM1 为电流表，XMM2 为电压表.

按表 4-2-1 所示的数据分别设置电流表和电压表的内阻，观察仪表的内阻对测量结果的影响.

表 4-2-1　观察仪表的内阻对测量结果的影响

仪表的内阻设置		仪表的显示结果		根据测量结果计算 R_1 的阻值	测量误差
XMM1/Ω	XMM2/kΩ	XMM1	XMM2		
0.1	1×10^9				
1	100				
10	10				
100	1				

虚拟仪器使用练习三

（1）基尔霍夫电流定律练习.

基尔霍夫电流定律的定义是：在集总电路中，无论何时，对于集总电路中的任意节点，流入该节点的电流和流出该节点的电流的代数和恒为零.在基尔霍夫定律中，流入或流出某节点的电流的方向由参考方向确定.根据基尔霍夫定律在 Multisim 8 中建立的仿真电路如图 4-2-8 所示.

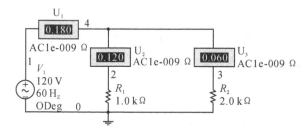

图 4-2-8　验证基尔霍夫电流定律

图 4-2-8 所示的电路是一个简单的电阻并联电路.从图 4-2-8 中可以很明显地看出位于干路交流电流表 U_1 的值为 0.180 A，位于支路的交流电流表的值分别为 0.120 A 和 0.060 A.位于电流表旁边的值是其内阻的大小.

注意事项 1：图 4-2-8 中电流表的选取，按图 4-2-9 所示的途径选取电流表.

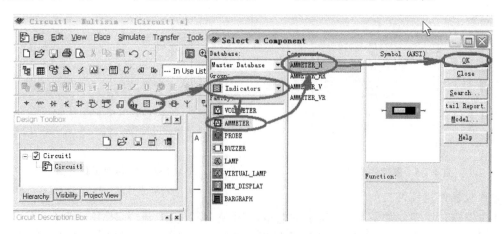

图 4-2-9　电流表的选取操作途径

注意事项 2：电流表属性设置.

对于图 4-2-8 所示的交流电流表最初放置在电路窗口中的是 Multisim 8 默认的直流电流表.但可以对其内阻和测量对象的属性进行选择设置.双击直流电流表的图标,则弹出如图 4-2-10 所示的元件属性对话框.

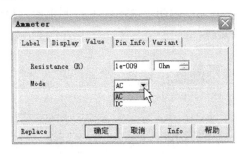

图 4-2-10　电流表属性设置

在图 4-2-10 中设置电流表的测量模式为:AC(交流).

注意事项 3:图 4-2-8 中交流信号源的选取,按图 4-2-11 所示的途径选取交流信号源.

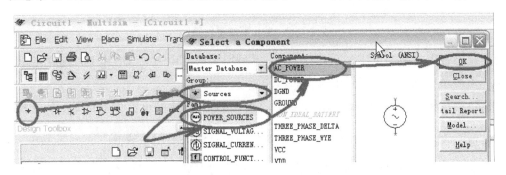

图 4-2-11　交流信号源的选取途径

(2) 基尔霍夫电压定律练习.

基尔霍夫电压定律的定义是:对集总电路而言,无论何时,在集总电路中的任意回路中,其回路中所有支路的电压的代数和恒为零.在基尔霍夫定律中,需要指定回路的环形方向作为参考方向.根据基尔霍夫电流定律建立 Multisim 8 中的仿真电路如图 4-2-12 所示.

图 4-2-12 所示的电路是一个简单的电阻串联电路.从图 4-2-12 中可以明显地看出位于干路直流电压表 U_1 的值为 2.000 V,直流电压表 U_2 和 U_3 的值分别为 4.000 V 和 6.000 V.位于电压表旁边的电压表的属性(测量交/直流信号,内阻值),默认值是 DC/10 MΩ,修改方法同图 4-2-10.

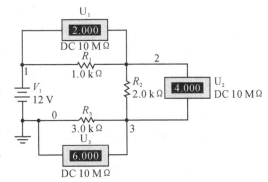

图 4-2-12　验证基尔霍夫电压定律

虚拟仪器使用练习四

戴维南定理验证:戴维南定理是处理端口电路的常用方法.其内容简要概括如下:任何含有独立源、线性电阻以及受端口内部参量控制的受控源可以用一个电压源和一个线性电阻的串联支路代替.此时电压源的数值等于该端口输出端的开路电压,电阻的数值等于该端口内部全部独立源为零后的等效输入电阻.

在电路窗口中建立如图 4-2-13 所示的电路,其中选用了受控源 I1,这是一个电流控制电流源器件. 在 Multisim 8 中其符号表示方法与一般教材上的稍有不同,在表示受控电流的菱形符号下方添加了一个电阻来引入控制受控电流源的控制电流. 具体连接方式如图 4-2-13 所示,控制电流由 V_1 经电阻 R_1 提供.

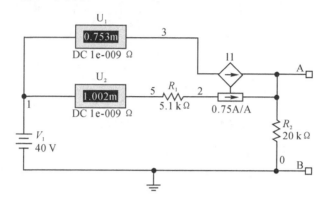

图 4-2-13　验证戴维南定理

为了观察各个支路的电流大小,图 4-2-13 中添加了两个电流表 U_1 和 U_2,这样可以清楚地观察主控回路电流和受控回路电流之间的关系.

单击仿真按钮 ⚡ 开始仿真,显示图 4-2-13 所示的结果,主控电流为 1.002 mA,受控电流为 0.753 mA,两者的比 $\frac{0.753}{1.002}=0.75$ 就是电流控制电流源的控制参数值.

双击受控电流源的图标,可以得到图 4-2-14 所示的对话框. 在该对话框中可以对受控源的一些具体参数进行设置.

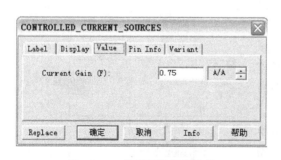

图 4-2-14　设置受控源的参数

图 4-2-15　设置器件状态

在图 4-2-14 所示的对话框中,Label 选项卡设置元件的标识符、标签、属性(名称、大小、是否显示)等内容;Display 选项卡用于设定显示(隐藏)元件的标识符、标签、属性;Value 选项卡器件的值,本例中只有 Current Gain(电流增益系数)一个设置项(将具体参数修改为 0.75,单位保持不变);Pin Info 为元件的引脚信息对话框;Variant 选项卡决定器件是否参与仿真,以图 4-2-13 中 R_1 为例,双击 R_1,则出现图 4-2-15 所示的窗口,单击 Variant 选项.

单击 Status 状态栏,可选择 Excluded/Included,当选择 Included 时,该 R_1 参与电路仿真,当选择 Excluded 时,R_1 不参与电路仿真,R_1 呈现虚影的形式,如图 4-2-16 所示.

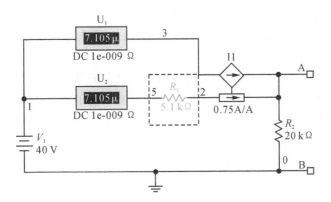

图 4-2-16　R_1 不参与电路仿真

　　图 4-2-13 所示的电路,根据戴维南定理,可以由一个电压源＋电阻来等效,电压源的电压值就是该电路的开路输出电压(A,B 两端的电压),等效电阻的值就是 A,B 端的开路电压除 A,B 端的短路电流.

　　在 A,B 两端接一电压表,测得开路电压如图 4-2-17 所示.

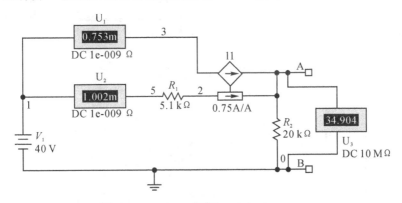

图 4-2-17　测量开路电压

　　在 A,B 两端接一电流表,测得短路电流如图 4-2-18 所示.

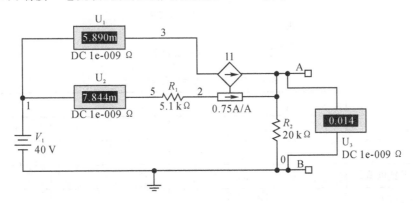

图 4-2-18　测量短路电流

　　等效电阻＝$\dfrac{34.904\ \text{V}}{14\ \text{mA}}$＝2.493 k$\Omega$.

　　则戴维南等效电路如图 4-2-19 所示.

将图 4-2-13 所示的电路接上 10 kΩ 的负载电阻 R₃（是一个电位器），同时接上电压表和电流表监测负载电压和负载电流值；同样的，也给图 4-2-19 所示的等效电路接上 10 kΩ 的电位器作为负载，电压表和电流表测量负载上的电压和电流值. 当负载电阻作同样的调整时，若两个电路的显示结果相同，则说明戴维南定理的正确性，否则说明戴维南定理不正确.

按表 4-2-2 所示的要求实验，将实验的结果记录后，分析戴维南定理的正确性，讨论测量仪表对实验结果的影响.

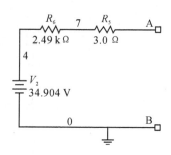

图 4-2-19　戴维南等效电路

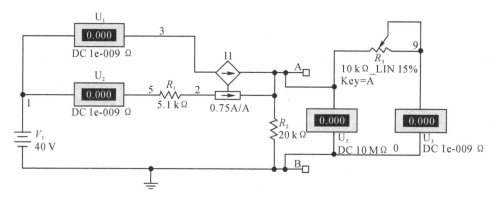

图 4-2-20　实验电路验证

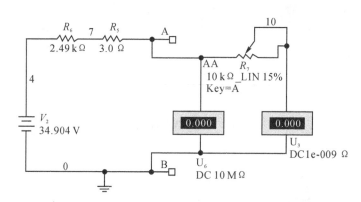

图 4-2-21　等效电路验证

表 4-2-2　验证戴维南定理

项目/实验次数		1	2	3	4	5	6	7
电位器设置		20%	30%	40%	50%	60%	70%	80%
图 4-2-20 电路	负载电压							
	负载电流							
图 4-2-21 电路	负载电压							
	负载电流							

注意事项 1:图 4-2-13 中，电流控制电流源的选取，按图 4-2-22 所示的途径选取电流控制电流源.

注意事项 2：如何查看器件的使用说明（以电流控制电流源为例），如图 4-2-23 所示.

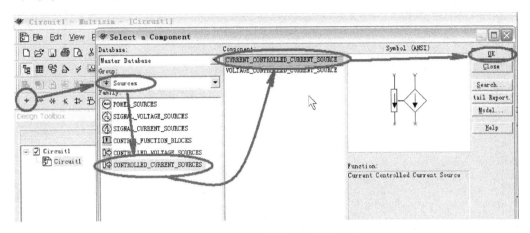

图 4-2-22　选取电流控制电流源的途径

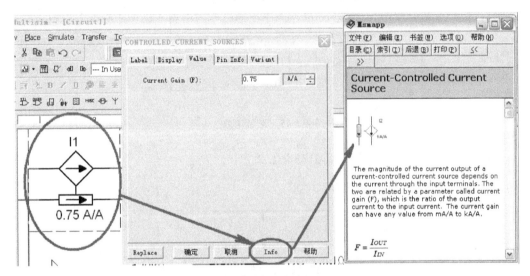

图 4-2-23　查看器件的使用说明

虚拟仪器使用练习五

诺顿定理验证：诺顿定理与戴维南定理比较相似. 其内容可以简单地概括为：任何含有独立源、线性电阻以及受端口内部参量控制的受控源都可以用一个电流源和一个线性电阻的并联支路来代替. 此时，电流源的数值等于该端口输出端的短路电流，电阻的数值等于该端口内部全部独立源为零后的等效输入电阻.

在电路窗口中建立如图 4-2-24 所示的电路. 其中选用了受控源 V_2，这是一个电压控制电压源. 在 Multisim 8 中其符号表示方法与一般教材稍有不同. 在表示受控电压源的菱形符号下方添加了一个电阻来引入控制受控电压源的控制电压. 具体连接方式如图 4-2-24 所示，控制电压经下面的电阻 R_2 引入.

由于电流表的内阻接近于 0，单击仿真按钮 ⚡ 开始仿真. 电流表的示数就是诺顿定理中等效电流源的值（实验结果为 2.483 mA）.

将电流表换成电压表，测量电路的开路输出电压（见图 4-2-25）.

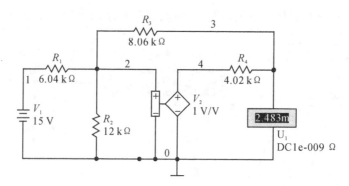

图 4-2-24   验证诺顿定理

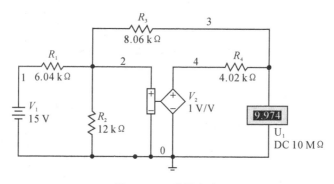

图 4-2-25   诺顿电路

等效电阻的数值 $=\dfrac{9.974 \text{ V}}{2.483 \text{ mA}}=4.0169 \text{ k}\Omega$.

则诺顿等效电路如图 4-2-26 所示.

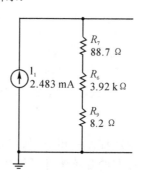

图 4-2-26   诺顿等效电路

　　将图 4-2-25 所示的电路接上 20 kΩ 的负载电阻 R_5（是一个电位器），同时接上电压表和电流表监测负载电压和负载电流值（见图 4-2-27）；同样地，也给图 4-2-26 所示的等效电路接上 20 kΩ 的电位器 R_8 作为负载，电压表和电流表测量负载上的电压和电流值（见图 4-2-28）. 当负载电阻作同样的调整时，若两个电路的显示结果相同，则说明了诺顿定理的正确性，否则说明诺顿定理不正确.

　　按表 4-2-3 所示的要求实验，将实验的结果记录后分析诺顿定理的正确性，讨论测量仪表对实验结果的影响.

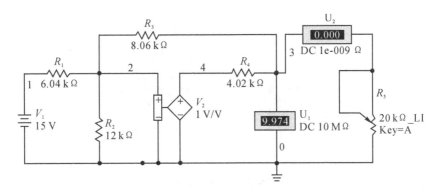

图 4-2-27　验证诺顿电路

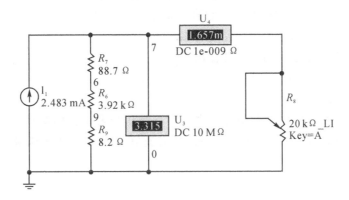

图 4-2-28　验证诺顿等效电路

表 4-2-3　验证诺顿定理

项目/实验次数		1	2	3	4	5	6	7
电位器设置		20％	30％	40％	50％	60％	70％	80％
图 4-2-27 电路	负载电压							
	负载电流							
图 4-2-28 电路	负载电压							
	负载电流							

2　函数信号发生器

　　函数信号发生器(Function Generator)是用来提供正弦波、三角波和方波信号的电压源.单击 Simulate/Instrument/Function Generator,得到如图 4-2-29(a)所示的函数信号发生器图标(也可从屏幕右侧仪器工具栏直接拖入). 双击该图标,便得到图 4-2-29(b)所示的函数信号发生器参数设置控制面板.该控制面板的各部分的功能如下所述.

　　图 4-2-29(b)上方的 3 个按钮用于选择输出波形,分别为正弦波、三角波和方波.

　　(1) Frequency:设置输出信号的频率.

　　(2) Duty Cycle:设置输出的方波和三角波电压信号的占空比.

　　(3) Amplitude:设置输出信号的幅度的峰值.

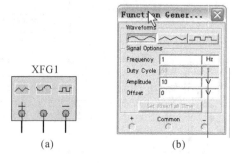

图 4-2-29　信号发生器

（4）Offset：设置输出信号的偏置电压，即设置输出信号中直流成分的大小．

（5）Set Rise/Fall Time：（输出方波信号时）设置上升时间与下降时间．

（6）＋：表示波形电压信号的正极性输出端．

（7）－：表示波形电压信号的负极性输出端．

（8）Common：表示公共接地端．

虚拟仪器使用练习六

下面以图 4-2-30 所示的仿真电路为例来说明函数信号发生器的应用．在本例中，函数信号发生器用来产生幅值为 10 V、频率为 1 kHz 的交流信号，并用万用表测量函数信号，测量结果如图 4-2-30 所示．

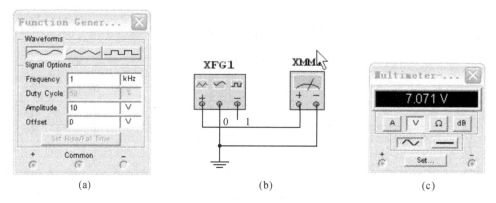

图 4-2-30　函数信号发生器的应用

3　频率计

频率计（Frequency Counter）可以用来测量数字信号的频率周期相位以及脉冲信号的上升沿和下降沿．

单击 Simulate/Instruments/Frequency Counter，得到如图4-2-31(a)所示的频率计图标（也可从屏幕右侧仪器工具栏直接拖入）．双击该图标，便可以得到如图4-2-31(b)所示的频率计内部参数设置控制面板．该控制面板中共分为 4 个部分．

（1）Measurement 选项区：参数测量区．

Freq：用于测量频率．

Period：用于测量周期．

Pulse:用于测量正/负脉冲的持续时间.

Rise/Fall:用于测量上升沿/下降沿的时间.

（2）Coupling 选项区:用于选择电流耦合方式.

AC:选择交流耦合方式.

DC:选择直流耦合方式.

（3）Sensitivity 选项区:主要用于灵敏度的设置.

（4）Trigger Level 选项区:触发电平设置区.当被
测信号的幅度大于触发电时才能进行测量.

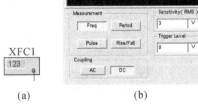

图 4-2-31　频率计

虚拟仪器使用练习七

在 Multisim 8 的电路仿真窗口中建立如图 4-2-32
所示的仿真电路图.对于图 4-2-32 中的两个仪表的控制面板参数设定如下:函数信号发生器
产生频率为 1 kHz,幅度为 10 mV 的方波信号.这里函数信号发生器产生的信号幅度较小,远
小于图 4-2-32 中所示的 Sensitivity 选项区的触发电平的数值.为了能够测量该信号的频率,
要重新设置 Sensitivity 选项区的触发电平的数值.在本例中,将 Sensitivity 选项区的触发电平
的数值设置为 3 mV.

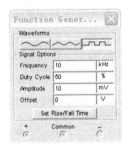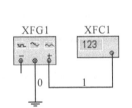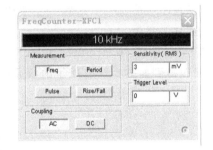

图 4-2-32　频率计的使用

参数设置完毕后,单击仿真开关,观测仿真的结果.

在使用 Multisim 8 的频率计来测量仿真结果时,不能使用频率计测量较低频率的信号.
在 Multisim 8 中频率计的测量下限为 19 Hz.频率低于 19 Hz 的信号不能使用虚拟频率计进
行仿真测量.大于 19 Hz 且小于 25 Hz 的信号显示数值将不稳定,并有微小的测量误差.

4　瓦特表

瓦特表（Wattmeter）用于测量电路的功率.它可以测量电路的交流（或直流）功率.

单击 Simulate/Instrument/Wattmeter,得到如图 4-2-33(a)所示的瓦特表图标.双击该图
标,便可以得到如图 4-2-33(b)所示的瓦特表参数设置控制面板.该控制面板很简单,上方的黑
色条形框用于显示所测量的功率（即电路的平均功率）.主要功能如下所述.

（1）Power Factor:功率因数显示栏.

（2）Voltage:电压的输入端点,从"＋""－"极接入.

（3）Current:电流的输入端点,从"＋""－"极接入.

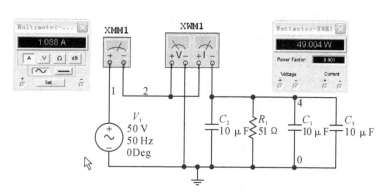

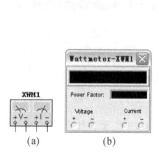

图 4-2-33 瓦特表

图 4-2-34 瓦特表的仿真电路

虚拟仪器使用练习八

在 Multisim 8 的电路仿真窗口中建立如图 4-2-34 所示的仿真电路图.改变电阻、电容的值,观察瓦特表示数的变化,与理论计算的结果相比较,体会仿真工具带来的便利.

5 双通道示波器

双通道示波器(Oscilloscope)主要用来显示测量信号的波形,还可以用来测量被测信号的频率和周期等参数.

单击 Simulate/Instrument/Oscilloscope,得到如图 4-2-35 所示的示波器图标.双击该图标,便可以得到如图 4-2-36 所示的双通道示波器参数设置面板.

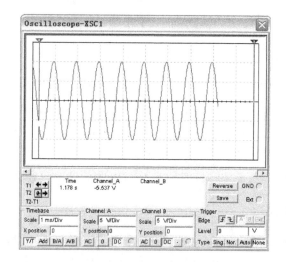

图 4-2-35 示波器图标

图 4-2-36 示波器参数设置面板

双通道示波器的面板控制设置与真实示波器的设置基本一致,整个控制面板可以分成 3 个模块.

5.1 Timebase 模块

Timebase 模块主要用来进行时基信号的控制调整.其部分功能如下.

(1) Scale:X 轴刻度选择.控制在示波器显示信号时,X 轴每一格所代表的时间.单位为 ms/Div,范围为 1 ps~1000 ts.直接单击 Scale 右侧的 X 轴刻度选择参数设置文本框,将弹出上/下拉按钮,即可为显示信号选择合适的时间刻度.

(2) X position：用来调整时间基准的起始点位置．即控制信号在 X 轴的偏移位置，调整的范围为－5～＋5．直接单击 X position 右侧的参数设置文本框，将弹出上/下拉按钮，即可为显示信号选择合适的起点．正值使起点向右移动，负点使起点向左移动．

(3) Y/T 按钮：选择 X 轴显示时间刻度且 Y 轴显示的电压信号幅度的示波器显示方式，即信号波形随时间变化的显示方式，是打开示波器后的默认显示方式．

(4) Add：选择 X 轴显示时间以及 Y 轴显示的电压信号幅度为 A 通道和 B 通道的输入电压之和．

(5) B/A：选择将 A 通道信号作为 X 轴扫描信号，B 通道信号幅度除以 A 通道信号幅度后所得信号作为 Y 轴的信号输出．

(6) A/B：选择将 B 通道信号作为 X 轴扫描信号，A 通道信号幅度除以 B 通道信号幅度后所得信号作为 Y 轴的信号输出．

5.2　Channel

Channel 模块用于双通道示波器输入通道的设置．

(1) Channel A/Channel B：通道 A、B 设置．

(2) Scale：Y 轴的刻度选择．控制在示波器显示信号时，Y 轴每一格所代表的电压刻度．单位为 V/Div．范围为 1pV～1000TV．直接单击 Scale 右侧的 Y 轴刻度选择参数设置文本框，将弹出上/下拉按钮，即可显示信号选择合适的 Y 轴电压刻度．Scale 参数设置文本框主要用于在显示信号时，对输出信号进行适当的衰减，以便能在示波器的显示屏上观察到完整的信号波形．

(3) Y position：用来调整示波器 Y 轴方向的原点．即波形在 Y 轴的偏移位置，调整范围为－3～＋3；直接单击 Y position 右侧的参数设置文本框，将弹出上/下拉按钮，即可为显示信号选择合适的 Y 轴起点位置．正值使波形向上移动，负值使波形向下移动．Y position 主要用于使两个混在一起的 A，B 两通道信号通过 Y 轴原点设置区分开来．

• AC：输入信号交流耦合方式，滤除待显示信号的直流成分，仅显示其交流成分．

• 0：示波器输入端接地，没有信号输入．

• DC：输入信号直流耦合方式，全部显示待测信号的所有信息(直流部分、交流部分)．

5.3　Trigger

Trigger 模块用于设置示波器的触发方式．

(1) Edge：触发边沿的选择设置，有上升沿触发与下降沿触发等方式．

(2) Level：设置触发电平的大小，该选项表示只有当被显示的信号超过该文本框中的数值时，示波器才能进行采样显示．

(3) Type：设置触发方式，Multisim 8 中提供了以下几种触发方式．

• Auto：自动触发方式，只要有输入信号就显示波形．

• Single：单脉冲触发方式，满足触发电平的要求后，示波器仅采样一次．每单击 Single 一次便产生一个触发脉冲．

• Normal：只要满足触发电平的要求，示波器就采样显示一次．

下面介绍波形显示区(屏幕)的设置．

T1 对应 T1 的游标指针，T2 对应 T2 的游标指针．单击 T1 右侧的左右指向的两个箭头，可以将 T1 的游标指针在示波器的显示屏中移动，同理，也可以移动 T2 的游标指针．以采用单脉冲触发放式(Single)为例:设置出发电平为 0,则当该波形在示波器的屏幕稳定后,通过左右移动 T1 和 T2 的游标指针,在示波器显示屏下方的条形显示区中,对应显示 T1 和 T2 的游标指针,所对应的时间和相应时间所对应的 A/B 通道的波形幅值.通过这个操作,可以简要地测量 A/B 两个通道各自波形的周期以及某一通道信号的上升和下降时间.在图 4-2-37 中.A,B表示两个信号输入通道,T 表示外接触发信号输入端,G 表示示波器的接地端.在 Multisim 8 中 G 端不接地也可以使用示波器.

虚拟仪器使用练习九

在 Multisim 8 的电路仿真窗口中建立如图 4-2-37 所示的一阶微分仿真电路.

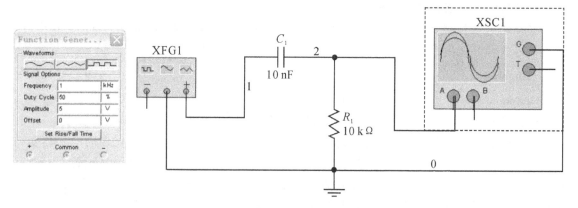

图 4-2-37　一阶微分仿真电路

当元件参数如图 4-2-37 所示时,示波器的显示如图 4-2-38 所示.

改变电阻、电容的值,观察示波器波形的变化.

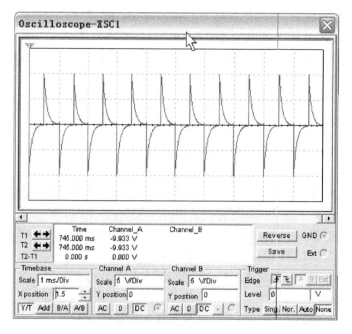

图 4-2-38　仿真波形

虚拟仪器使用练习十

在 Multisim 8 的电路仿真窗口中建立如图 4-2-39 所示的一阶积分仿真电路.

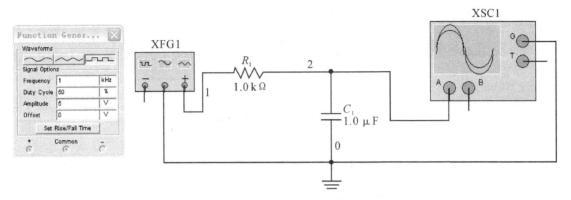

图 4-2-39　一阶积分仿真电路

当元件参数如图 4-2-39 所示时,示波器的显示如图 4-2-40 所示.

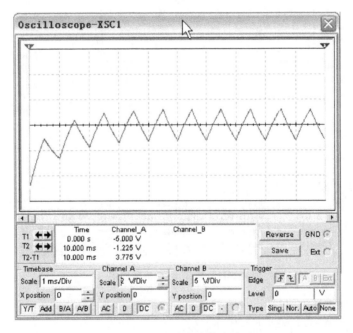

图 4-2-40　一阶积分仿真波形

改变电阻、电容的值,观察示波器波形的变化.

虚拟仪器使用练习十一

串联 RLC 过渡过程测试.

在 Multisim 8 的电路仿真窗口中建立如图 4-2-41 所示的仿真电路.

当元件参数如图 4-2-41 所示时,示波器的显示如图 4-2-42 所示.

改变电阻、电感、电容的值,观察示波器波形的变化.

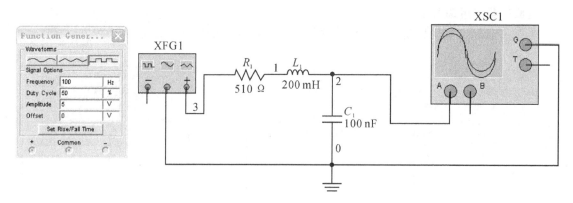

图 4-2-41 串联 RLC 仿真电路

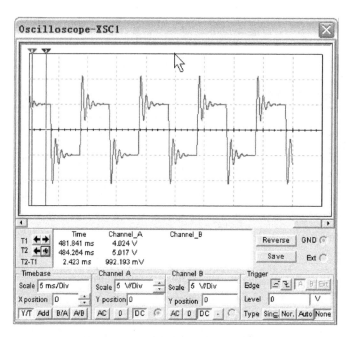

图 4-2-42 串联 RLC 仿真波形

虚拟仪器使用练习十二

试用通用仪器测量二极管的伏安特性曲线.

在图 4-2-44 中,为了测量二极管的伏安特性曲线,用了一个电压表和一个电流表分别测量加在二极管两端的电压和流过二极管的电流,电位器的作用是达到调节电压的目的.当电位器连续调节时,加在二极管两端的电压和流过二极管的电流会被两个表检测到并指示.测量者通过记录各个点的电压、电流值,就可以描绘出如图 4-2-43 所示的曲线来.这就是常规意义上的描点法,是一个很原始、很经典的 V-A 特性测量方法.

如果加在二极管两端的电压不是人工调节的,而是信号源输出的三角波信号(见图 4-2-45),那么二极管中的电流就会自动地发生变化.通过示波器的信号合成显示功能($x-y$ 显示模式),在屏幕上就会显示出 V-A 特性曲线来.

由于示波器是无法显示电流波形的,要通过一个电阻先将流过二极管中的电流信号转换成电压信号($U = I \times R$).图 4-2-45 中二极管的一端串接了一个电阻就是这个目的.

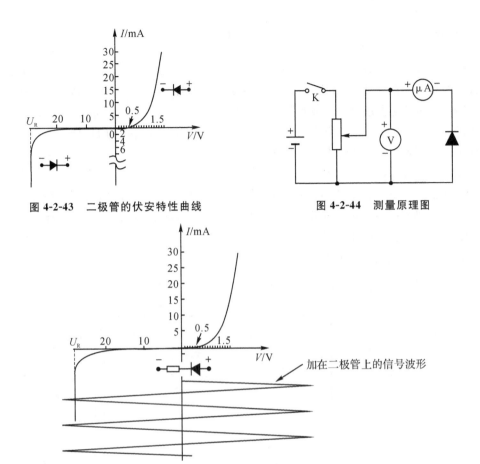

图 4-2-43　二极管的伏安特性曲线

图 4-2-44　测量原理图

图 4-2-45　二极管伏安特性曲线测量示意图

实际的仿真电路如图 4-2-46 所示,仔细观察一下示波器的显示结果,完善你的测量方案.

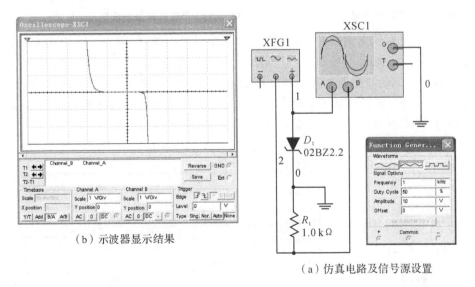

（b）示波器显示结果

（a）仿真电路及信号源设置

图 4-2-46　二极管伏安特性测量

6 IV 分析仪

IV 分析仪(IV Analyzer)在 Multisim 8 中专门用于测量二极管、晶体管和 MOS 管的伏安特性曲线. 单击 Simulate/Instrument/IV Analyzer,得到如图 4-2-47 所示的 IV 分析仪的图标. 其中共有 3 个接线端分别接三极管的三个电极.

双击图 4-2-47 所示的 IV 分析仪图标,便可得到如图 4-2-48 所示的 IV 分析仪内部参数设置控制面板. 该控制面板主要功能如下所述.

(1) Components 区:伏安特性测试对象选择区,Diode(二极管)、晶体管、MOS 管等选项.

(2) Current Range 区:电流范围设置区,有 Log(对数)和 Lin(线性)两种选择.

(3) Voltage Range 区:电压范围设置区,有 Log(对数)和 Lin(线性)两种选择.

(4) Reverse:转换显示区背景颜色.

(5) Sim-Param:仿真参数设置区.

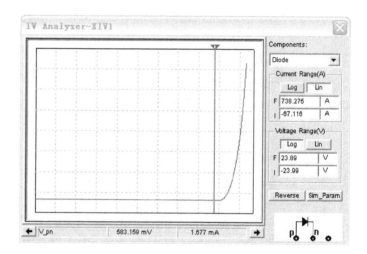

图 4-2-47　IV 分析仪图标　　　　图 4-2-48　IV 分析仪内部参数设置控制面板

下面应用 IV 分析仪来测量二极管 PN 结的伏安特性曲线. 将图 4-2-48 中的 Components 区参数设置为 Diode,则 IV 分析仪的右下角的 3 个接线端(如图 4-2-48 所示)依次为 p,n,NC. 在 Multisim 8 中建立仿真电路如图 4-2-49 所示. 单击 IV 分析仪的 Sim-Param 按钮,弹出如图 4-2-50 所示的对话框. 该对话框用于设置仿真时二极管 PN 结两端的电压的起始值和终止值以及步进增量. 在本例中保持默认设置,单击 OK 按钮,完成参数设置.

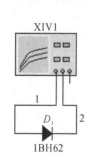

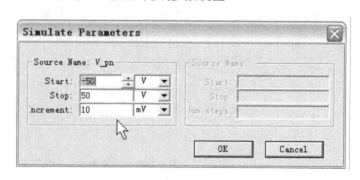

图 4-2-49　仿真电路　　　　　　图 4-2-50　仿真参数设置对话框

　　启动仿真开关进行仿真并观测结果.所得结果如图 4-2-48 所示.在图 4-2-48 中,红色游标所在的位置为 583.159 mV/1.677 mA,与理论上的二极管理想的开启电压基本一致.

　　虚拟仪器使用练习十三

　　在 Multisim 8 的电路仿真窗口中建立如图 4-2-51 所示的仿真电路图.设置仿真参数对话框,观察仿真结果的变化.

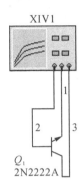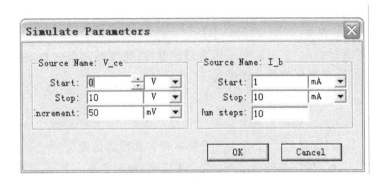

图 4-2-51　测量三极管的伏安特性曲线

7　波特图仪

　　波特图仪(Bode Plotter)又称频率特性仪,主要用于测量滤波电路的频率特性,包括测量电路的幅频特性和相频特性.

　　单击 Simulate/Instruments/Bode Plotter,得到如图 4-2-52 所示的波特图仪图标.双击该图标,便可得到如图 4-2-53 所示的波特图仪内部参数设置控制面板.该面板可分为四个区域.

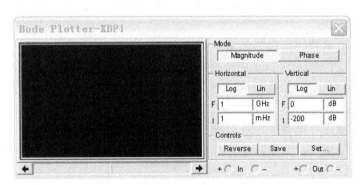

图 4-2-52　波特图仪图标　　　　图 4-2-53　波特图仪内部参数设置控制面板

7.1　Mode:输出图形选择区

　　(1) Magnitude:显示被测电路的幅频特性曲线.

　　(2) Phase:显示被测电路的相频特性曲线.

7.2　Horizontal:水平坐标(X轴)的频率显示格式设置区,水平轴总是显示频率的数值

　　(1) Log:水平坐标采用对数的显示格式.

　　(2) Lin:水平坐标采用线性的显示格式.

　　(3) F:水平坐标(频率)的最大值.

　　(4) I:水平坐标(频率)的最小值.

波特图仪能产生一定频率范围的扫描信号,其值在以上两项中输入.如果频带很宽,则采用对数格式较为合适.

7.3 Vertical:垂直坐标设置区

(1) Log:垂直坐标采用对数的显示格式.

(2) Lin:垂直坐标采用线性的显示格式.

(3) F:垂直坐标(增益)的最大值.

(4) I:垂直坐标(增益)的最小值.

在仿真分析时,以上两项应该合理设置,以便能够完整地观察曲线.当测量电路的相频特性曲线时,垂直坐标始终是线性的.

7.4 Control:输出控制区

(1) Reverse:将示波器显示屏的背景色在黑、白之间切换.

(2) Save:保存显示的特性曲线及其相关的参数设置.

(3) Set:设置扫描的分辨率.单击该按钮,弹出如图 4-2-54 所示的对话框.

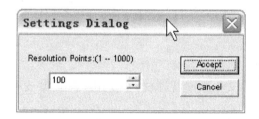

图 4-2-54   设置扫描的分辨率

默认的分辨率的数值为 100.完成设置后,单击 Accept 按钮,返回波特图仪内部参数设置控制面板.

在波特图仪内部参数设置控制面板的最下方有 In 和 Out 两个接口.它们分别对应图 4-2-55 中的 In 和 Out 两个接口.In 是被测电路输入端口:+和-信号分别接入被测电路信号输入端的正端和负端.Out 是被测电路输出端口:+和-分别接被测电路输出端的正端和负端.

虚拟仪器使用练习十四

在电路窗口中建立如图 4-2-55 所示的仿真电路.

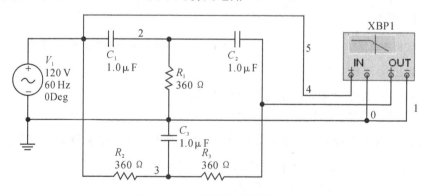

图 4-2-55   T 型滤波器仿真电路

双击波特图仪面板后对内部参数进行如图 4-2-56 和图 4-2-57 所示的参数设置. 然后单击 Run 按钮, 进行仿真. 在波特图仪的显示窗口的正下方单击 "→" 和 "←" 图标. 波特图仪的游标将会按所设的数值单位移动. 在旁边的文本框中将显示对应的频率值和垂直刻度的分贝值或相位值.

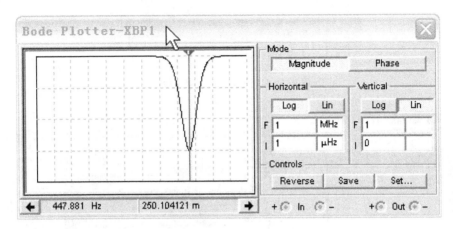

图 4-2-56　幅频特性曲线

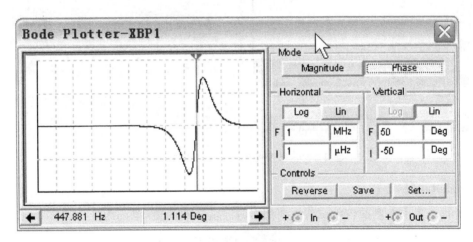

图 4-2-57 相频特性曲线

8　安捷伦示波器

安捷伦示波器 (Agilent Oscilloscope) 是一款功能强大的示波器, 它不但可以显示信号波形, 还可以进行多种数学运算.

单击 Simulate/Instruments/Agilent Oscilloscope, 得到如图 4-2-58 所示的安捷伦示波器的图标. 其中右侧共有 3 个接线端, 分别为触发端、接地端、探头补偿输出端. 图标下方有 18 个接线端, 左侧 2 个为模拟信号测量输入端, 右侧的 16 个接线端为数字信号测量输入端.

单击如图 4-2-58 所示的安捷伦示波器的图标, 便可以得到图 4-2-59 所示的安捷伦示波器参数设置面板.

安捷伦示波器 54622D 的控制面板按功能分为以下几个模块, 如图 4-2-59 所示.

XSC1

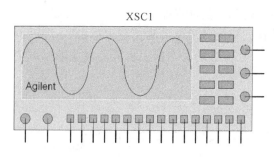

图 4-2-58　安捷伦示波器图标

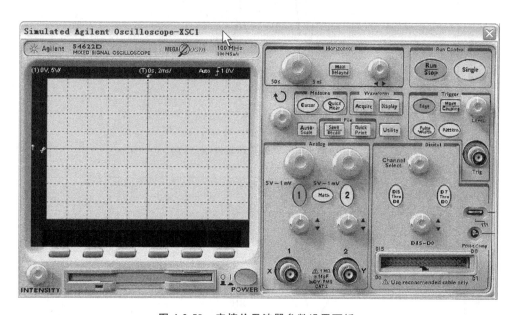

图 4-2-59　安捷伦示波器参数设置面板

8.1　Horizontal 区

Horizontal 区中左侧的较大旋钮主要用于时间基准的调整,范围为 5 ns～50 s;右侧的较小的旋钮用于调整信号波形的水平位置.Main Delayed 按钮用于延迟扫描.

单击 Main Delayed 按钮,屏幕正方显示如图 4-2-60 所示,列出了屏幕的几种显示方式,单击对应的键,示波器就切换到相应的显示方式.

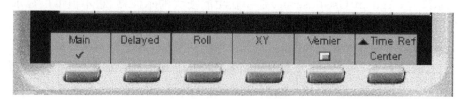

图 4-2-60　显示方式设置

Main:基本的显示方式,与普通示波器的显示方式相同.

Delayed:除了用常规的显示方式显示波形外,还用横向(时间轴)展宽的方式显示波形,这样可以更加细致地观察波形的真实情况.可以通过时间调节旋钮来任意设置展宽的比例,实际显示如图 4-2-61 所示.

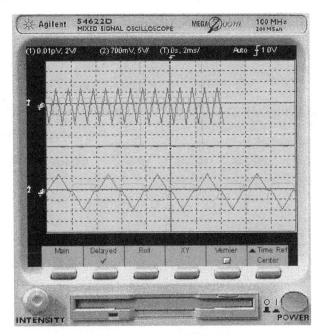

图 4-2-61　横向展宽显示方式

Roll：滚动显示方式. 此种方式下，显示波形自屏幕的右方向屏幕的左方不停地移动.

XY：此种模式下，横轴表示通道 1 的信号幅度，纵轴表示通道 2 的信号幅度，屏幕显示的是两路信号相对变化的合成.

Time Ref Center：选择时间 0 刻度基准（屏幕左侧、屏幕中间、屏幕右侧）.

8.2　Run Control 区

Run Control 区的 Run/Stop 按钮用于启动/停止显示屏上的波形显示，单击该按钮后，该按钮呈现黄色表示连续运行；右侧 Single 按钮表示单次触发，Run/Stop 按钮变成红色表示停止触发，即显示屏上的波形在触发一次后保持不变.

8.3　Measure 区

Measure 区中有 Cursor 和 Quick Mear 两个按钮. 单击 Cursor 按钮在显示区的下方出现如图 4-2-62 所示的设置.

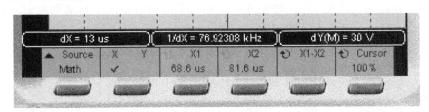

图 4-2-62　Cursor 按钮设置

Source 选项用来选择被测对象，单击正下方的按钮，有 3 个选择：1 代表模拟通道 1 的信号；2 代表模拟通道 2 的信号；Math 代表数字信号.

X，Y 选项用来设置 X 轴和 Y 轴的位置.

X1 用于设置 X1 的起始位置.单击正下方的按钮,再单击 Measure 区左侧的 ⟍⟋ 图标所对应的按钮,即可以改变 X1 的起始位置.X2 的设置方法相同.

X1—X2:X1 与 X2 的起始位置的频率间隔.

Cursor:游标的起始位置.

单击 Quick Mear 按钮后,出现如图 4-2-63 所示的选项设置.

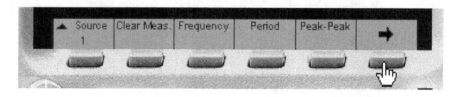

图 4-2-63　Quick Mear 选项设置

其中,Source:待测信号的选择;Clear Meas:清除所显示的数据;Frequency:测量某一路信号的频率值;Period:测量某一路信号的周期;Peak-Peak:测量峰—峰值;单击 ➡ 后,弹出新的选项设置,分别是:测量最大值,测量最小值,测量上升沿时间,测量下降沿时间,测量占空比,测量有效值,测量正脉冲宽度,测量负脉冲宽度,测量平均值.

8.4　Waveform 区

Waveform 区中有 Acquire 和 Display 两个按钮,用于调整显示波形.

单击 Acquire 按钮,弹出 |Normal ✓|Averaging|Avgs 8| 选项设置.其中,Normal 设置正常的显示方式;Averaging 对显示信号取平均值;Avgs 设置取平均值的次数.

单击 Display 按钮,弹出 |Clear|Grid 23%|BK Color 77%|Border 24%|Vector ■| 选项设置.其中,Clear 清除显示屏的波形;Gird 设置删格显示灰度;BK Color 设置背景颜色;Border 设置边界大小.

8.5　Trigger 区

Trigger 区是触发模式设置区.

(1) Edge:触发方式和触发源的选择.

(2) Mode/Coupling:耦合方式的选择.

Mode 用于设置触发模式,有 3 种模式,Normal 常规触发;Auto 自动触发;Lever 先常规后自动触发.

(3) Pattern:将某个通道的信号的逻辑状态作为触发条件时的按钮.

(4) Pulse Width:将脉冲作为触发条件时的设置按钮.

8.6　Analog 区

Analog 区用于模拟信号的通道设置,如图 4-2-64(a)所示.

在图 4-2-64(a)中,最上面的两个按钮用于模拟信号幅度的衰减,有时,待显示的信号幅度过大或过小,为了能在示波器的荧光下完整地看到波形,可以调节该按钮,两个旋钮分别对应 1,2 两路模拟输入.①和②按钮用于选择模拟信号 1 或 2.Math 旋钮用于对 1 和 2 两路模拟信号进行数学运算.Math 旋钮下面的两个旋钮用于调节相应的模拟信号在垂直方向上的位置.

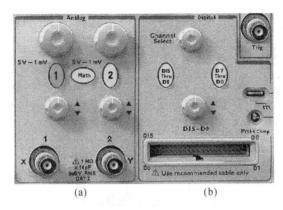

图 4-2-64　模拟通道设置

以模拟信号通道 1 为例,点击①按钮,在显示屏的下方出现 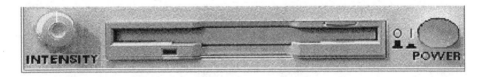 选项设置.其中,Coupling 用于设置耦合方式,有 DC(直接耦合)、AC(交流耦合)和 Ground(接地,在显示屏上为一条幅值为 0 的直线)几种选择.Vemier 用于对波形进行微调;Invert 对波形取反.

8.7　Digital 区

Digital 区用于数字设置信号通道,如图 4-2-64(b)所示.

在图 4-2-64(b)中,最上面的旋钮用于数字信号通道的选择.中间的两个按钮用于选择 D0~D7 或 D8~D15 两组数字信号的某一组.

下面的旋钮用调整数字信号在垂直方向上的位置.

首先选中 D0~D7 或 D8~D15 中的某一组,这时显示屏所对应的通道中会有箭头附注,然后旋转通道选择旋钮到某通道即可.

以 D0~D7 通道为例,单击 D0~D7 通道按钮,弹出 选项设置.其中,D0 用于将 0 号通道的信号接地.第 2 项用于将 16 路数字信号全屏或半全屏显示.Threshold 表示用户设置触发门槛电平的类型.User 表示用户设置触发门槛电平的大小.

8.8　其他按钮

图 4-2-65 所示的分别为示波器显示屏灰度调节按钮、软驱和电源开关.

图 4-2-65　灰度调节钮、软驱和电源开关

虚拟仪器使用练习十五

在电路窗口中创建如图 4-2-66 所示的十进制计数器 74LS160 的仿真电路.

启动仿真开关,合理设置示波器的参数就可以得到如图 4-2-67 所示的仿真结果.

从图 4-2-67 中,可以看到 74LS160N 输出的信号在示波器中显示的波形为按十进制递增

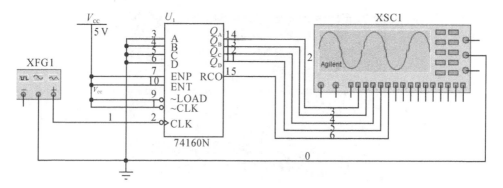

图 4-2-66　十进制计数器的仿真

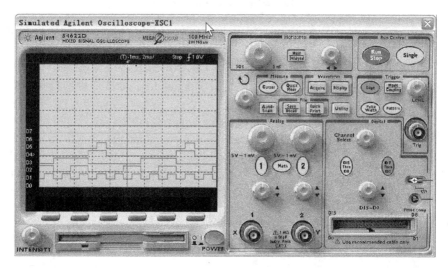

图 4-2-67　观测到的计数器的输出波形

的加法计数的波形.

注意事项 1:按图 4-2-68 所示的途径选取数字逻辑器件.

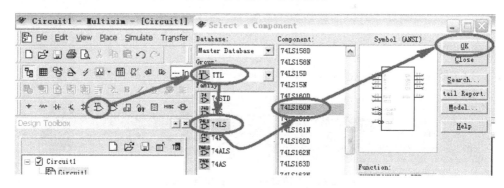

图 4-2-68　选取数字逻辑器件的途径

9　逻辑转换仪

逻辑转换仪(Logic Converter)在对数字逻辑设计中组合逻辑电路的设计与分析是很有用处的,它是一种虚拟的仪器,在实际应用中并没有现成的仪器与之对应.逻辑转换仪可以实现组合逻辑中的真值表、逻辑表达式、逻辑电路之间任意转换. 单击 Simulate/Instruments/Logic Converter, 得到如图 4-2-69(a) 所示的逻辑转换仪图标. 图标下方共有 9 个接线端, 从左至右的 8 个接线端为输入端, 剩下一个为输出端. 双击该图标, 便可以得到图 4-2-69 (b) 所示的逻辑转换仪参数设置控制面板. 该控制面板主要功能如下所述.

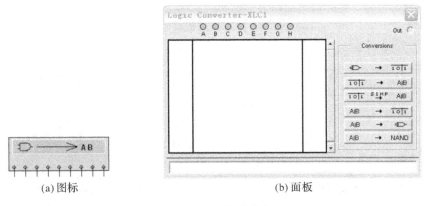

(a)图标　　　　　　　　　　(b)面板

图 4-2-69　逻辑转换仪

图 4-2-69 (b)中最上方的 A,B,C,D,E,F,G,H 和 Out, 这 9 个按钮分别对应图 4-2-69(a) 中的 9 个接线端. 单击 A,B,C 等几个端子后, 在下方的显示区中将显示所输入的数字逻辑信号的所有组合以及其所对应的输出.

(1) 按钮用于将逻辑电路转换成真值表. 在电路窗口建立仿真电路, 然后将仿真电路的输入端与逻辑转换仪的输入端、仿真电路的输出端与逻辑转换仪的输出端连接起来, 然后单击此按钮, 即可以将逻辑电路转换真值表.

(2) 按钮用于将真值表转换成逻辑表达式. 单击 A,B,C 等几个端子, 在下方的显示区中将列出所输入的数字逻辑信号的所有组合以及其所对应的输出, 然后单击此按钮, 即可以将真值表转换成逻辑表达式, 所得逻辑表达式将显示于逻辑转换仪最下方的文本框中.

(3) 按钮用于将真值表转换成最简逻辑表达式, 所得最简逻辑表达式将显示于逻辑转换仪最下方的文本框中.

(4) 按钮用于将逻辑表达式转换成真值表.

(5) 按钮用于将逻辑表达式转换成组合逻辑电路.

(6) 按钮用于将逻辑表达式转换成由与非门所组成的组合逻辑电路.

虽然在现实生活中逻辑转换仪只是一种虚拟仪器, 但是使用此类逻辑转换仪却使组合逻辑电路的分析与设计变得极其简单, 使枯燥乏味的逻辑设计变得轻松、愉快.

对于给定的数字逻辑电路, 推导出输出变量与输入变量之间的逻辑关系的具体方法为: 根据组合逻辑电路写出输出变量和输入变量的逻辑表达式, 并将表达式转换为最简单的逻辑表达式.

虚拟仪器使用练习十六

在 Multisim 8 中建立如图 4-2-70 所示的组合逻辑仿真电路. 此项练习我们将借助于逻辑

转换仪实现从电路原理图到逻辑表达式的转换.

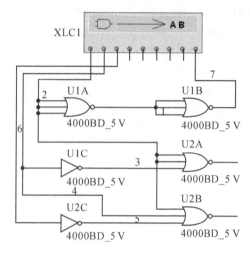

图 4-2-70 组合逻辑仿真电路

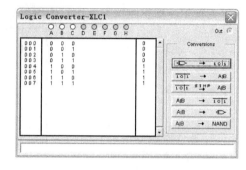

图 4-2-71 逻辑转换仪窗口

双击逻辑转换仪图标,弹出逻辑转换仪的面板参数设置窗口,如图 4-2-71 所示.

首先单击窗口上方 中 A 端子,A 端子被选中后,呈现激活状态,表示引入了 A 端子所对应的输入逻辑变量,如图 4-2-71 所示,并且将在下方的显示区中列出所输入的数字逻辑信号的所有组合及其所对应的输出.按照同样的办法添加图 4-2-71 中 B,C 端子所对应的输入逻辑变量.

单击 按钮,将逻辑电路转换成真值表.然后单击 ,将真值表转换成逻辑表达式.此时在图 4-2-71 下方的空白处出现数字逻辑电路所对应的数字逻辑表达式:$AB'C' + AB'C + ABC' + ABC$(注意:B' 的含义是 $\overline{B}$). 接着单击 按钮将真值表转换成最简表达式,得到的结果为 A.

在图 4-2-70 中,有 3 个逻辑变量的输出端,而逻辑分析仪只有一个输出端口,可以将逻辑分析仪分别接图 4-2-70 电路中的逻辑输出端,按照相同的方法将其他两个输出端的逻辑加以分析,可以得到其他两个输出端 U2A 和 U2B 的逻辑输出分别为 $A'BC' + A'BC$(最简式为 AB')和 $A'B'C$.

注意事项 1:集成数字元件内部相同的功能模块(逻辑门)的放置方法.

对于组合逻辑电路,必然使用数字器件.实验中我们选择 Multisim 8 的元器件库的 CMOS 族中 CMOS—5V 系列,然后选择器件 4000BD_5V,如图 4-2-72 所示.

图 4-2-72 的左侧用于器件选择,右侧用于选择所放置器件的内部功能相同的功能模块(逻辑门),这与放置其他类型(比如电阻器件)有不同之处.

(1) Symbol:显示器件 4000BD_5V 内部功能模块(逻辑门),从图 4-2-72 中可以看出这是一个或非门.Symbol 选项框下方的 3 个按钮 A,B,C,表明在器件 4001BD_5V 内部共有 3 个如 Symbol 选项框中显示的功能模块(逻辑门).

(2) Function:内部相同的功能模块(逻辑门)的功能描述,如图 4-2-72 中的说明,表明器件为 3 输入的或非门.

(3) Model Manyf:元器件的制作模型说明.

(4) Footprint:元器件的封装模型.

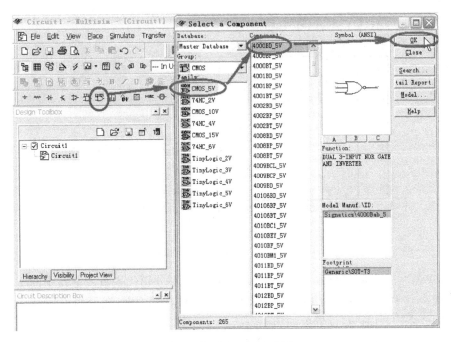

图 4-2-72　选择 CMOS 器件

单击图 4-2-72 右上角的 OK 按钮,弹出如图 4-2-73 所示的对话框.图 4-2-73 中也表明所选中的器件有 3 个功能部分.

图 4-2-73　器件中包含的逻辑功能单元

在图 4-2-73 中单击 A,B,C 中的某一个按钮,将会选中 3 个逻辑门中的某一个.

虚拟仪器使用练习十七

组合逻辑电路的设计就是根据数字逻辑电路的逻辑功能要求设计出能够实现该逻辑功能的组合逻辑电路.简言之,组合逻辑电路的设计就是组合逻辑电路的分析的逆过程.

组合逻辑电路的设计过程包括以下方面.

(1)明确理解电路的逻辑功能,确定电路的逻辑输入变量和逻辑输出变量.

(2)将电路的逻辑功能抽象成真值表的表达式,由真值表写出对应的逻辑表达式,并利用数字电路中的摩根定理等内容对逻辑表达式进行逻辑简化以得到最简表达式.这样,不但为分析逻辑电路提供了方便,也使电路的制作节省了成本.

(3)根据最简的逻辑表达式,画出逻辑电路图.

在数字电路中,组合逻辑电路的设计复杂而繁琐.尤其当输入和输出变量的个数很多时,处理起来更加麻烦.利用 Multisim 8 的相关资源和功能,可以大大地简化和缩短组合逻辑电路的设计过程.

下面以简单的数字电路:一位全加器的设计来简要说明这个问题.

单击 Simulate/Instruments/Logic Converter.弹出的逻辑转换仪的控制面板,单击

中 A,B 输入变量,这时输出逻辑框显示为"?".如图 4-2-74 所示.

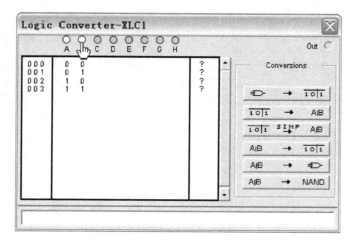

图 4-2-74　逻辑转换仪面板

用鼠标单击"?",会依次变为 0 或 1 或 X.其中,0 和 1 分别代表数字电路中的二值逻辑变量:低电平或高电平;X 代表数字电路中的高阻态.在图 4-2-74 中,我们根据设计一位全加器的需要,将图 4-2-74 中的"?"设置为如图 4-2-75 所示逻辑值.

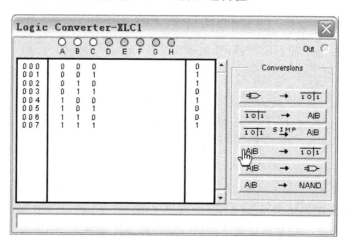

图 4-2-75　一位全加器的真值表

完成如图 4-2-75 所示的设置后,相当于完成了组合逻辑电路的设计方法的第一步——建立真值表.这时,就可以开始利用 Multisim 8 来设计组合逻辑电路的第二个步骤:由真值表来推导出逻辑表达式.

在图 4-2-75 中,单击 $\boxed{1\,0\,1}$ $\overset{SIMP}{\longrightarrow}$ $\boxed{A|B}$ 按钮后,出现真值表对应的逻辑表达式.对于本例的一位全加器来说,Multisim 8 给出了 $A'B'C+A'BC'+AB'C'+ABC$ 的逻辑表达式.

单击 $\boxed{A|B}$ $\longrightarrow$ $\boxed{\rightsquigarrow}$ 按钮后,随着蓝色进度条的移动,在 Multisim 8 的电路窗口中出现 Multisim 8 根据用户设置逻辑表达式所自动定制的组合逻辑电路.单击鼠标完成组合逻辑电路的放置,新生成的电路如图 4-2-76 所示.

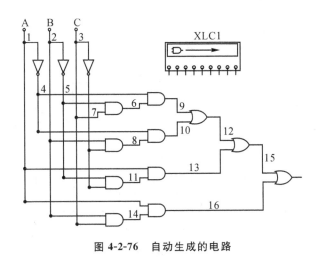

图 4-2-76 自动生成的电路

第三节 Multisim 8 的电路分析方法

Multisim 8 提供了 19 种分析方法,分别是:直流工作点分析(DC Operating Point Analysis)、交流分析(AC Analysis)、傅立叶分析(Fourier Analysis)、瞬态分析(Transient Analysis)、失真分析(Distortion Analysis)、噪声分析(Noise Analysis)和直流扫描分析(DC Sweep Analysis)、灵敏度分析(Sensitivity Analysis)、参数扫描分析(Parameter Sweep Analysis)、温度扫描分析(Temperature Sweep Analysis)、零极点分析(Pole Zero Analysis)、传输函数分析(Transfer Function Analysis)、蒙特卡罗分析(Monte Carlo Analysis)、最坏情况分析(Worst-case Analysis)、批处理分析(Batched Analysis)、噪声指数分析(noise Figure Analysis)、用户自定义分析(User defined Analysis)等.利用这些工具,可以了解电路的基本状况,测量和分析电路的各种响应,其分析精度和测量范围比用实际仪器测量的精度高、范围宽.

1 直流工作点分析

直流工作点分析也称静态工作点分析,就是当电路网络中仅仅有直流电压源和直流电流源作用时,计算网络中每个节点上的电压和每条支路上的电流.在进行电路直流工作点分析时,由于事先假定只有直流电压源和直流电流源作用,所以电路中的器件要特殊处理:电容设定为开路、电感设定为短路、交流量设定为零、交流电压源设定为短路、交流电流源设定为开路.计算电路的直流工作点,即在恒定激励条件下求电路的稳态值.在电路工作时,无论是大信号还是小信号,都必须给半导体器件以正确的偏置,以便使其工作在所需的区域,这就是直流分析要解决的问题.了解电路的直流工作点,才能进一步分析电路在交流信号作用下电路能否正常工作.求解电路的直流工作点在电路分析过程中是至关重要的.

下面以单管共射放大电路为例,演示在 Multisim 8 中进行直流工作点分析的全过程.

首先建立如图 4-3-1 所示的单管共射放大电路.

执行菜单命令 Simulate/Analyses,在列出的可操作分析类型中选择 DC Operating Point…,则出现直流工作点分析对话框,如图 4-3-2 所示.

直流工作点分析对话框包括 3 页.

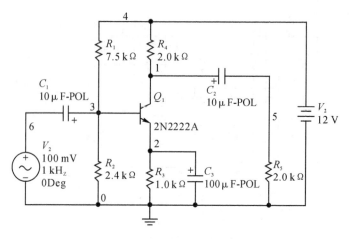

图 4-3-1　单管共射放大电路

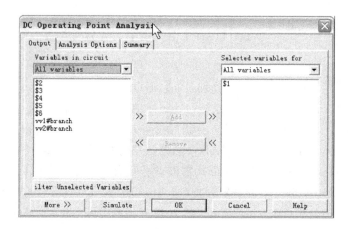

图 4-3-2　直流工作点分析对话框

1.1　Output variables 页

Output variables 页用于选定需要分析的节点.

左边 Variables in circuit 栏内列出电路中各节点电压变量和流过电源的电流变量. 如图 4-3-3 所示.

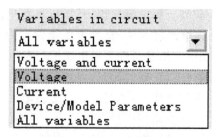

图 4-3-3　电路中的变量

右边 Selected variables for 栏用于存放需要分析的节点.

具体做法是先在左边 Variables in circuit 栏内选中需要分析的变量,再点击 Add 按钮,相应变量则会出现在 Selected variables for 栏中. 如果 Selected variables for 栏中的某个变量不需要分析,则先选中它,然后点击 Remove 按钮,该变量将会回到左边 Variables in circuit 栏中.

1.2 Analysis Options 页

点击 Analysis Options 按钮进入 Analysis Options 页,如图 4-3-4 所示.

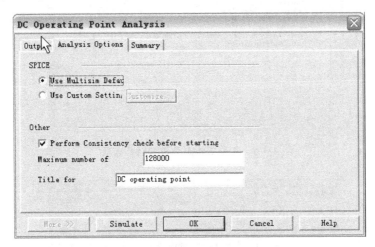

图 4-3-4 直流工作点分析选项

图 4-3-4 所示的对话框分为两个部分.SPICE 区用来对非线性电路的 SPICE 的模型进行设置,默认的方式是采用系统提供的 Multisim Default(Multisim 默认值),如果用户需对某些量进行人为设置,则选择 Custom Setting(客户设定)方式,选中 Use Custom Setting,单击 Customize 按钮,出现如图 4-3-5 所示的窗口.用户需对窗口中各页的内容自行设置,以满足仿真要求.

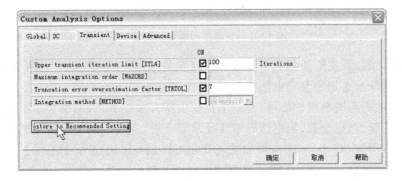

图 4-3-5 客户设定选项

1.3 Summary 页

点击 Summary 按钮进入 Summary 页,如图 4-3-6 所示.Summary 页对用户所设置的所有参数和选项进行文字上的总结.用户通过检查可以确认这些参数的设置.

单击 Simulate 按钮,可得分析结果如图 4-3-7 所示.以表格的形式列出了电源支路电流为 3.44666 mA,节点 \$1,\$2,\$3 的直流工作电压.根据这些电压的大小,可以确定该电路的静态工作点是否合理.

Multisim 8 分析方法练习一

在电路分析中,有时候求解出已知电路的某个节点的电压和某条支路的电流至关重要.在

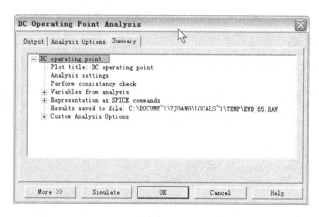

图 4-3-6 直流工作点分析"归纳"选项

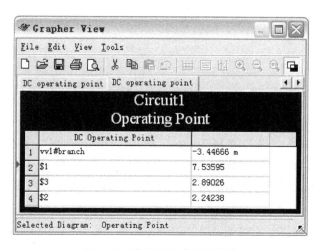

图 4-3-7 直流工作点分析结果

电路分析理论中,结合图论的知识有多种方法可以求解.例如节点电压法、回路电流法、网孔电流法等.这里只验证最常用的节点电压法.

节点电压法的内容简单概括如下:对于电路中的所有独立节点,列出基尔霍夫电流定律的方程式组,然后求解.可以想象,当电路的结构比较复杂时,应用节点电压法计算电路的节点电压比较困难,而应用 Multisim 8 的电路的仿真功能可以顺利解决这一问题.

在电路窗口中建立如图 4-3-8 所示的电路.

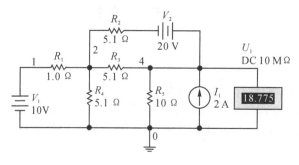

图 4-3-8 仿真电路

为方便观察图 4-3-8 中的电路的节点 4 的电压,其输出端添加了一个直流电压表,从中可以看到节点 4 的直流电压的具体数值.

　　如果想得到其他节点的电压值,可以添加更多的仪表.也可以采用 Multisim 8 提供的直流工作点分析方法来解决这个问题.

　　单击 Simulate/Analysis/DC Operating Point Analysis,在弹出的对话框中将图 4-3-8 的节点 1、节点 2、节点 3 和节点 4 全部列为输出节点,单击 Simulate 按钮,开始仿真.自行比较理论计算的结果与仿真结果之间的差异.

2　交流分析

　　交流分析是在正弦小信号工作条件下的一种频域分析.可以分析电路的交流频率响应,计算电路的幅频特性和相频特性,是一种线性分析方法.Multisim 8 在进行交流频率分析时,首先分析电路的直流工作点,并在直流工作点处对各个非线性元件做线性化处理,得到线性化的交流小信号等效电路,并用交流小信号等效电路计算电路输出交流信号的变化.在进行交流分析时,电路工作区中自行设置的输入信号将被忽略.也就是说,无论给电路的信号源设置的是三角波还是矩形波,进行交流分析时,都将自动设置为正弦波信号,分析电路随正弦信号频率变化的频率响应曲线.

　　首先,建立如图 4-3-9 所示的 T 型陷波器电路.

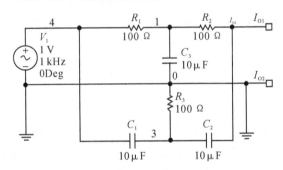

图 4-3-9　T 型陷波器仿真电路

　　执行菜单命令 Simulate/Analyses,在列出的可操作分析类型中选择 AC Analysis,则出现交流分析对话框,如图 4-3-10 所示.

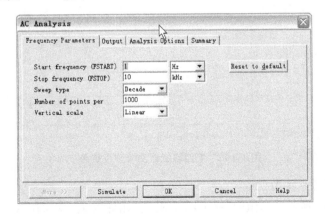

图 4-3-10　交流分析选项

Frequency Parameters 页的项目设置:

（1）Start frequency(FSTART)：设置交流分析的起始频率.

（2）Stop frequency(FSTOP)：设置交流分析的终止频率.

（3）Sweep type：设置扫描类型，有 Decade(10 倍频程扫描)、Octave(8 倍频程扫描)、Linear(线性扫描)3 种可选择的类型.

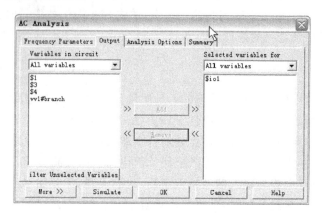

图 4-3-11 输出节点设置

（4）Number of points per：设置第 10 倍频率的采样点数；

（5）Vertical scale：设置纵坐标的刻度，有 Logarithmic(纵坐标取对数)、Linear(线性)、Decibel(分贝)和 Octave(8 倍)4 种可选择的刻度标准.

Output variables 页的项目设置：

选择节点 $lo1 为分析的对象.

单击 Simulate 按钮，可得分析结果如图 4-3-12 所示.

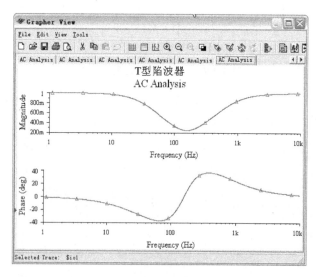

图 4-3-12 T 型陷波器交流分析结果

Multisim 8 分析方法练习二

自行设计图 4-3-9 所示 T 型陷波器电路中阻、容元件的值，使得陷波器的陷波频率点为 50 Hz(示例中的陷波频率点为 106 Hz)，此电路常用于滤除 50 Hz 的工频干扰.

Multisim 8 分析方法练习三

在电路窗口中建立如图 4-3-13 所示电路,该电路由电阻、电容、电感串联而成.由于电容和电感的阻抗随着信号频率的变化而变化,因此,串联回路的总的阻抗为: $z(\omega) = r + j\left(\omega L_1 - \dfrac{1}{\omega C_1}\right)$.

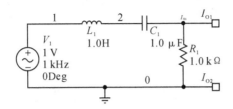

图 4-3-13 RLC 串联电路

当使用串联回路的总阻抗表达式中虚部为 0 时,称所对应的频率值为串联谐振频率.根据计算得知,图 4-3-13 所示的电路的串联谐振频率为 159 Hz.

用交流分析法分析图 4-3-13 所示电路的幅频特性曲线和相频特性曲线.

第四节 Multisim 8 的定制电路功能

Multisim 8 除了提供丰富的分析方法和仿真功能之外,不得不提的另一个有用的功能是电路的定制功能.单击 Tools 菜单,可看到如图 4-4-1 所示的菜单.

图 4-4-1 定制电路菜单

555 Timer Wizard:555 定时器定制电路导航.

Filter wizard:滤波器定制电路导航.

CE BJT Amplifier wizard:共射极双极型晶体管放大器定制电路导航.

1 定制共射极双极型晶体管放大电路

单击 Tools/CE BJT Amplifier Wizard,在弹出的对话框中可以按照事先选定的参数来完成设置,如图 4-4-2 所示.

在图 4-4-2 中,共有 5 个选项区.

(1) BJT Selection 区:用于进行晶体管自身重要参数设置.

• Beat of the BJT:设置晶体管的单管放大倍数.其数值将可能改变 Multisim 8 元件的模型值.

• Saturated Vbe:设置基极和发射极在饱和导通时的导通饱和电压.对于半导体器件来

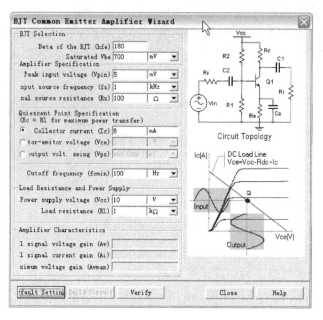

图 4-4-2　共射极放大电路定制向导对话框

说,一般设置为 0.7 V 左右.

（2）Amplifier Specification 区:用于进行信号源自身参数的设置.

• Peak input voltage:设置交流信号源的峰值电压.

• Input source frequency:设置输入的电流激励源的频率值.

• Input source resistance:设置输入的电流激励值的内阻大小.

（3）Quiescent Point Specification 区:用于静态工作点的选择设置,共有三个单选项.

• Collector current:设置静态工作点的集电极电流 I_{CQ}.

• Collector-emitor voltage:设置静态工作点的集电极和发射极的电压差 V_{CEQ}.

• Output volyage. swing:设置输出电压的变化幅度.

以上三个选项,选中任意一个后,都将屏蔽其他选项. Multisim 8 根据图 4-4-2 中的静态工作点稳定电路的 I_{CQ} 和 V_{CEQ} 等参数的计算方法,当用户选定其中一个选项后,自动计算出其他两个单选项的值. 为了方便起见,通常选择 Collector current 或 Collector-emitor voltage 的值来定义静态工作点,从而制定电路.

（4）Load Resistance and Power Supply 区:用于负载电阻和直流电源的参数设置.

• Power supply voltage:设置提供直流偏置的直流电源的大小.

• Load resistance:设置负载电阻的大小.

（5）Amplifier Characteristics 区:用于放大特征的结果显示.

• Signal voltage gain:显示电压放大倍数.其他参数完成后自动显示.

• Signal current gain:显示电流放大倍数.

• Maximun voltage gain:显示最大电压放大倍数.

在本例中,按照图 4-4-2 所示的参数制定一个晶体管单管共射放大电路.参数设置完毕后,单击 Verify 按钮,以便检验图 4-4-2 中所设置的参数是否符合电子线路的基本要求. 如果存在参数设置不当的问题,Multisim 8 将会弹出新的对话框指出参数设置不合理,并简要提出改进方法.如果参数设置合理,用户就可以单击 Build Circuit 按钮,然后,新的电路将随鼠标的移动出现在电路的窗口中,单击鼠标,完成设置.

按照图 4-4-2 设置的单管共射放大电路如图 4-4-3 所示.

同样,我们也可以对图 4-4-3 所示的定制电路进行静态和动态性能分析.

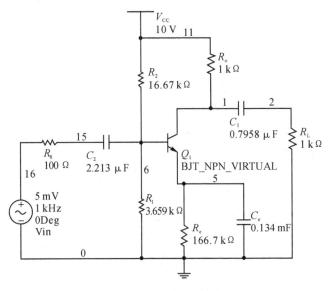

图 4-4-3　定制的电路

2　滤波电路的定制

与前述的单管共射放大电路一样,滤波电路同样也是通过用户所规定的参数指标,由 Multisim 8 为用户自动定制滤波电路.

单击 Multisim 8 的 Tools/Filter Wizard,弹出如图 4-4-4 所示的滤波器创建向导对话框.其中给出了滤波器电路综合所需的主要参数.

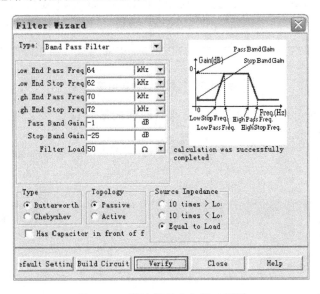

图 4-4-4　滤波器创建向导对话框

图 4-4-4 所示的滤波器创建向导对话框主要分为 3 个部分,下面分别一一介绍.

2.1 滤波器类型设置栏

- Type:设置示波器的类型.有 Low Pass Filter(低通滤波器)、High Pass Filter(高通滤波器)、Band Pass Filter(带通滤波器)和 Band Reject Filter (带阻滤波器)4 种类型.

2.2 滤波器参数设置栏

- Pass Frequency:通带截止频率.
- Stop Frequency:阻带截止频率.
- Pass Band Gain:通带所能允许的最大衰减.
- Stop Band Gain:阻带应该达到的最小衰减.
- Filter Load:设置负载电阻的大小.

2.3 滤波器的结构类型选择栏

- Type:为用户定制的滤波器的结构类型.Multisim 8 为用户提供了两种传统滤波器:Butterworth(巴特沃斯滤波器)和 Chebyshev(切比雪夫滤波器).
- Topology:设置所定制的滤波器是有源滤波器(Active)还是无源滤波器(Passive).
- Source Impedance:设置滤波器的源阻抗范围,具体数值通过源阻抗和负载电阻的倍数值来确定.有 3 种选择:源电阻的数值比滤波器负载电阻大 10 倍以上,源电阻的数值比滤波器负载电阻小 10 倍以下,源电阻的数值等于示波器负载电阻的数值.

2.4 功能按钮

- Default Setting:用于恢复图 4-4-4 的滤波器创建向导对话框中的各项参数为默认设置.
- Build Circuit:用于启动滤波器的创建.
- Verify:用于检验用户指定的创建滤波器的各参数值是否设置合理.

单击 Build Circuit 按钮,按照图 4-4-4 的设置创建的滤波器电路如图 4-4-5 所示:

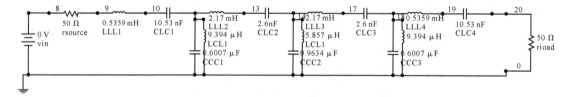

图 4-4-5　定制的滤波器电路

利用交流特性分析功能可以验证定制滤波器的性能是否符合要求.以节点 20 为输出点,仿真结果如图 4-4-6 所示.

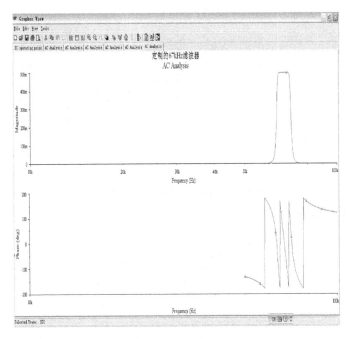

图 4-4-6　仿真电路

Multisim 8 电路定制练习一

设计一个巴特沃斯无源低通滤波器,要求通带截止频率为 5 kHz,通带所能允许的最大衰减为 3 dB,阻带截止频率为 10 kHz,阻带应该达到的最小衰减为 30 dB.

按照题目中的要求设置各参数,然后单击 Build Cricuit 按钮创建电路.

利用交流特性分析功能可以验证定制滤波器的性能是否符合要求.

第五节　Multisim 8 常用电路分析

Multisim 8 提供的各种虚拟仪器以及各种仿真分析方法,为电路的分析带来了很大的便利.本章将利用 Multisim 8 提供的分析测试方法,分析常用电路的工作原理和主要特性.

1　单管共发射极放大电路

1.1　分析要求

(1) 建立单管共发射极放大电路.

(2) 分析共发射极放大电路静态工作点.

(3) 分析共发射极放大电路放大倍数.

(4) 分析共发射极放大电路频率特性.

1.2　电路基本原理

图 4-5-1 所示电路为共发射极接法的单管放大电路. NPN 型晶体管的发射极是输入回路、输出回路的公共端. 为了保证放大电路不失真地放大信号,电路必须要有合适的静态工作点,信号的传输路径必须畅通,而且输入信号的频率范围不能超出电路的通频带.

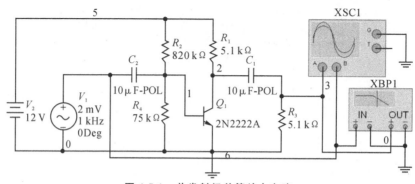

图 4-5-1　共发射极单管放大电路

1.3　Multisim 8 操作步骤

（1）建立共发射极放大电路实验电路.

在实验区建立如图 4-5-1 所示的放大电路. NPN 型晶体管 Q_1（2N2222A）电流放大系数为 220（双击 Q_1，按图 4-5-2 所示的路径可以查看器件的参数），基极体电阻为 130 mΩ，发射极电容为 27.01 pF，集电极电容为 9.15 pF.

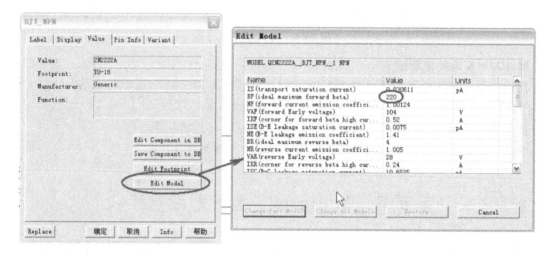

图 4-5-2　查看晶体管 Q1 的参数

（2）分析共发射极放大电路静态工作点.

利用 Multisim 8 的直流工作点分析，可以确定放大电路的静态工作点. 执行菜单命令 Simulate/Analyses/DC operating point，在弹出的对话框选择需要分析的节点变量[图 4-5-3（a）所示]，点击 Simulate 按钮，仿真结果如图 4-5-3（b）所示.

实验结论：

图 4-5-3（b）可以看到节点 2 电压即集电极电压 $V_{CQ}=5.99$ V，节点 1 电压即基极电压 $V_{BQ}=0.631$ V，因为发射极处于 0 参考点，因此 $V_{EQ}=0$ V，由于 $V_{CQ}>V_{BQ}>V_{EQ}$，可以判断晶体管工作在放大区. VV2♯branch 指的是直流电源 V_1 的电流，由于 Multisim 8 规定流入的电流为正，流出电源的电流为负，所以 VV2♯branch＝－1.19 mA.

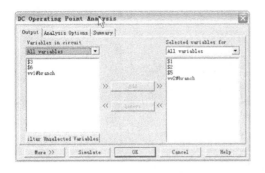

图 4-5-3(a)　设置仿真的输出节点

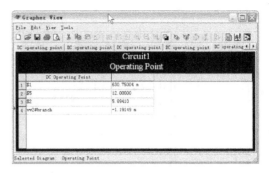

图 4-5-3(b)　直流工作点分析结果

（3）用示波器观察输入波形和输出波形.

用交流电压源产生频率为 1 kHz、幅值为 2 mV 的正弦交流小信号作为输入信号.示波器分别接到输入端和输出端观察波形.

打开仿真开关,双击示波器,进行适当调节.用示波器观察输入波形和输出波形,注意输出波形和输入波形的相位关系,并测量输入波形和输出波形的幅值,计算放大电路的电压放大倍数.

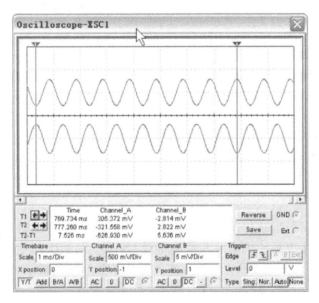

图 4-5-4　仿真波形

实验结论:

示波器显示的共发射极放大电路输入(上)、输出波形(下)如图 4-5-4 所示,可以看到输出波形与输入波形反相,这是共发射极电路的特点.利用游标可测量输出、输入波形的幅值分别是 626.9 mV 和 5.63 mV,两者的比较是放大电路电压放大倍数 111.3.

（4）用波特图仪观察放大电路的幅频特性.

双击波特图仪,在波特图的控制面板上,设定纵轴终值 F 为 60 dB,初值 1 为 -20 dB;横轴终值 F 为 1 GHz,初值 1 为 0.2 Hz.

首先测量中频段电压放大倍数 A_{vm},然后用游标寻找电压放大倍数下降 3 dB 时对应的频率,这两个频率分别为下限截止频率 f_L 和上限截止频率 f_H,两频率之差为电路通频带 B_W,即

$$B_W = f_H - f_L.$$

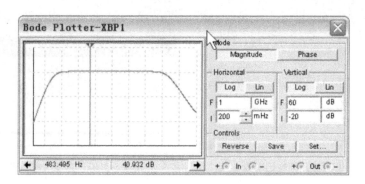

图 4-5-5 共发射极放大电路的波特图

实验结论：

由于电路中的耦合电容及晶体管结电容的影响,在频率很低或很高时,电路放大倍数下降.借助游标测量中频电压放大倍数 40.932 dB,下线截止频率 f_L 和上线截止频率 f_H,分别为 4.067 Hz 和 17.404 MHz,电路的通频带约为 17.4 MHz.

(5) 将图 4-5-1 电路中的基极电阻 R_2 的阻值由 820 kΩ 改为 300 kΩ,观察电路静态工作点,判断晶体管是否工作在放大区,然后用示波器观察放大电路的输入波形和输出波形,观察输出波形发生什么样的变化,判断属于什么类型的失真.

2 三种基本组态晶体管放大电路

2.1 分析要求

(1) 分析工作点稳定的共发射极放大电路性能.
(2) 分析共集电极放大电路性能.
(3) 分析共基极放大电路性能.

2.2 电路特征

根据放大电路输入回路和输出回路公共端的不同,晶体管放大电路可分为 3 种基本组态:共发射极放大电路、共集电极放大电路和共基极放大电路.共发射极放大电路从基极输入信号,从集电极输出信号;共集电极放大电路从基极输入信号,从发射极输出信号;共基极放大电路从发射极输入信号,从集电极输出信号.

共发射放大电路性能特点是:电压放大倍数高,输入电阻居中,输出电阻高.此电路适用于多数放大电路的中间级.

共集电极放大电路性能特点是:电压放大倍数低,输入电阻高,输出电阻低.此电路适用于多数放大电路的输入级和输出级.

共基极放大电路性能特点是:电压放大倍数高,输入电阻居中,输出电阻高.由于电路频率特性好,因此电路适用于宽带放大电路.

2.3 Multisim 8 操作步骤

(1) 共发射极放大电路操作步骤如下.

①建立工作稳定的共发射极放大电路如图 4-5-6 所示.NPN 型晶体管 Q_1(2N2222A)电流放大系数为 220.信号源是频率为 1 kHz、幅值为 10 mV 的正弦信号.输入端电流表设置为交

流模式.开关 J_2 选择电路输出端是否加载,开关 J_1 用来选择发射极支路是否加载旁路电容.

②开关均处于闭合状态,打开仿真开关,用示波器观察电路输入和输出波形.测量输出波形幅值,计算电压放大倍数.根据输入端电流表的读数计算输入电阻.

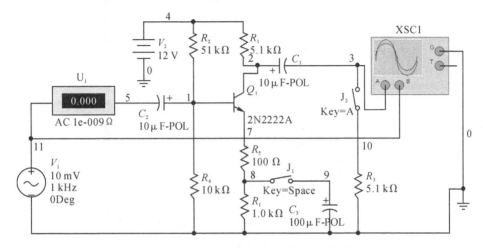

图 4-5-6　工作稳定的共发射极放大电路

实验结论:

工作稳定的共发射极放大电路输入、输出波形如图 4-5-7 所示,说明输入和输出波形反相.测得输出波形幅值(V_L)约为 582.897 mV,输入电压幅值为 28.263 mV,因此电压放大倍数约为 20.6.输出电流表的读数为 1.582 μA,输入电压有效值 10.0 mV,所以输入电阻 R_i 为 $R_i = V_i/I_i = 10.0/1.582 = 6.32(\text{k}\Omega)$.

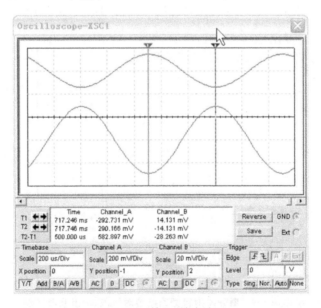

图 4-5-7　输入、输出波形

③断开开关 J_2,将负载电阻开路,适当调整示波器 A 通道参数(见图 4-5-8),测量输出波形幅值(V_o),然后用下列公式计算输出电阻 R_o.其中 V_o 是负载电阻开路时的输出电压.

$$R_o = \left(\frac{V_o}{V_L} - 1 \right) R_L$$

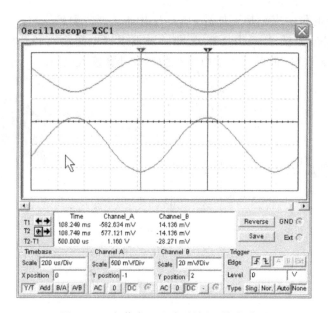

图 4-5-8　负载电阻开路时输入、输出波形

实验结论：

由图 4-5-8 可知，$V_o=1.160$ V，由图 4-5-7 可知，$V_L=0.582$ V，$R_L=5.1$ kΩ，则

$$R_O=\left(\frac{V_o}{V_L}-1\right)R_L=\left(\frac{1.160}{0.582}-1\right)\times R_L=5.06(\text{k}\Omega)$$

④闭合开关 J_2，连接负载电阻，断开开关 J_1，使发射极旁路电容断开，适当调整示波器 A 通道参数（见图 4-5-9），测量并计算电压放大倍数，证明旁路电容的作用.

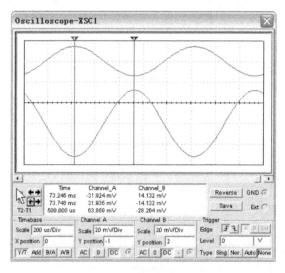

图 4-5-9　断开发射极旁路电容时输入、输出波形

实验结论：

当发射极旁路电容开路，输出电压明显减小，从示波器上测得输出波形幅值（V_L）约为 63.859 mV，输入电压幅值为 28.264 mV，因此电压放大倍数约为 2.26，比有旁路电容时的增益 20.6 小很多.发射极电阻对于稳定工作点起到关键作用，同时会使电路电压放大倍数下降，

旁路电容的作用是使发射极电阻交流短路,避免电压放大倍数下降.

(2)共集电极放大电路操作步骤如下.

①建立共集电极放大电路如图 4-5-10 所示.NPN 型晶体管 Q_1(2N2222A)电流放大系数为220.输入的信号是频率为 1 kHz、幅值为 10 mV 的正弦信号.输入端电流表设置为交流模式.

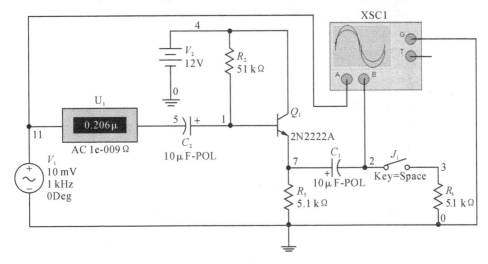

图 4-5-10　共集电极放大电路

②打开仿真开关,用示波器观察电路输入、输出波形.测量输出波形幅值,计算电压放大倍数.根据输入端电流表的读数计算输出电阻.

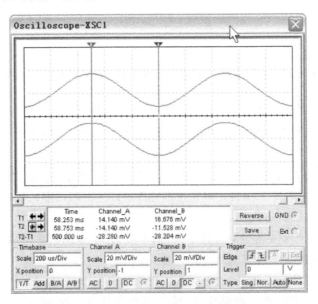

图 4-5-11　共集电极放大电路输入、输出波形

实验结论:

示波器观察到的共集电极放大电路输入、输出波形如图 4-5-11 所示,输入、输出波形同相,且波形基本重复.测得输出幅值(V_L)约为 28.133 mV,输入幅值为 28.272 mV,因此电压放大倍数为 0.995,输出端电流表读数为 0.206 μA,输入电压有效值为 10 mV,所以输入电阻

R_i 为 $R_i = V_i/I_i = 48.54(\text{k}\Omega)$.

③断开开关 J_2,将负载电阻开路,适当调整示波器 A 通道参数(图 4-5-12),测量输出波形幅值(V_o),然后用下列公式计算输出电阻 R_o.其中 V_o 是负载电阻开路时的输出电压.

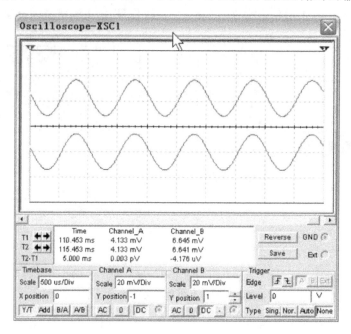

图 4-5-12　仿真结果

$$R_o = \left(\frac{V_o}{V_L} - 1\right)R_L$$

实验结论:

由图 4-5-12 可知,$V_o = 28.204$ mV,由图 4-5-11 可知,$V_L = 28.133$ mV,$R_L = 5.1$ kΩ,则

$$R_o = \left(\frac{V_o}{V_L} - 1\right)R_L = \left(\frac{28.204}{28.133} - 1\right) \times R_L = 12.87 \ \Omega$$

可见共集电极放大电路的输出电阻比共发射极电路的输出电阻小得多.

(3) 共基极放大电路

①建立如图 4-5-13 所示的共基极放大电路.NPN 型晶体管 Q_1(2N2222A)电流放大系数为 220.输入的信号是频率为 10 kHz、幅值为 10 mV 的正弦信号.输入端电流表设置为交流模式.

②打开仿真开关,用示波器观察电路输入、输出波形.测量输出波形幅值,计算电压放大倍数.根据输入端电流表的读数计算输入电阻.

实验结论:

示波器观察到的共基极放大电路输入、输出波形如图 4-5-14 所示,输入、输出波形同相.测得有负载时输出信号幅值(V_L)约为 1.740 V,输入幅值为 27.791 mV,因此电压放大倍数为 62.61,输出端电流表读数为 0.249 mA,输入电压有效值为 10 mV,所以输入电阻 R_i 为 $R_i = V_i/I_i = 40.16(\Omega)$.可见共基极放大电路的输入电阻比共发射极电路的输入电阻小得多.

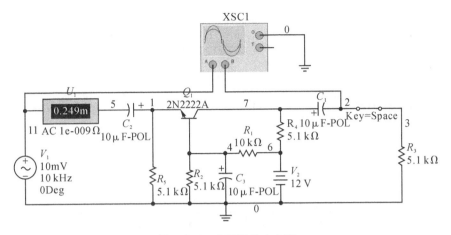

图 4-5-13 共基极放大电路

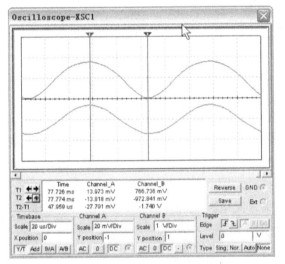

图 4-5-14 共基极放大电路的输入、输出波形

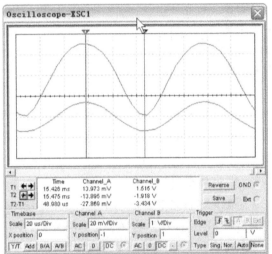

图 4-5-15 断开负载时输入输出的波形

③断开开关 J_1,将负载电阻开路,适当调整示波器 A 通道参数(见图 4-5-15),测量输出波形幅值(V_o),然后用下列公式计算输出电阻 R_o. 其中 V_o 是负载电阻开路时的输出电压.

$$R_o = \left(\frac{V_o}{V_L} - 1\right)R_L$$

实验结论:

由图 4-5-15 可知,$V_o = 3.434$ V,由图 4-5-14 可知,$V_L = 1.740$ V,$R_L = 5.1$ kΩ,则

$$R_o = \left(\frac{V_o}{V_L} - 1\right)R_L = \left(\frac{3.434}{1.740} - 1\right) \times R_L = 4.965(\text{kΩ})$$

可见共基极放大电路的特点是输入电阻小,输出电阻大,可实现阻抗变换功能.

④利用 Multisim 8 的交流特性分析,可以测定放大电路的幅频特性曲线. 执行菜单命令 Simulate/Analyses/AC Analysis,在弹出的对话框选择需要分析的节点变量(图 4-5-13 中的节点 2),点击 Simulate 按钮,仿真结果如图 4-5-16 所示.

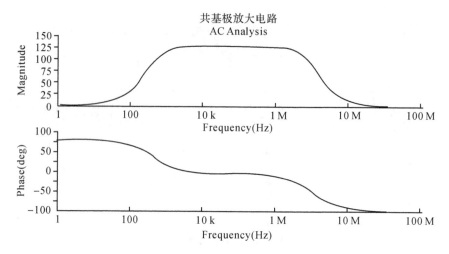

图 4-5-16　共基极放大电路的幅频特性曲线

3　功率放大电路

3.1　分析要求

（1）建立 OCL 互补对称功率放大电路.

（2）分析 OCL 互补对称功率放大电路的性能.

（3）建立 OTL 互补对称功率放大电路.

（4）分析 OTL 互补对称功率放大电路的性能.

3.2　电路基本原理

主要用于向负载提供功率的放大电路称为功率放大电路.目前应用较为广泛的功率放大电路有 OTL 互补对称功率放大电路和 OCL 互补对称功率放大电路.OTL 互补对称功率放大电路的特点是输出端不需要变压器,只需要一个大容量电容,电路为单电源供电方式.OCL 互补对称功率放大电路的特点是输出端不用变压器或大容量电容,易于集成,但需要双电源供电.

3.3　Multisim 8 操作步骤

（1）建立如图 4-5-17 所示的 OCL 互补对称功率放大电路.Q_1 为 NPN 晶体管,Q_2 为 PNP 晶体管,均采用理想模式,电流放大系数设为 100.输入信号是频率为 1 kHz、幅值为 3V 的正弦交流信号.示波器分别接到输入端和输出端观察波形.示波器通道 A 和通道 B 输入均设为 5 V/Div,采用 DC 耦合方式.开关 J_1、J_2 若与上节点接通,则电路为甲、乙类功率放大电路;若开关接通下节点,则电路为乙类功率放大电路.

（2）打开仿真开关,开关 J_1,J_2 与上节点接通.用示波器观察 OCL 甲、乙类互补对称功率放大电路输入、输出波形.测量输出电压和电流值,计算输出功率.

实验结论:

开关 J_1,J_2 与上节点接通,示波器观察到的 OCL 甲、乙类互补对称功率放大电路输入、输出波形同相.由于电路添加了 D_1,D_2 等组成的偏置电路,因此输出波形不再出现交越失真.测得输出电压有效值约为 2.789 V,输出电流有效值约为 174 mA,因此电路输出功率为 485 mW.

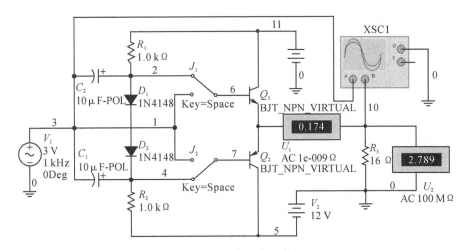

图 4-5-17 OCL 互补对称功率放大电路

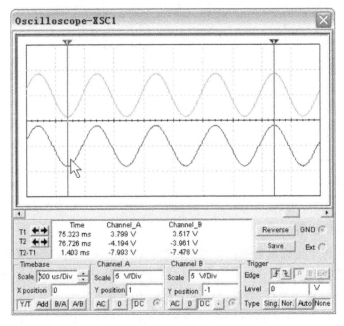

图 4-5-18 OCL 功率放大电路输入、输出波形

（3）开关 J_1，J_2 与下节点接通．用示波器观察 OCL 乙类互补对称功率放大电路输入、输出波形．测量输出电压和电流值，计算输出功率．

实验结论：

示波器观察到的 OCL 乙类互补对称功率放大电路输入、输出波形同相．可以看到输出波形有失真，这是由于晶体管没有直流偏置产生的交越失真．测得输出电压有效值约为 2.213 V，输出电流有效值约为 138 mA，因为此电路输出功率为 305 mW．

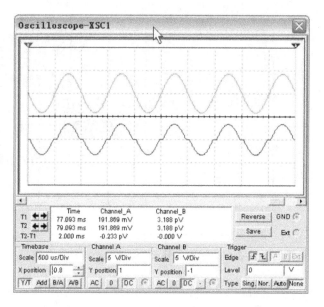

图 4-5-19　OCL 功率放大电路输入、输出波形

4　有源滤波电路

4.1　分析要求

（1）建立有源低通（LPF）滤波器电路.

（2）分析有源低通（LPF）滤波器电路的性能.

4.2　电路基本原理

参见实验 1-14.

4.3　Multisim 8 操作步骤

（1）建立二阶压控电压源低通滤波电路，如图 4-5-20 所示.集成运放采用通用模型，两个交流电压源分别提供频率为 100 Hz 和 5000 Hz 的正弦信号，通过空格键选择输入信号.示波器用来观察输入波形和输出波形，波特图仪用来观察电路频率特性.

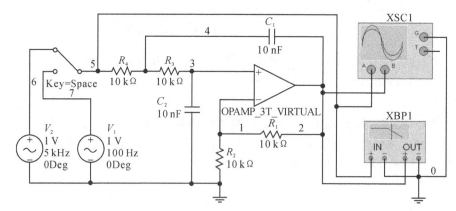

图 4-5-20　二阶低通滤波电路

在波特图仪控制板上，设定垂直轴的终值 F 为 50 dB，初值 1 为 -50 dB；水平轴的终值 F

为 500 kHz,初值 1 为 1 Hz.

（2）双击波特图仪,观察电路频率特性.首先测量低频段电压放大倍数 A_0,然后用游标找出电压放大倍数下降 3 dB 时对应的频率,即截止频率.

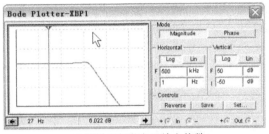

(a) 测量低频段电压放大倍数 A_0

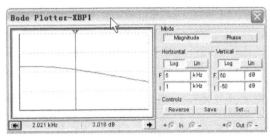
(b) 测量截止频率

图 4-5-21　仿真结果

实验结论：

波特图仪显示的二阶低通滤波电路频率特性如图 4-5-21 所示.测量可得到通带电压放大倍数 $A_0 = 6.022$ dB,减 3 dB,将游标定在 3.018 dB 处得到截止频率为 2.021 kHz.

（3）开关 J_1 接 V_1(输出信号 1 V/100 Hz),打开仿真开关,双击示波器,进行适当调节,观察输入、输出波形的相位关系和幅值关系.观察输出信号幅值之比是否等于通带电压放大倍数(2 倍,6.022 dB).

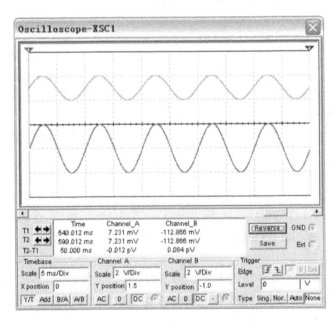

图 4-5-22　低通滤波电路的输入、输出波形

实验结论：

输入信号频率为 100 Hz,幅值为 1 V 时,示波器上显示的二阶低通滤波电路的输入、输出波形如图 4-5-22 所示.输出波形与输入波形同相,测量得到输入、输出波形的幅值分别是 1.0 V,2.0 V,计算得到电压放大倍数为 2,与通带电压放大倍数相同.

（4）拨动开关 J_1,使开关 J_1 接 V_2(输出信号 1 V/5000 Hz),打开仿真开关,双击示波器,观察输入、输出波形的相位关系和幅值关系. 观察输出信号幅值与输入信号幅值之比是否等于通带电压放大倍数,并解释原因.

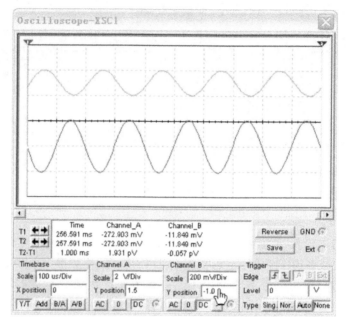

图 4-5-23　低通滤波电路的输入、输出波形

实验结论:

输入信号频率为 5000 Hz、幅值为 1 V 时,示波器上显示的二阶低通滤波电路输入、输出波形如图 4-5-23 所示. 输出波形相位与输入波形相位有差别. 测量输入、输出波形的幅值分别为 1.0 V 和 0.1 V,计算得到电压放大倍数为 0.1,远小于通带电压放大倍数. 其原因是输出信号的频率大于截止频率,所以电压放大倍数衰减很多.

(5) 关闭仿真开关,对电路反馈电阻 R_1 进行参数扫描分析,以观察反馈电阻变化时,品质因数 Q 变化对频率特性的影响($Q = \dfrac{1}{3 - A_{VP}}$,$A_{VP} = 1 + \dfrac{R_1}{R_2}$). 具体步骤是:选择 Simulate/Analyses/Parameter Sweep 命令,弹出 Parameter Sweep 对话框,选取扫描元件 R_1,设置扫描起始点 5.7 kΩ,结束点 17.7 kΩ,步进 6 kΩ,输出节点 2;再按 More 按钮,在 Analysis to 选项框中选择交流分析,然后单击 Simulate 按钮进行分析.

实验结论:

参数扫描分析所得到的结果如图 4-5-25 所示,反映了 3 种不同 Q 值下的频率特性. 当反馈电阻 $R_1 = 5.7$ kΩ 时,$Q = 0.707$,幅频、相频特性均比较平坦;当 $R_1 = 17.7$ kΩ 时,$Q = 2.3$,幅频特性出现明显峰值.

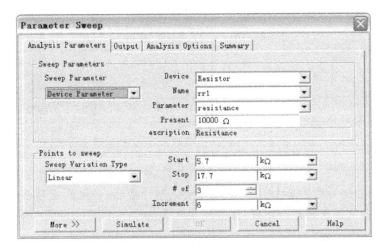

图 4-5-24　参数扫描分析设置

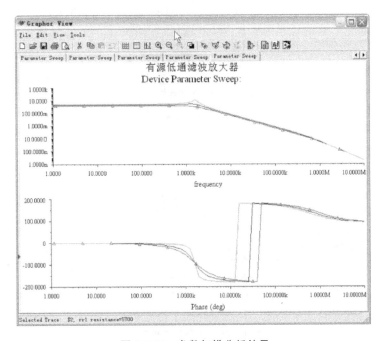

图 4-5-25　参数扫描分析结果

5　同步十进制计数器

5.1　分析要求

（1）分析集成同步十进制计数器 74LS160 的逻辑功能.

（2）用集成同步十进制计数器 74LS160 构成其他进制的计数器.

5.2　电路基本原理

集成同步十进制计数器 74LS160 除了具有十进制加法计数功能之外,还有预置、异步置零和保持的功能.功能表如表 4-5-1 所示.

表 4-5-1　74LS160 功能表

CP	~CLR	~LOAD	ENP　ENT	工作状态
×	0	×	×　　×	置零
↑	1	0	×　　×	预置
×	1	1	0　　1	保持
×	1	1	×　　0	保持(RCO=0)
↑	1	1	1　　1	计数

　　用集成同步十进制计数器 74LS160 构成其他进制计数器,可采用置零法和置数法.置零法的原理:当计数器从零状态开始计数,计数到某个状态时,将该状态译码产生置零信号.

5.3　Multisim8 操作步骤

　　(1) 建立集成同步十进制计数器 74LS160 实验电路(图 4-5-26).令 ENP＝1,ENT＝1,~CLK＝1,~LOAD＝1,输出 Q_D,Q_C,Q_B,Q_A 接数码管(带译码功能),用于观察状态数的变化.

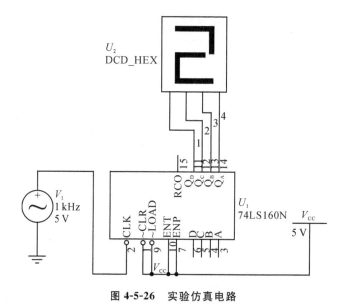

图 4-5-26　实验仿真电路

　　(2) 打开仿真开关,在连续"脉冲"的作用下,观察译码显示管数字的变化规律.

　　(3) 用"置"零法将同步十进制计数器 74LS160 构成同步六进制计数器(如图 4-5-27 所示).将十进制计数器 Q_B 端和 Q_C 端分别连至与非门输入端,Q_A 端和 Q_D 端分别经非门连至与非门输入端,与非门输出端接异步置零端~CLR.输出端的 Q_D,Q_C,Q_B,Q_A 接数码管用于观察状态数的变化.

　　(4) 打开仿真开关,在连续"脉冲"的作用下,观察数码管数字的变化规律.

　　(5) 用置数法构成同步六进制计数器(如图 4-5-28 所示).令置数初值为 DCBA＝0000,将 Q_A,Q_C 端连接至与非门输入端,与非门输出端接~LOAD,输出端 Q_D,Q_C,Q_B,Q_A 接数码管用于观察状态数的变化.

　　(6) 打开仿真开关,在连续"脉冲"作用下,观察数码管数字的变化规律.

5.4　实验数据及结论

（1）从数码管显示的内容可以看到，同步十进制计数器 74LS160 的测试结果从数字 0 到 9 循环变化.

（2）置零法构成同步六进制计数器的显示结果从 0 到 5 变化. 由于在置零方式中，使用 74LS160 的状态 6 激活异步置零～CLR，在显示过程中，数字 6 的显示时间非常短，所以不作为计数状态.

（3）置数法构成同步六进制计数器的实验电路如图 4-5-28 所示. 数码器稳定地显示 0 到 5 的计数结果.

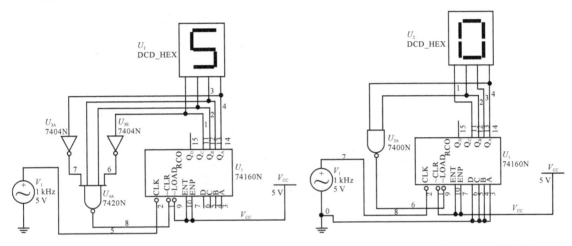

图 4-5-27　置零法构建六进制计数器　　　　图 4-5-28　置数法构建六进制计数器

6　序列信号发生器

6.1　设计要求

（1）设计一个序列信号发生器，循环产生串行数据 00010111.

（2）在连续脉冲 CP 的作用下，测试电路输出的序列信号.

6.2　电路基本原理

序列信号发生器能够产生序列信号，即一组特定的串行数字信号. 序列信号发生器构成的方法有多种，可以采用计数器和数据选择器构成. 计数器的状态输出接数据选择器的地址输入，需要产生的序列信号送数据选择器的数据输入端. 当计数器输入时钟信号时，所需的序列信号将会依次从数据选择器的输出端输出.

6.3　Multisim 8 操作步骤

（1）用 4 位二进制同步计数器 74LS163 和 8 选 1 数据选择器构成序列信号发生器实验电路，如图 4-5-29 所示. 计数器的状态输出端 Q_C、Q_B、Q_A 接在数据选择器的地址输入端 C、B、A，需要输出的序列信号 00010111 接至数据选择器的数据输入端 $D_0 \sim D_7$. 计数器的输入信号有时钟源提供，频率为 1000 Hz，计数器状态由译码显示器监视，数据从选择器 Y 端口输出，用逻辑探针监视，用示波器观察波形.

（2）打开仿真开关，在连续脉冲作用下，参照数码管的数字变化，观察计数器状态与输出的关系.

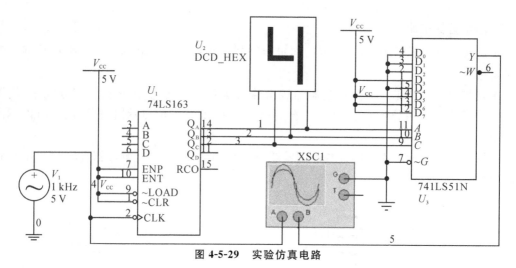

图 4-5-29　实验仿真电路

6.4　实验数据及结论

在连续脉冲的作用下,电路输出循环产生串行数据 00010111.计数器输出状态与输出信号的对应关系如表 4-5-2 所示.输出脉冲波形如图 4-5-30 所示.

表 4-5-2　计数器输出状态与输出信号的对应关系

Q_C	Q_B	Q_A	Y
0	0	0	0
0	0	1	0
0	1	0	0
0	1	1	1
1	0	0	0
1	0	1	1
1	1	0	1
1	1	1	1

从波形中可以看到有毛刺出现,与逻辑探针检测时出现的闪烁现象一致.

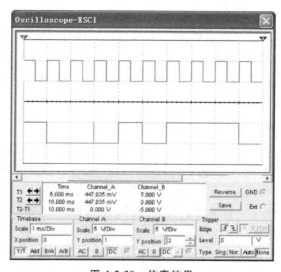

图 4-5-30　仿真结果

参 考 文 献

[1] 徐建仁. 数字集成电路应用与实验(第 2 版)[M]. 长沙:国防科技大学出版社,1999.

[2] 王冠华,王伊娜. Multisim8 电路设计及应用[M]. 北京:国防工业出版社,2006.

[3] Stephen Brown,Zvonko Vranesic. 数字逻辑基础与 Verilog 设计(原书第 2 版)[M]. 夏宇闻,等译. 北京:机械工业出版社,2007.

[4] 王小海,蔡忠法. 电子技术基础实验教程[M]. 北京:高等教育出版社,2005.

[5] 郑家龙,王小海,等. 集成电子技术基础教程[M]. 北京:高等教育出版社,2002.

[6] 康华光,陈大钦. 电子技术基础——模拟部分(第 4 版)[M]. 北京:高等教育出版社,1999.

[7] 王毓银. 数字电路逻辑设计(第 2 版)[M]. 北京:高等教育出版社,2005.

[8] http://blog. sina. com. cn/s/articlelist_1228622883_0_1. html.

[9] Robert L. Boylestad,Louis Nashelsky. Electronic Device and Circuit Theory(Ninth Edition). 李立华改编[M]. 北京:电子工业出版社,2007.

[10] ATMEL WinCUPL User's Manual,@Atmel Corporation 2006.

[11] High-Performance Flash PLD ATF16V8B,@Atmel Corporation 1998.

[12] High-Performance EE PLD ATF22V10B,@Atmel Corporation 1998.